机械工程材料基础

主　编　胡　勇　郑建军　闫敏艳
副主编　刘宝胜　宫长伟　马　强
　　　　张晓华　张少华
主　审　张代东

北京理工大学出版社
BEIJING INSTITUTE OF TECHNOLOGY PRESS

内 容 简 介

本书包括 4 个部分：金属学基础、热处理原理与工艺、金属材料和其他常用工程材料。其中，第 1~4 章属于金属学基础，包括材料的结构、凝固、合金相图及塑性变形，旨在为读者建立材料的成分、组织结构、性能和加工应用之间的密切关系奠定理论基础；第 5 章属于热处理原理与工艺，主要介绍钢的强化、改性和表面技术的应用；第 6~8 章包括工业用钢、铸铁、有色金属及其合金，主要介绍了各种常用金属材料的成分、结构、性能特点及应用，同时还介绍了金属材料几种典型的成型工艺方法及选择；第 9 章为其他常用工程材料，主要介绍了高分子材料、陶瓷材料及复合材料的成分、结构、应用等方面的知识，目的在于强化基础，拓宽知识面。

本书可作为高等院校非材料专业的机械类和近机类专业教材，亦可供机械设计和生产部门工程技术人员阅读参考。

图书在版编目（ＣＩＰ）数据

机械工程材料基础 / 胡勇，郑建军，闫敏艳主编

. --北京 ：北京理工大学出版社，2023.5

ISBN 978-7-5763-2394-8

Ⅰ．①机…　Ⅱ．①胡…　②郑…　③闫…　Ⅲ．①机械制造材料-高等学校-教材　Ⅳ．①TH14

中国国家版本馆 CIP 数据核字（2023）第 090844 号

出版发行 / 北京理工大学出版社有限责任公司

社　　　址 / 北京市海淀区中关村南大街 5 号
邮　　　编 / 100081
电　　　话 / （010）68914775（总编室）
　　　　　　（010）82562903（教材售后服务热线）
　　　　　　（010）68944723（其他图书服务热线）
网　　　址 / http：//www.bitpress.com.cn
经　　　销 / 全国各地新华书店
印　　　刷 / 北京广达印刷有限公司
开　　　本 / 787 毫米×1092 毫米　1/16
印　　　张 / 17.75
字　　　数 / 417 千字
版　　　次 / 2023 年 5 月第 1 版　2023 年 5 月第 1 次印刷
定　　　价 / 98.00 元

责任编辑 / 多海鹏
文案编辑 / 闫小惠
责任校对 / 刘亚男
责任印制 / 李志强

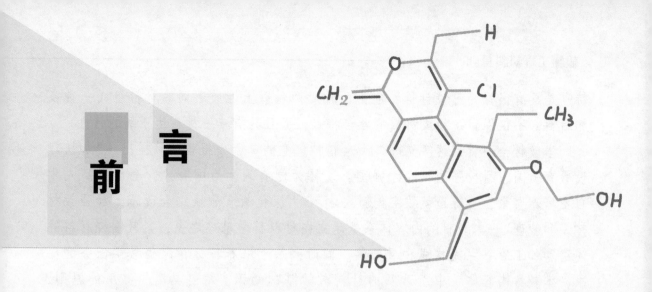

前　言

　　机械工程材料是现代机械制造的基础材料，在工业、农业、国防、科学技术及人民日常生活中占有非常重要的地位。

　　工程材料根据其结构特点可分为金属材料、非金属材料（无机非金属、有机非金属）和复合材料等。其中，金属材料是工业上应用最为广泛的材料，非金属材料与复合材料是当前发展最为迅速的材料。

　　金属材料之所以能获得广泛的应用，是由于其具有许多优良的性能。首先，金属材料具有优良的力学性能，包括高的强度、硬度，足够的塑性、韧性，可用来制造生产工具和各种机械设备。其次，金属材料具有特殊的物理、化学性能，包括导电性、导磁性、耐蚀性、耐热性等，可用来制造导线、传热器、磁铁、船体和化学容器等，在电力、电子、造船、化工等行业得到了广泛的应用。最后，金属材料具有优良的加工工艺性能，包括铸造工艺性能、压力加工工艺性能、焊接工艺性能、热处理工艺性能和切削加工工艺性能等，容易采用各种工艺方法加工成型和进行性能调整，以满足不同场合工件的使用要求。

　　金属材料的各种性能取决于其内部的组织结构，而本教材的基本任务就是阐述金属材料的成分、内部组织、热处理工艺等与性能之间的关系，并找出其中的内在规律，以便控制组织，提高金属材料的使用性能。

　　除金属材料外，近几年来其他工程材料像高分子材料、复合材料、陶瓷材料、功能材料等也得到了长足的发展，展示了巨大的开发潜力和广阔的应用前景。

　　高分子材料产量年增长率很高，其产量按体积计算已超过钢产量。高分子材料不仅具有良好的力学性能（可代替一部分钢铁等金属材料），还具有良好的导电、耐高温等特殊性能。陶瓷材料除具有高硬度、高耐磨性等特殊性能外，其脆性及抗振性已逐步改善，有望成为理想的高温工程材料。复合材料的显著特点是具有很强的可设计性，它由两种或两种以上性质不同的材料组成一种多相材料，不仅保留了组成材料的各自特点，而且具有单一材料达不到的特性。

本教材全面贯彻落实党的二十大精神。党的二十大报告明确提出，"加快建设教育强国、科技强国、人才强国，坚持为党育人、为国育才，全面提高人才自主培养质量，着力造就拔尖创新人才"，"深化教育领域综合改革，加强教材建设和管理"。本教材的内容体系是建立在材料科学基础之上，紧紧围绕材料的使用和加工这一主线构成和展开的。同时，基于培养目标和课程教学任务的要求，本教材内容体系中所涉及的材料科学基础知识，本着必需、够用的原则，突出了结构工程材料的选择、使用和加工等技术应用的内容。本教材具有以下特点。

（1）将各类工程材料作为一个整体，力图清晰地阐述材料成分、组织结构、加工工艺、性能与服役性能之间的关系。

（2）材料的强韧化、改性及表面技术是挖掘材料潜力和发挥材料效能的重要技术措施，其应用的成功与否往往成为产品质量的关键，在技术上、经济上的意义不言而喻。所以，本教材将这一部分内容作为材料科学技术的一个重要组成部分，所包含的内容也不单是传统教学内容中的钢的热处理。

（3）在结构工程材料中，金属材料仍在发挥着重要的作用。但高分子材料、陶瓷材料和复合材料等的发展显得更为迅速，应用也日益广泛，作用也更令人瞩目。因此，本教材将其作为一个重要组成部分做了介绍，力求详略得当、突出应用，既统筹考虑，又突出重点。

（4）在工业生产与应用研究中，热处理的新工艺、新技术不断涌现，根据实际应用的需要，适当增加了新工艺方面的内容。

（5）目前国内正在贯彻新的标准，因此本教材对材料、热处理工艺名词和部分内容及一些标准做了补充和更新。

"机械工程材料基础"是机械类专业的一门技术基础课。其主要目的是通过学习，使学生获得有关金属学的基本理论知识，掌握热处理的原理和常用工艺方法，熟悉常用金属材料和其他工程材料的基础知识等；通过学习，使学生学会正确选用和合理使用常用工程材料，正确选用热处理工艺和妥善安排材料加工工艺路线。

"机械工程材料基础"是以物理、化学、材料力学、金属工艺学等为基础的一门课程。在学习中应根据教学目标和要求注意以下内容。

（1）熟悉各类常用结构工程材料。注意金属材料、高分子材料、陶瓷材料、复合材料的成分、结构、性能、应用特点及牌号的表示方法；了解各类结构工程材料的强化、改性及表面技术的知识。

（2）掌握常用成型工艺方法。学习中一定要掌握常用成型工艺方法的工艺特点及应用范围；了解新技术、新工艺的发展动态及应用。

（3）学会选择零件材料及成型工艺的原则和方法。通过基础的学习，要学会选择零件材料及成型工艺的原则、方法和步骤，了解失效的分析方法及其应用，力求强化综合训练，初步具备合理选择材料、成型工艺及强化方法，并正确安排加工工艺路线的综合能力。

（4）应用为主。不论是理论基础知识学习，还是成型技术的学习，都应将重点放在对材料成分、组织结构、加工使用、性能行为之间关系及规律的认识上，为以后学习新材料、新内容奠定基础。

本书的编写人员均来自太原科技大学材料科学与工程专业。第 1 章、第 7 章由胡勇编写，第 2 章、附录由闫敏艳编写，第 3 章由郑建军编写，第 4 章由宫长伟编写，第 5 章由马强编写，第 6 章由刘宝胜编写，第 8 章由张少华编写，第 9 章由张晓华编写。全书由胡勇、郑建军、闫敏艳担任主编，由太原科技大学张代东教授担任主审。

由于编者水平所限，本书难免存在疏漏之处，恳请各位读者提出宝贵意见。

编　者

目录

第1章 金属的晶体结构与结晶 ……………………………………………………… 001

1.1 金属的晶体结构 …………………………………………………………… 001

1.1.1 晶体与非晶体 …………………………………………………………… 001

1.1.2 晶格与晶胞 ……………………………………………………………… 002

1.1.3 典型的金属晶体结构 …………………………………………………… 002

1.1.4 典型晶格的配位数和致密度 …………………………………………… 004

1.1.5 晶面指数和晶向指数 …………………………………………………… 005

1.1.6 晶体的各向异性 ………………………………………………………… 006

1.2 实际金属的晶体结构 ……………………………………………………… 007

1.2.1 多晶体结构和亚结构 …………………………………………………… 007

1.2.2 实际金属晶体缺陷 ……………………………………………………… 008

1.3 金属的结晶与铸锭组织 …………………………………………………… 011

1.3.1 结晶基础 ………………………………………………………………… 011

1.3.2 结晶过程 ………………………………………………………………… 012

1.3.3 晶粒大小及控制方法 …………………………………………………… 013

1.3.4 金属铸锭组织 …………………………………………………………… 014

习题 ……………………………………………………………………………… 016

第2章 合金的相结构与二元合金相图 …………………………………………… 017

2.1 合金的相结构 ……………………………………………………………… 017

2.1.1 固溶体 …………………………………………………………………… 018

2.1.2 中间相 …………………………………………………………………… 022

2.2 相图的基本知识 …………………………………………………………… 025

2.2.1 相图的表示方法 ………………………………………………………… 025

2.2.2 相图的建立 ……………………………………………………………… 026

2.2.3 相律与杠杆定律 ………………………………………………………… 027

2.3 匀晶相图 ……………………………………………………………………… 029
2.3.1 相图分析 ……………………………………………………………… 029
2.3.2 固溶体合金的平衡凝固 ……………………………………………… 030
2.3.3 固溶体合金的非平衡凝固 …………………………………………… 030
2.4 二元共晶相图 …………………………………………………………………… 031
2.4.1 相图分析 ……………………………………………………………… 031
2.4.2 共晶系合金的平衡凝固 ……………………………………………… 032
2.4.3 共晶系合金的非平衡凝固 …………………………………………… 035
2.5 二元包晶相图 …………………………………………………………………… 036
2.5.1 相图分析 ……………………………………………………………… 036
2.5.2 包晶系合金的平衡凝固 ……………………………………………… 036
2.5.3 包晶系合金的非平衡凝固 …………………………………………… 038
2.6 其他类型的二元合金相图 ……………………………………………………… 038
2.6.1 其他具有恒温转变特征的相图 ……………………………………… 038
2.6.2 组元间形成化合物的相图 …………………………………………… 040
2.7 二元合金相图的分析和应用 …………………………………………………… 041
2.7.1 二元合金相图的几何规律 …………………………………………… 041
2.7.2 二元合金相图的分析 ………………………………………………… 042
2.7.3 二元合金相图的应用 ………………………………………………… 043
习题 …………………………………………………………………………………… 044

第3章 铁碳合金相图 …………………………………………………………… 046

3.1 铁碳合金的基本相 ……………………………………………………………… 047
3.1.1 铁素体 ………………………………………………………………… 047
3.1.2 奥氏体 ………………………………………………………………… 047
3.1.3 渗碳体 ………………………………………………………………… 048
3.2 铁碳合金相图分析 ……………………………………………………………… 048
3.2.1 特性点 ………………………………………………………………… 048
3.2.2 特性线 ………………………………………………………………… 048
3.2.3 三条重要的转变水平线 ……………………………………………… 050
3.2.4 特性区 ………………………………………………………………… 051
3.3 铁碳合金平衡结晶分析 ………………………………………………………… 051
3.3.1 铁碳合金的分类 ……………………………………………………… 051
3.3.2 典型合金的冷却过程分析 …………………………………………… 052
3.4 铁碳合金相图的应用 …………………………………………………………… 060
3.4.1 Fe-Fe$_3$C 相图在选材上的应用 …………………………………… 060
3.4.2 Fe-Fe$_3$C 相图在制订热加工工艺方面的应用 ………………… 061
3.4.3 Fe-Fe$_3$C 相图的局限性 …………………………………………… 062
习题 …………………………………………………………………………………… 063

第4章 金属材料的塑性变形与再结晶 ································· 064

4.1 金属材料的塑性变形特征 ································· 064
4.1.1 金属材料变形特性 ································· 064
4.1.2 单晶体金属的塑性变形 ································· 065
4.1.3 多晶体金属的塑性变形 ································· 068
4.1.4 合金的塑性变形 ································· 069
4.2 塑性变形对组织和性能的影响 ································· 070
4.2.1 显微组织的变化 ································· 070
4.2.2 塑性变形对金属性能的影响 ································· 071
4.2.3 残余应力 ································· 072
4.3 回复与再结晶 ································· 073
4.3.1 回复 ································· 073
4.3.2 再结晶 ································· 074
4.3.3 晶粒长大 ································· 074
4.3.4 影响再结晶后晶粒大小的因素 ································· 075
4.4 金属材料的热加工 ································· 076
4.4.1 热加工与冷加工的区别 ································· 077
4.4.2 热加工对材料的组织和性能的影响 ································· 077
习题 ································· 079

第5章 钢的热处理 ································· 080

5.1 概述 ································· 080
5.2 钢在加热时的转变 ································· 082
5.2.1 奥氏体的形成过程 ································· 082
5.2.2 影响奥氏体形成速度的因素 ································· 083
5.2.3 奥氏体晶粒的长大及其影响因素 ································· 084
5.3 过冷奥氏体的转变产物及性能 ································· 085
5.3.1 珠光体类型组织转变 ································· 085
5.3.2 贝氏体类型组织转变 ································· 087
5.3.3 马氏体类型组织转变 ································· 089
5.4 过冷奥氏体转变曲线图 ································· 093
5.4.1 过冷奥氏体等温转变曲线图 ································· 093
5.4.2 过冷奥氏体连续冷却转变曲线图 ································· 096
5.5 钢的退火和正火 ································· 097
5.5.1 退火和正火的定义、目的和分类 ································· 097
5.5.2 退火和正火操作及其应用 ································· 098
5.6 钢的淬火 ································· 103
5.6.1 淬火的定义和目的 ································· 103

5.6.2 淬火温度的选择 ……………………………………………………… 104

5.6.3 淬火介质 ……………………………………………………………… 104

5.6.4 常用的淬火方法 ……………………………………………………… 106

5.6.5 钢的淬透性 …………………………………………………………… 108

5.6.6 几种淬火新工艺的发展及应用 ……………………………………… 111

5.6.7 淬火缺陷 ……………………………………………………………… 113

5.7 钢的回火 …………………………………………………………………… 114

5.7.1 回火的目的 …………………………………………………………… 114

5.7.2 淬火钢在回火时的转变 ……………………………………………… 114

5.7.3 回火的种类 …………………………………………………………… 116

5.8 钢的表面淬火 ……………………………………………………………… 117

5.8.1 感应加热表面淬火 …………………………………………………… 117

5.8.2 火焰加热表面淬火 …………………………………………………… 119

5.9 钢的化学热处理 …………………………………………………………… 119

5.9.1 钢的渗碳 ……………………………………………………………… 121

5.9.2 钢的渗氮 ……………………………………………………………… 124

习题 ……………………………………………………………………………… 126

第6章 工业用钢 ……………………………………………………………… 128

6.1 概述 ………………………………………………………………………… 128

6.2 碳钢及其牌号 ……………………………………………………………… 129

6.2.1 常见元素对碳钢性能的影响 ………………………………………… 129

6.2.2 碳钢的分类 …………………………………………………………… 131

6.2.3 碳钢的牌号、性能和用途 …………………………………………… 131

6.3 钢中合金元素的作用 ……………………………………………………… 137

6.3.1 合金元素在钢中的分布 ……………………………………………… 137

6.3.2 合金元素在钢中的作用 ……………………………………………… 138

6.3.3 合金元素对 $Fe-Fe_3C$ 相图的影响 ………………………………… 139

6.3.4 合金元素对热处理工艺的影响 ……………………………………… 140

6.4 合金结构钢 ………………………………………………………………… 144

6.4.1 低合金高强度结构钢 ………………………………………………… 144

6.4.2 渗碳钢 ………………………………………………………………… 146

6.4.3 渗氮钢 ………………………………………………………………… 149

6.4.4 调质钢 ………………………………………………………………… 151

6.4.5 弹簧钢 ………………………………………………………………… 156

6.4.6 轴承钢 ………………………………………………………………… 159

6.5 合金工具钢 ………………………………………………………………… 162

6.5.1 刃具钢 ………………………………………………………………… 163

6.5.2 模具钢 ………………………………………………………………… 169

6.5.3　量具钢 ··· 175

6.6　特殊性能钢 ··· 176

6.6.1　不锈钢 ··· 176

6.6.2　耐热钢 ··· 183

6.6.3　耐磨钢 ··· 186

6.6.4　易切削钢 ··· 187

习题 ··· 189

第7章　铸铁 ··· 190

7.1　概述 ··· 190

7.1.1　铸铁的化学成分及性能特点 ······························· 190

7.1.2　铸铁的石墨化及其影响因素 ······························· 191

7.1.3　铸铁的分类 ··· 193

7.2　灰铸铁 ··· 194

7.2.1　灰铸铁的化学成分与组织 ································· 194

7.2.2　灰铸铁的变质处理 ······································· 195

7.2.3　灰铸铁的热处理 ··· 196

7.3　可锻铸铁 ··· 197

7.3.1　可锻铸铁的化学成分 ····································· 198

7.3.2　可锻铸铁的退火与组织 ··································· 198

7.4　球墨铸铁 ··· 200

7.4.1　球墨铸铁的化学成分和制造工艺 ··························· 200

7.4.2　球墨铸铁的性能 ··· 200

7.4.3　球墨铸铁的热处理 ······································· 201

7.5　特殊性能铸铁 ··· 203

7.5.1　耐磨铸铁 ··· 203

7.5.2　耐热铸铁 ··· 204

7.5.3　耐蚀铸铁 ··· 205

习题 ··· 206

第8章　有色金属及其合金 ····································· 207

8.1　铝及铝合金 ··· 207

8.1.1　工业纯铝 ··· 207

8.1.2　铝合金的分类 ··· 208

8.1.3　铝合金的强化原理 ······································· 209

8.1.4　铸造铝合金及其应用 ····································· 211

8.1.5　变形铝合金及其应用 ····································· 219

8.2　铜及铜合金 ··· 222

8.2.1　工业纯铜 ··· 222

8.2.2 铜合金的分类 ⋯⋯⋯⋯⋯⋯⋯⋯⋯⋯⋯⋯⋯⋯⋯⋯⋯⋯ 223

8.3 轴承合金 ⋯⋯⋯⋯⋯⋯⋯⋯⋯⋯⋯⋯⋯⋯⋯⋯⋯⋯⋯⋯⋯⋯⋯⋯ 231

8.3.1 轴承合金的性能要求 ⋯⋯⋯⋯⋯⋯⋯⋯⋯⋯⋯⋯⋯⋯⋯ 231

8.3.2 常用的轴承合金 ⋯⋯⋯⋯⋯⋯⋯⋯⋯⋯⋯⋯⋯⋯⋯⋯⋯ 231

8.4 钛及钛合金 ⋯⋯⋯⋯⋯⋯⋯⋯⋯⋯⋯⋯⋯⋯⋯⋯⋯⋯⋯⋯⋯⋯⋯ 233

8.4.1 工业纯钛 ⋯⋯⋯⋯⋯⋯⋯⋯⋯⋯⋯⋯⋯⋯⋯⋯⋯⋯⋯⋯ 233

8.4.2 钛合金化 ⋯⋯⋯⋯⋯⋯⋯⋯⋯⋯⋯⋯⋯⋯⋯⋯⋯⋯⋯⋯ 234

8.4.3 工业用钛合金及分类 ⋯⋯⋯⋯⋯⋯⋯⋯⋯⋯⋯⋯⋯⋯⋯ 234

8.4.4 钛合金的热处理 ⋯⋯⋯⋯⋯⋯⋯⋯⋯⋯⋯⋯⋯⋯⋯⋯⋯ 236

习题 ⋯⋯⋯⋯⋯⋯⋯⋯⋯⋯⋯⋯⋯⋯⋯⋯⋯⋯⋯⋯⋯⋯⋯⋯⋯⋯⋯ 237

第 9 章 其他常用工程材料 ⋯⋯⋯⋯⋯⋯⋯⋯⋯⋯⋯⋯⋯⋯⋯⋯⋯⋯⋯ 238

9.1 高分子材料 ⋯⋯⋯⋯⋯⋯⋯⋯⋯⋯⋯⋯⋯⋯⋯⋯⋯⋯⋯⋯⋯⋯⋯ 238

9.1.1 高分子化合物的基本概念 ⋯⋯⋯⋯⋯⋯⋯⋯⋯⋯⋯⋯⋯ 238

9.1.2 高分子化合物的结构 ⋯⋯⋯⋯⋯⋯⋯⋯⋯⋯⋯⋯⋯⋯⋯ 240

9.1.3 高分子化合物的力学状态 ⋯⋯⋯⋯⋯⋯⋯⋯⋯⋯⋯⋯⋯ 241

9.1.4 高分子材料的老化及其改性 ⋯⋯⋯⋯⋯⋯⋯⋯⋯⋯⋯⋯ 242

9.1.5 常用高分子材料 ⋯⋯⋯⋯⋯⋯⋯⋯⋯⋯⋯⋯⋯⋯⋯⋯⋯ 243

9.2 陶瓷材料 ⋯⋯⋯⋯⋯⋯⋯⋯⋯⋯⋯⋯⋯⋯⋯⋯⋯⋯⋯⋯⋯⋯⋯⋯ 246

9.2.1 陶瓷材料的基本概念 ⋯⋯⋯⋯⋯⋯⋯⋯⋯⋯⋯⋯⋯⋯⋯ 246

9.2.2 陶瓷材料的结构 ⋯⋯⋯⋯⋯⋯⋯⋯⋯⋯⋯⋯⋯⋯⋯⋯⋯ 248

9.2.3 陶瓷材料的性能 ⋯⋯⋯⋯⋯⋯⋯⋯⋯⋯⋯⋯⋯⋯⋯⋯⋯ 250

9.2.4 陶瓷材料的脆性及增韧 ⋯⋯⋯⋯⋯⋯⋯⋯⋯⋯⋯⋯⋯⋯ 250

9.2.5 常用的工程陶瓷 ⋯⋯⋯⋯⋯⋯⋯⋯⋯⋯⋯⋯⋯⋯⋯⋯⋯ 251

9.3 复合材料 ⋯⋯⋯⋯⋯⋯⋯⋯⋯⋯⋯⋯⋯⋯⋯⋯⋯⋯⋯⋯⋯⋯⋯⋯ 255

9.3.1 复合材料的组成和分类 ⋯⋯⋯⋯⋯⋯⋯⋯⋯⋯⋯⋯⋯⋯ 256

9.3.2 复合材料的增强机制和性能 ⋯⋯⋯⋯⋯⋯⋯⋯⋯⋯⋯⋯ 258

9.3.3 常用复合材料 ⋯⋯⋯⋯⋯⋯⋯⋯⋯⋯⋯⋯⋯⋯⋯⋯⋯⋯ 260

习题 ⋯⋯⋯⋯⋯⋯⋯⋯⋯⋯⋯⋯⋯⋯⋯⋯⋯⋯⋯⋯⋯⋯⋯⋯⋯⋯⋯ 264

附录 A 力学性能名称和符号新旧对照表 ⋯⋯⋯⋯⋯⋯⋯⋯⋯⋯⋯⋯⋯ 265

附录 B 金属材料常用的浸蚀剂 ⋯⋯⋯⋯⋯⋯⋯⋯⋯⋯⋯⋯⋯⋯⋯⋯⋯ 266

附录 C 各种硬度（维氏、布氏、洛氏）换算表 ⋯⋯⋯⋯⋯⋯⋯⋯⋯⋯ 267

参考文献 ⋯⋯⋯⋯⋯⋯⋯⋯⋯⋯⋯⋯⋯⋯⋯⋯⋯⋯⋯⋯⋯⋯⋯⋯⋯⋯ 271

第1章　金属的晶体结构与结晶

【学习目标】

本章的学习目标是熟悉金属的典型晶体结构，掌握晶面指数和晶向指数的确定方法，了解三类常见的实际金属晶体缺陷，理解金属的结晶过程和晶粒大小的影响因素，掌握金属铸锭宏观组织中的三晶区及其形成原因。

【学习重点】

本章的学习重点是晶面指数和晶向指数的确定方法。

【学习导航】

金属的内部结构和组织状态是决定金属材料性能的一个重要因素。金属内部结构的研究通常把金属原子作为基本单位，讨论金属原子间的相互结合及原子排列规律等。金属在固态下通常是晶体，要了解金属内部结构，首先要了解晶体的结构，其中包括晶体中原子之间的相互作用、结合方式、原子排列方式和分布规律、各种晶体的特点与差异等。

1.1　金属的晶体结构

1.1.1　晶体与非晶体

晶体是指分子、原子或离子在三维空间做有规律的周期性重复排列所形成的固态物质。在自然界中，包括金属在内的大多数固态物质都属于晶体。天然晶体往往会具有规则的几何外形，如钻石、宝石、水晶等，冰花、雪花、食盐等也容易看到规则的几何外形。但实际金属及其制品，一般则看不到规则的几何外形。

非晶体在整体上是无序的，但原子间也靠化学键结合在一起，所以在尺度很小的范围内还存在一定的规律，可将非晶体的这种结构称为短程有序。少数物质，如玻璃、松香、木材、棉花等属于非晶体。

晶体中的原子呈一定规则周期性的重复排列，造成晶体具有不同于非晶体的一些重要特性：晶体可具有规则的几何外形；晶体具有固定的熔点；晶体具有各向异性。

虽然晶体与非晶体之间存在本质的差别，但并不意味着两者之间必然存在不可逾越的鸿沟。在一定的条件下，两者可进行相互转化。例如：玻璃经长时间高温加热后能形成晶态玻璃；用特殊设备，使液态金属以极快的速度冷却，可获得非晶态金属等。当然，这些转变使物体的性能也产生了极大的变化。

1.1.2　晶格与晶胞

为了研究晶体中原子的排列规律，假定理想晶体中的原子都是固定不动的刚球，晶体即由这些刚球堆垛而成，形成原子堆垛的球体几何模型，如图 1-1（a）所示。这种模型的优点是立体感强，很直观，但刚球密密麻麻地堆垛在一起，很难看清原子排列的规律和特点。为了便于分析各种晶体中的原子排列规律，常以通过各原子中心的一些假想连线来描绘其三维空间中的几何排列形式，如图 1-1（b）所示。各连线的交点称作结点，表示各原子中心位置，这种用以描述晶体中原子排列的空间构架称为空间点阵或晶格。由于晶格中原子排列具有周期性的特点，为了简便起见，可以从其晶格中选取一个最基本的几何单元来表达晶体规则排列的形式特点，如图 1-1（c）所示。组成晶格的这种最基本的几何单元称为晶胞。晶胞的大小和形状常以晶胞的棱边长度 a、b、c（称作晶格常数）和棱边夹角 α、β、γ 来表示。晶格常数以 Å 为计量单位。

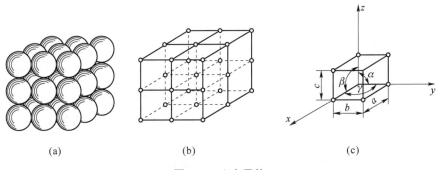

(a)　　　　　(b)　　　　　(c)

图 1-1　立方晶体
(a) 球体几何模型；(b) 晶格；(c) 晶胞

1.1.3　典型的金属晶体结构

自然界中的各种晶体物质，或其晶格形式不同，或其晶格常数不同，主要与其原子构造、原子间的结合力等性质有关。对于金属晶体来说，其原子结构的共同特点是价电子数少，一般为 1~2 个，最多不超过 4 个，与原子核间的结合力弱，很容易脱离原子核的束缚而变成自由电子。贡献出价电子的原子，变为正离子，自由电子穿梭于各离子之间做高速运动，形成电子云。金属的这种结合方式称作金属键。

根据金属键的本质，可解释固态金属的金属特性：在外电势作用下，自由电子做定向移动使金属具有良好的导电性；通过离子振动和自由电子运动实现热传导，使金属具有良好的导热性；同时，金属中离子振动的振幅会随温度的升高而增大，阻碍自由电子的流动，使金属具有正电阻温度系数；自由电子容易吸收可见光的能量，而被激发到高能级，当它跳回原来的低能级时，把吸收的可见光能量辐射出来，使金属具有不透明性和金属光泽；金属键没有饱和性和方向性，当金属晶体一部分相对于另一部分发生相对位移时，金属正离子始终被包围在电子云中，因而使金属能够经受一定的塑性变形而不发生断裂，具有良好的塑性或延展性。

金属键的结合力强且无方向性，使金属晶体中原子总具有趋于密排的倾向，故晶体以较紧密的排列方式形成具有高度对称性、晶格比较简单的晶体结构。金属元素中约有90%的晶体结构都属于如下三种典型的结构形式。

1. 体心立方晶格

体心立方晶格的晶胞模型如图1-2所示。其晶胞是一个立方体，晶胞的三条棱边长度$a=b=c$，通常只用一个晶格常数a表示即可。三条棱边之间夹角均为90°。在体心立方晶胞的每个角上和晶胞中心都排列有一个原子，所以单个晶胞中的原子数为$(1/8)×8+1=2$个。

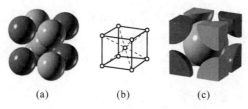

图1-2 体心立方晶格的晶胞模型
(a) 刚球模型；(b) 质点模型；(c) 晶胞原子数

在体心立方晶胞中，原子沿体对角线紧密地接触排列，长度为$\sqrt{3}a$，等于4个原子半径，所以体心立方晶格的原子半径$r=\sqrt{3}a/4$。

具有体心立方晶格的金属有α-Fe、Cr、V、Nb、Mo、W、β-Ti等。

2. 面心立方晶格

面心立方晶格的晶胞模型如图1-3所示。其晶胞也是一个立方体，晶格常数用a表示。在面心立方晶格的每个角上和晶胞的六个表面的中心都排列有一个原子，所以单个晶胞中的原子数为$(1/8)×8+(1/2)×6=4$个。

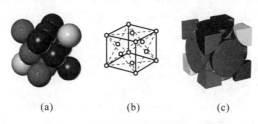

图1-3 面心立方晶格的晶胞模型
(a) 刚球模型；(b) 质点模型；(c) 晶胞原子数

在面心立方晶胞中，原子沿晶胞六个表面的对角线紧密地接触排列，长度为$\sqrt{2}a$，等于4个原子半径，所以面心立方晶格的原子半径$r=\sqrt{2}a/4$。

具有面心立方晶格的金属有 γ-Fe、Cu、Ni、Al、Ag、Au、Pb、Pt、β-Co 等。

3. 密排六方晶格

密排六方晶格的晶胞模型如图 1-4 所示。在晶胞的 12 个角上各有一个原子，构成六方体，上、下底面的中心各有一个原子，晶胞内还有三个原子。晶格常数用柱体高度 c 和六边形的边长 a 两个晶格常数来表示，c 与 a 之比 c/a 称为轴比，典型的密排六方晶格中 $c/a = \sqrt{8/3} \approx 1.633$。密排六方晶格中属于单个晶胞的原子数为 $(1/6) \times 12 + (1/2) \times 2 + 3 = 6$ 个。

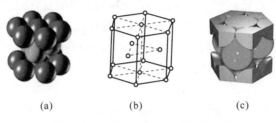

(a)   (b)   (c)

图 1-4 密排六方晶格的晶胞模型

（a）刚球模型；（b）质点模型；（c）晶胞原子数

对于典型的密排六方晶格金属，六边形上相邻的两个原子紧密地接触排列，长度为 a，等于 2 个原子半径，所以密排六方晶格的原子半径 $r = a/2$。

具有密排六方晶格的金属有 Mg、Zn、Be、Cd、α-Ti、α-Co 等。

1.1.4 典型晶格的配位数和致密度

金属晶体的一个特点是趋于最紧密的排列，所以晶格中原子排列的紧密程度是反映晶体结构特征的一个重要因素。通常用两个参数来表征，一个是配位数，另一个是致密度。

1. 配位数

配位数是指晶体中任意一个原子周围最近邻且等距离的原子的数目。配位数越大，晶体中的原子排列越紧密。

2. 致密度

球体几何模型中，把原子看作刚球，原子与原子之间必然存有空隙。晶体中原子排列的紧密程度可用原子所占体积与晶体体积的比值来表示，称为晶体的致密度。即

　　　　致密度＝晶体中原子所占体积/晶体体积＝单个晶胞中原子所占体积/晶胞体积

晶体的致密度越大，晶体原子排列密度越高，原子结合越紧密。

表 1-1 是三种典型金属晶格的数据。由表中数据可见，不论从配位数还是致密度来看，面心立方晶格和密排六方晶格的原子排列都是最紧密的，属于最密排排列方式。体心立方晶格次之，属次密排排列方式。

表 1-1 三种典型金属晶格的数据

晶格类型	晶胞中的原子数	原子半径	配位数	致密度
体心立方	2	$\sqrt{3}\,a/4$	8	0.68
面心立方	4	$\sqrt{2}\,a/4$	12	0.74
密排六方	6	$a/2$	12	0.74

1.1.5　晶面指数和晶向指数

在晶体中，过各原子中心所构成的不同方位上的原子面称为晶面，过各原子中心所构成不同方向上的原子列称为晶向。为了便于研究和表述不同晶面和晶向的原子排列情况及其在空间的位向，需要用一定的符号来统一表示，用来表示晶面的符号称作晶面指数，用来表示晶向的符号称作晶向指数。

1. 晶面指数

以立方晶格为例，确定晶面指数的步骤如下。

（1）设坐标。在立方晶格中，沿晶胞的相互垂直的三条棱边设主参考坐标 x、y、z。

（2）求截距。以晶胞的棱边长度即晶格常数为单位，确定待求晶面在各坐标轴上的截距值。

（3）取倒数。将所求三截距值取倒数，取倒数的目的是避免晶面指数出现 ∞。

（4）化整数。将所取三倒数按比例化为最小整数，用圆括号 （　） 括起，便得到所求晶面的晶面指数。晶面指数的一般形式用 （hkl） 表示。

图 1-5 为立方晶格中三个最具代表意义的晶面。其中晶面 A 在三个坐标轴上的截距分别为 1、∞、∞，取其倒数为 1、0、0，故其晶面指数为 （100）。晶面 B 在三个坐标轴上的截距分别为 1、1、∞，取其倒数为 1、1、0，则其晶面指数为 （110）。晶面 C 在三个坐标轴上的截距分别为 1、1、1，取其倒数为 1、1、1，则其晶面指数为 （111）。

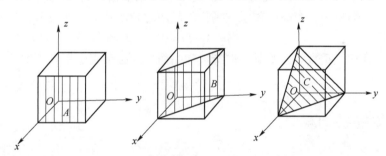

图 1-5　立方晶格中的 （100）（110）（111） 晶面

从晶面指数的确定步骤可以看出，晶面指数 （hkl） 所表示的不仅仅是晶格中的某一个晶面，而是泛指该晶格中那些与其平行的位向相同的所有晶面，称为晶面组。

在同一个晶体晶格中，空间位向不同，但原子排列情况完全相同的晶面均属于一个晶面族，其晶面指数用 $\{hkl\}$ 表示（若有负数，则用数字上方的横线表示负号）。例如：$\{100\}$ 晶面族，包括 （100）、（010）、（001） 3 组空间位向不同而原子排列相同的晶面；$\{110\}$ 晶面族，包含 （110）、（101）、（011）、（$\bar{1}$10）、（$\bar{1}$01）、（0$\bar{1}$1） 6 组空间位向不同而原子排列相同的晶面；$\{111\}$ 晶面族，包含 （111）、（$\bar{1}$11）、（1$\bar{1}$1）、（11$\bar{1}$） 4 组空间位向不同而原子排列相同的晶面。

2. 晶向指数

以立方晶格为例，确定晶向指数的步骤如下。

（1）设坐标。方法同晶面指数，但一般使所设坐标轴的原点 O 位于待定晶向的直线上。

（2）求坐标值。以晶格常数为单位，求待定晶向上某结点处的三坐标值（也可采用坐标平移，以原点引平行直线或求待定晶向上任两点坐标的差值等方法求待定晶向的坐标值）。

（3）化整数。将所求三个坐标值按比例化为最小整数，用方括号 [ ] 括起，即得所求晶向的晶向指数。晶向指数的一般形式用 [uvw] 表示。

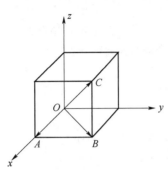

图 1-6 立方晶格中的 [100] [110] [111] 晶向

图 1-6 为立方晶格中三个最具代表意义的晶向。其中晶向 OA 的 A 结点坐标为（1，0，0），其晶向指数为 [100]。OB 晶向的 B 结点坐标为（1，1，0），其晶向指数为 [110]。OC 晶向的 C 结点坐标为（1，1，1），其晶向指数为 [111]。

同理，[uvw] 表示位向和方向都相同的一组相互平行的晶向，称作晶向组；而空间位向不同但原子排列相同的所有晶向称作晶向族，用<uvw>表示。例如：<100>晶向族，包含 [100]、[010]、[001] 和方向与之相反的 [$\bar{1}$00]、[0$\bar{1}$0]、[00$\bar{1}$] 6 组空间位向不同但具有相同原子排列的晶向；<110>晶向族，包含 [110]、[101]、[011]、[$\bar{1}$10]、[$\bar{1}$01]、[0$\bar{1}$1] 和方向与之相反的 [$\bar{1}$$\bar{1}$0]、[$\bar{1}0\bar{1}$]、[0$\bar{1}$$\bar{1}$]、[1$\bar{1}$0]、[10$\bar{1}$]、[01$\bar{1}$] 12 组空间位向不同但具有相同原子排列的晶向；<111>晶向族，包含 [111]、[$\bar{1}$11]、[1$\bar{1}$1]、[11$\bar{1}$] 和方向与之相反的 [$\bar{1}$$\bar{1}$$\bar{1}$]、[1$\bar{1}$$\bar{1}$]、[$\bar{1}1\bar{1}$]、[$\bar{1}$$\bar{1}$1] 8 组空间位向不同但具有相同原子排列的晶向。

此外，在立方晶格中，当晶向位于或平行于晶面时必须满足以下关系：

$$hu+kv+lw=0$$

当晶向与晶面相互垂直时，则其晶向指数和晶面指数必须完全相等，即

$$u=h,v=k,w=l$$

1.1.6 晶体的各向异性

晶体晶面和晶向上的原子排列情况常用晶面上的原子密度和晶向上的原子密度来表示。晶面上的原子密度指其单位面积上所截原子个数，晶向上的原子密度指其单位长度上所截原子个数。表 1-2 列出了体心立方晶格主要晶面和晶向上的原子密度。

表 1-2 体心立方晶格主要晶面和晶向上的原子密度

晶面指数	晶面示意	晶面上的原子密度/（原子数/面积）	晶向指数	晶向示意	晶向上的原子密度/（原子数/长度）
{100}		$1/a^2$	<100>		$1/a$
{110}		$\sqrt{2}/a^2$	<110>		$\sqrt{2}/2a$

续表

晶面指数	晶面示意	晶面上的原子密度/（原子数/面积）	晶向指数	晶向示意	晶向上的原子密度/（原子数/长度）
{111}	1.414a	$\sqrt{3}/3a^2$	<111>	1.732a	$2\sqrt{3}/3a$

由表可见，体心立方晶格中具有最大原子密度的晶面是 {110}，具有最大原子密度的晶向是<111>。同理可知，面心立方晶格中具有最大原子密度的晶面是 {111}，具有最大原子密度的晶向是<110>。

在晶体晶格中，不同晶面和晶向上原子排列的紧密程度不同，说明晶体沿不同晶面和晶向原子之间的结合力不同，从而使晶体沿不同方向显示性能上的差异，这就是晶体的各向异性。

晶体的各向异性是其区别于非晶体的重要标志之一。例如具有体心立方晶格的铁，沿不同的方向测其弹性模量：<111>方向 $E=290\ 000$ MPa；<100>方向 $E=135\ 000$ MPa。晶体的各向异性在其化学性能、物理性能和力学性能等方面都同样会有所表现。

但必须指出，工业所用金属材料中，通常看不到这种各向异性的特征。因为上面所讨论的金属晶体都是理想状态的晶体结构，而实际金属晶体结构与理想晶体结构相差很远。例如，测量实际应用的体心立方晶格铁的弹性模量，不论从何种位向取样，其弹性模量 E 均在210 000 MPa 左右。为此，需要进一步讨论实际金属的晶体结构。

1.2　实际金属的晶体结构

1.2.1　多晶体结构和亚结构

在上节讨论中，认为金属晶体是由原子按一定几何规律做周期性排列堆垛而成，其内部的晶格位向完全一致，完整无缺，这种晶体称为单晶体或理想单晶体。工业生产中，除非经过特殊制作才能获得内部结构相对完整的单晶体。一般所用工业金属材料，即使体积很小，其内部仍包含许许多多的小晶体，每个小晶体内部的晶格位向相对一致，而各个小晶体彼此间位向各不相同，如图 1-7 所示。这种外形不规则的小晶体称为晶粒。晶粒与晶粒之间的界面称为晶界。这种实际上由多个晶粒组成的晶体称为多晶体。由于实际金属是多晶体结构，一般测不出类似于单晶体的各向异性，测出的是位向不同的各个晶粒的平均性能，结果使实际金属不表现各向异性，而表现各向同性。这就是上述的体心立方晶格铁的弹性模量不论从何种位向

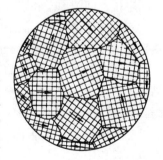

图 1-7　金属多晶体的
结构示意图

取样，E 都是 210 000 MPa 的原因。

晶粒的尺寸通常很小，如钢铁材料的晶粒尺寸一般为 $10^{-3} \sim 10^{-1}$ mm，只有在金相显微镜下才能观察到。在金相显微镜下所观察到的金属中各种晶粒的大小、形态和分布的图形称为显微组织或金相组织。图 1-8 是在金相显微镜下所观察到的纯铁（铁素体）和高锰钢（单相奥氏体）的显微组织。

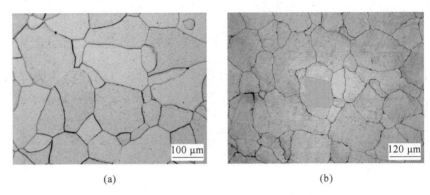

(a)   (b)

图 1-8　金属多晶体的显微组织

（a）纯铁（铁素体）；（b）高锰钢（单相奥氏体）

实践证明，在多晶体的每个晶粒内部，实际上也并不像理想单晶体那样晶格位向完全一致，而是存在许多尺寸更小，位向差也很小（一般是 $10' \sim 20'$，最大到 $1° \sim 2°$）的小晶块。它们相互镶嵌成一颗晶粒，这些在晶格位向上彼此有微小差别的晶内小区域称为亚结构或镶嵌块。因其尺寸更小，必须在高倍显微镜或电子显微镜下才能观察到。

1.2.2　实际金属晶体缺陷

实际金属是多晶体结构，晶粒内存在着亚结构。同时，由于结晶条件等原因，其会造成晶体内部某些局部区域原子排列的规则性因受到干扰而破坏，不像理想晶体那样规则和完整。这种偏离理想状态的区域称为晶体缺陷或晶格缺陷，对金属性能影响很大。晶体缺陷按几何形态特征分为以下三类。

1. 点缺陷

三个方向上的尺寸都很小，仅引起几个原子范围的点阵结构不完整的缺陷称为点缺陷，包括空位、间隙原子和置换原子等。

实际晶体结构中，晶格的某些结点未被原子所占据则形成空位。空位是一种含量极小的热平衡缺陷，随晶体温度升高，空位的含量也随之提高。

晶体中不占有正常的晶格结点位置，而处于晶格间隙中的原子称为间隙原子。同类原子晶格不易形成间隙原子，异类间隙原子大多数是原子半径很小的原子，如钢中的氢、氮、碳、硼等。

晶体中若有异类原子，异类原子占据了原来晶格中的结点位置，替换了某些基本原子则形成置换原子。

点缺陷的存在使其周围的原子离开了原来的平衡位置，造成晶格畸变，如图 1-9 所示。

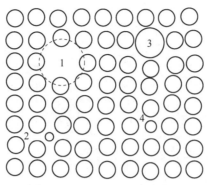

1—空位；2—间隙原子；3、4—置换原子。

图1-9 点缺陷示意图

2. 线缺陷

两个方向上的尺寸很小，另一个方向上的尺寸相对很大的缺陷，称为线缺陷。属于这一类缺陷的主要是位错。

位错是晶体中某处有一列或若干列原子发生有规律的错排现象，可看作是晶体中一部分晶体相对于另一部分晶体产生局部滑移而造成的，滑移部分与未滑移部分的交界线即为位错线。晶体中位错的基本类型有刃型位错和螺型位错两种：刃型位错示意图如图1-10所示，某一原子面在晶体内部中断，宛如一把锋利的钢刀切入晶体（沿切口插入一个额外半原子面），刃口处的原子列即为刃型位错线；螺型位错示意图如图1-11所示，相当于钢刀切入晶体后，被切的上下两部分沿滑移面 $ABCD$ 发生了一个原子间距的相对切变，于是就出现了已滑移区和未滑移区的边界 BC，BC 就是螺型位错线。从滑移面上下相邻两层晶面上原子排列的情况［见图1-11（b）］可以看出，在 aa' 的右侧，晶体的上下两部分相对错动了一个原子间距，但在 aa' 和 BC 之间，上下两层相邻原子发生了错排和不对齐的现象。这一地带称为过渡地带，此过渡地带的原子被扭曲成螺旋形［见图1-11（c）］。由于位错线附近的原子是按螺旋形排列的，所以这种位错叫作螺型位错。无论是刃型位错还是螺型位错，沿位错线周围原子排列都偏离了平衡位置，产生晶格畸变。

金属晶体中往往存在大量的位错线，通常用位错密度 ρ 来表示：

$$\rho = S/V \tag{1-1}$$

式中，V——晶体体积（m³）；

S——体积 V 内位错线的总长度（m）。

ρ 的单位为 m⁻²。一般经充分退火的多晶体金属中，位错密度 $\rho \approx 10^{10} \sim 10^{12}$ m⁻²。

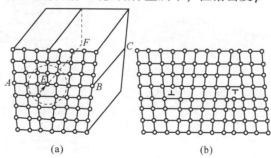

(a) (b)

图1-10 刃型位错示意图

（a）立体示意图；（b）垂直于位错线的原子平面

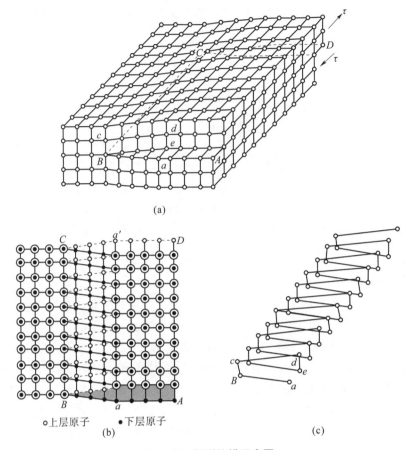

图 1-11　螺型位错示意图

(a) 立体示意图；(b) 平行于滑移面的上下相邻两层晶面；(c) 过渡地带的原子排列

3. 面缺陷

一个方向尺寸很小，另外两个方向尺寸相对很大的缺陷，称为面缺陷，包括晶界、亚晶界和相界等。

实际金属是多晶体，各晶粒间位向不同，晶界处原子排列的规律性受到破坏。晶界实际上是不同位向晶粒之间原子排列无规则的过渡层，亚晶界同样是小区域的原子排列的过渡层，过渡层中晶格产生畸变，如图 1-12 所示。相界是具有不同晶体结构的两相之间的分界面，相界上的原子偏离平衡位置产生畸变。

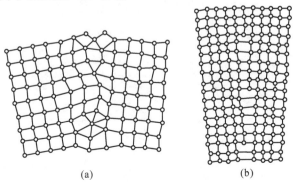

图 1-12　晶界、亚晶界的过渡层结构示意图

(a) 晶界的过渡层；(b) 亚晶界的过渡层

晶体缺陷处及其周围均有明显的晶格畸变产生，引起晶格能量的升高，使金属的物理、化学和力学性能发生显著变化。

1.3 金属的结晶与铸锭组织

1.3.1 结晶基础

一切物质从液态变为固态的过程称为凝固。通过凝固能形成晶体结构的现象则称为结晶。金属自液态经冷却转变为固态的过程，通常是原子由不规则排列的液态向规则排列的晶态转变的过程，故属于结晶过程。

纯金属都有一个固定的熔点或平衡结晶温度。也就是说，纯金属的结晶过程总是在恒定温度下进行。金属的平衡结晶温度可用热分析等试验方法来测定。将金属加热熔化成液体，如果在无限缓慢冷却条件下平衡结晶，所得到的结晶温度称为平衡结晶温度或理论结晶温度，常用 T_m 表示。但在实际结晶中，冷却都有一定的速度，此时，液态金属将在理论结晶温度 T_m 以下某一温度 T_n 才开始结晶，如图 1-13 所示。金属的实际结晶温度 T_n 低于理论结晶温度 T_m 的这一现象称为过冷现象。理论结晶温度与实际结晶温度的差 $\Delta T = T_m - T_n$ 称为过冷度。金属液体的冷却速度越快，过冷度越大。

从能量的角度来看，纯金属结晶之所以存在平衡结晶温度，是由于其液体与晶体二者之间的能量在该温度下能达到平衡。这时金属在结晶过程中会释放结晶潜热，以补偿向外散失的热量，导致出现结晶平台，表现为固定熔点。

物质能自动向外释放或对外做功的这一部分能量称为自由能，任何物质在不同状态下对应一定的自由能。图 1-14 是同一物质的液相和固相在不同温度下自由能的变化示意图。当自由能相等时，对应一个平衡点，即理论结晶温度 T_m。低于理论结晶温度，造成液体与晶体间的自由能差（$\Delta G = G_固 - G_液$），过冷度越大，自由能差 ΔG 越大，结晶的驱动力越大，结晶的倾向性越强。

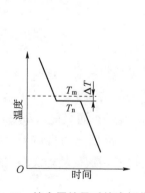

图 1-13 纯金属结晶时的冷却曲线

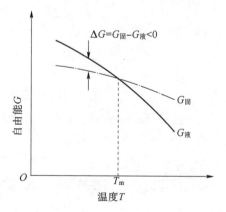

图 1-14 同一物质的液相和固相在不同温度下
自由能的变化示意图

1.3.2 结晶过程

纯金属的结晶过程是在结晶温度平台所经历的整段时间内实现的，是一个不断形成晶核和晶核不断长大的过程。

液态金属的 X 射线和中子衍射等研究结果表明，液态金属中总是存在许多类似于晶体中原子有规则排列的小集团，称为近程有序排列。在理论结晶温度以上，这些小集团尺寸较小，极不稳定，时聚时散。当低于理论结晶温度时，某些小集团就可能成为稳定的结晶核心，称作晶核。随着冷却不断进行，已形成的晶核不断长大，同时液态金属中又会不断产生新的晶核并随冷却不断长大，直至液态金属全部消失，晶体彼此相互接触。

在晶核开始长大的初期，因其内部原子规则排列的特点，其外形也比较规则。但随着晶核成长，其形成了晶体的棱边和顶角，由于棱边和顶角处的散热条件优于其他部位，从而得到优先成长，如图 1-15 所示。这样，晶体在成长时就会像树枝一样，先长出枝干（一次晶轴），再长出分枝（二次晶轴、三次晶轴等），最后再把晶间填满。晶体的这种成长方式宛如枝条茂盛的树枝，所以称为枝晶成长或简称枝晶。金属的冷却速度越快，过冷度越大，则枝晶的特点越明显。

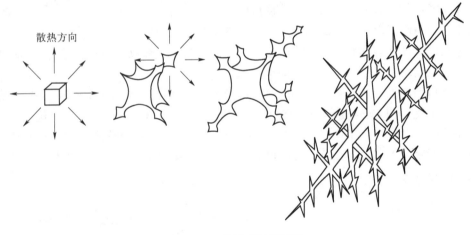

图 1-15　枝晶成长示意图

在金属枝晶成长过程中，相邻的树枝状骨架相遇时，枝晶停止扩展。这时，处于液体中的骨架将不断长出更高次的晶轴，晶轴也逐渐加粗直到液体全部结晶完毕，各次晶轴相互接触形成一个充实的晶粒。所以，结晶后通常看不到树枝状的痕迹，而只能看到多边形的晶粒，如图 1-16 所示。若金属结晶时得不到充分的液体补充，枝晶轴之间将留下空隙，就能明显看到树枝状晶体的形态。在铸锭的表面或缩孔处经常可以看到这种晶轴之间未被完全填满的枝晶结构。

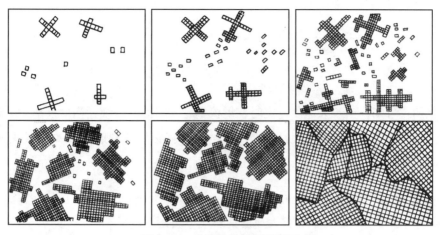

图 1-16　金属结晶过程示意图

1.3.3　晶粒大小及控制方法

金属结晶后形成由许多晶粒构成的多晶体，而晶粒大小是衡量金属组织的重要标志之一。常温下，金属的晶粒越小，强度、硬度则越大，同时塑性、韧性也越好。表 1-3 列出了晶粒大小对纯铁力学性能的影响。由表可见，细化晶粒可以大大提高金属材料的常温力学性能，这种用细化晶粒来提高材料强度的方法称作细晶强化。

表 1-3　晶粒大小对纯铁力学性能的影响

晶粒平均直径/mm	抗拉强度/MPa	屈服强度/MPa	断后伸长率/%
9.70	165	40	28.8
7.00	180	38	30.6
2.50	211	44	39.5
0.20	263	57	48.8
0.16	264	65	50.7
0.10	278	116	50.0

晶粒大小可用单位体积内晶粒的数目或单位面积上晶粒的数目来表示，称为晶粒度。国家标准采用晶粒度级别（标准晶粒度级别图）来确定单位面积上晶粒的数目，其数值由下式求出：

$$N_{100} = 2^{C-1} \tag{1-2}$$

式中，N_{100}——晶粒度，为显微镜放大 100 倍时，645.16 mm^2 面积内晶粒的数目；

　　　C——晶粒度级别。

金属结晶后单位体积中晶粒数目 Z_V 或单位面积上晶粒数目 Z_S 与结晶时的形核率 $\dot{N}$ 和晶

核的长大速度 G 之间存在着下列关系：

$$Z_V = 0.9\left(\frac{\dot{N}}{G}\right)^{3/4} \tag{1-3}$$

$$Z_S = 1.1\left(\frac{\dot{N}}{G}\right)^{1/2} \tag{1-4}$$

由以上两式可知，当长大速度一定时，形核率越大，晶粒越细；当形核率一定时，长大速度越慢，晶粒越细。要控制金属结晶后晶粒的大小，必须控制形核率 $\dot{N}$ 与长大速度 G 这两个因素。主要途径有以下三种。

1. 增大过冷度

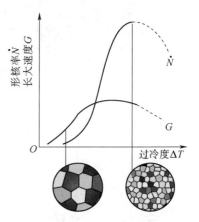

图 1-17 不同过冷度对形核率和长大速度的影响

金属结晶时的冷却速度越快，其过冷度便越大。图 1-17 是不同过冷度对形核率和长大速度的影响。由图可见，过冷度等于零时，晶体的形核率和长大速度趋于零。随着过冷度增加，形核率和长大速度都增大，但两者的增长率不同，形核率的增长率大于长大速度的增长率。在一般金属结晶时的过冷范围内，过冷度越大，比值 $\dot{N}/G$ 越大，晶粒也就越细小。因此，随着过冷度增加，晶粒的数目增多，晶粒变细。当过冷度再进一步增大时，$\dot{N}$、G 逐渐减小（图 1-17 中虚线部分），直至在很大过冷度的情况下，又各自趋于零。其原因是，在过冷度很大的情况下，实际结晶温度已很低，液体中原子扩散速度降低，从而使结晶困难。实际生产中，液态金属还没有达到这种过冷度之前，结晶早已完成。近年来研究发现，在高过冷度的情况下（对金属液滴施以每秒上万摄氏度的高速冷却），$\dot{N}$、G 能再度减小为零，此时可获得非晶态的金属。

2. 变质处理

在液态金属结晶前，加入一些细小的固态颗粒（称为变质剂或形核剂），可作为现成晶核或用来抑制长大速度以细化金属晶粒，这种处理方法称为变质处理。变质处理的作用一般会远大于加速冷却以增大过冷度的影响，在工业生产中得到了广泛的应用。例如，在铝液中加入钛和锆，在铁液中加入硅铁或硅钙合金等可细化金属晶粒。

3. 附加振动

金属结晶时，对液态金属附加振动或搅动，如机械振动、超声波振动、电磁振动等，通过振动使其液态金属在铸模中运动，产生冲击力，使成长中的枝晶破碎。这样不仅可以使已成长的晶粒因破碎而细化，而且破碎的枝晶尖端可以起到晶核的作用，使形核率增加，从而使晶粒细化。附加振动已成为一种有效地细化金属晶粒的重要手段。

1.3.4 金属铸锭组织

实际生产中，液态金属是在铸锭模或铸型中进行结晶的，前者获得铸锭，后者获得铸件，其结晶过程均遵循结晶的一般规律。但铸锭或铸件冷却条件的复杂性，使铸态组织

（包括晶粒的大小、形状和取向，合金元素和杂质元素的分布，铸造缺陷等）有很多特点。以铸锭组织为例，其宏观组织通常由三个晶粒区（简称三晶区）构成，即表层细晶粒区、柱状晶粒区和中心等轴状晶粒区，如图 1-18 所示。根据浇铸条件不同，铸锭中存在的晶粒区的数目和其相对厚度可以改变。

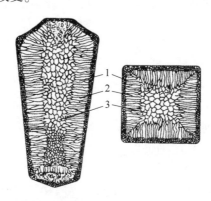

1—表层细晶粒区；2—柱状晶粒区；3—中心等轴状晶粒区。

图 1-18　金属铸锭组织示意图

1. 表层细晶粒区

表层细晶粒区的形成是由于液态金属注入铸锭模后，铸锭模温度较低，表层金属遭到剧烈过冷形成大量晶核。此外，模壁的人工晶核作用也是形成表层细晶粒区的原因之一。

2. 柱状晶粒区

在表层细晶粒区形成的同时，铸锭模的温度升高，液态金属冷却速度减慢。这时，沿垂直于模壁方向散热最快，晶体沿散热相反方向择优长大形成柱状晶粒区。

3. 中心等轴状晶粒区

随着柱状晶粒区的发展，液态金属的散热方向性越来越不明显，趋于均匀冷却的状态。此时晶核在液态金属中可以自由生长，在各个方向上的长大速度差不多，从而长成了比较粗大的等轴状的晶粒。

由上述可知，金属铸锭组织通常是不均匀的。

铸锭组织的细晶粒区，组织较致密，力学性能也较高。柱状晶粒区因相互平行的柱状晶的接触面及相邻垂直的柱状晶粒区的交界面较为脆弱，并常聚集易熔杂质和非金属夹杂等，使铸锭在冷热压力加工时容易沿这些脆弱面产生开裂，因此钢锭一般不希望得到柱状晶粒区。但是，柱状晶粒区组织较致密，不易形成疏松等铸造缺陷，所以，对塑性较好的有色金属如铜、铝等，有时为了获得较致密的铸锭组织而有意识地使柱状晶粒区扩大，同时这些金属由于本身具有良好的塑性，在压力加工中不致发生开裂。

中心等轴状晶粒区由于在结晶时没有择优取向，所以不存在脆弱的交界面。方向不同的晶粒彼此交错、咬合，各个方向上的力学性能比较平均，宏观上其强度、硬度低，而塑性、韧性好。

金属铸锭组织中，除组织不均匀外，还常存在各种铸造缺陷，如缩孔、疏松、气泡及偏析等，生产中常需要对金属铸锭及其压力加工产品进行各种宏观和微观检验与分析，以便根据需要通过适当处理改善其组织，提高其使用性能。

习　题

1. 名词解释：晶体、空间点阵、晶胞、配位数、致密度、晶面、晶向、单晶体、晶粒、晶界、点缺陷、线缺陷、面缺陷、位错、位错线、平衡结晶温度、过冷度、细晶强化、晶粒度。

2. 晶体和非晶体在结构和性能上有何区别？

3. 典型的金属晶体结构有哪几种？分别说明 α-Fe、Mo、W、β-Ti、γ-Fe、Cu、Ni、Al、β-Co、Mg、Zn、α-Ti、α-Co 各属于哪种晶体结构。

4. 已知 Al 的原子半径为 0.182 nm，求 Al 的晶格常数，并计算 1 mm³Al 中的原子数。

5. 分别说明体心立方、面心立方、密排六方的结构特点。

6. 试述晶向指数和晶面指数的确定方法。

7. 在立方晶胞中绘出（100）、（010）、（001）、（110）、（101）、（011）、（111）晶面。

8. 在立方晶胞中绘出［100］、［010］、［001］、［110］、［101］、［011］、［111］晶向。

9. 为何实际金属不表现各向异性？

10. 试述刃型位错和螺型位错的异同点。

11. 过冷度与冷却速度有何关系？它对铸件的晶粒大小有何影响？

12. 试述纯金属的结晶过程。

13. 在铸造生产中，采用哪些措施控制晶粒大小？

14. 试述金属结晶过程中形核率及长大速度与过冷度之间的关系。

15. 何为变质处理？当对液态金属进行变质处理时，变质剂的作用是什么？

16. 试述金属铸锭三晶区形成的原因及每个晶区的性能特点。

第 2 章 合金的相结构与二元合金相图

【学习目标】

本章的学习目标是掌握常见二元合金相图的相关概念和理论；熟练分析各种典型成分合金的平衡结晶过程，并能使用杠杆定律计算其相组成物和组织组成物的质量分数；理解相图与性能之间的对应关系。

【学习重点】

本章的学习重点是合金的相结构、二元合金相图的基本类型和合金的典型成分结晶过程分析。

【学习导航】

研究多组元材料的性能，首先要了解各组元间在不同的物理化学条件下的相互作用，以及这种作用引起的系统状态的变化及相的转变。系统状态的变化及相的转变与材料中各元素的性质、质量分数、温度及压力等有关。描写在平衡条件下系统状态或相的转变与成分、温度及压力间关系的图解，便是相图或状态图。掌握相图的分析方法和使用方法，可以分析和了解材料在不同条件下的相的转变及相的平衡存在状态，预测材料的性能和研制新的材料。此外，相图还可以作为制订材料制备工艺的重要依据。

2.1 合金的相结构

组成材料最基本的、独立的物质称为组元，简称元。组元可以是纯元素，如金属元素 Cu、Ni、Al、Ti、Fe 等，或非金属元素 C、N、B、O 等；也可以是化合物，如 Al_2O_3、SiO_2、ZrO_2、TiC、BN、TiO_2 等。材料可以由单一组元组成，如纯金属或 Al_2O_3 晶体等；也可以由多种组元组成，如 Al-Cu-Mg 系金属材料、MgO-Al_2O_3-SiO_2 系陶瓷材料等。

多组元组成的金属材料称为合金。所谓合金，是指由两种或两种以上的金属或金属与非金属经熔炼、烧结或用其他方法制成的具有金属特性的物质。由两个组元组成的合金称为二元合金，如工业上应用最为广泛的由铁和碳组成的铁碳合金、铜锌组成的铜合金等；由三个组元组成的合金称为三元合金，依此类推。由两个或两个以上组元按不同比例配制成的一系列不同成分的合金，称为合金系，简称系，如 Pb-Sn 系、Fe-Fe₃C 系等。由于合金可以通过化学成分或组织结构的变化来提高金属材料的力学性能（如强度、硬度等），并可获得某些特殊的物理和化学性能（如耐蚀性、耐磨性、耐热性等），所以在工业上得到广泛应用。

在金属或合金中，凡成分相同、结构相同并与其他部分有界面分开的均匀组成部分，均称为相。若合金是由成分、结构都相同的同一种晶粒构成的，则各晶粒虽有界面分开，却都属于同一种相；若合金是由成分、结构互不相同的几种晶粒构成的，它们将属于不同的几种相。材料的性能与各组成相的性质、形态、数量直接相关。

不同的相具有不同的晶体结构，虽然相的种类极为繁多，但根据相的结构特点可归纳为两大类：固溶体与中间相。

2.1.1　固溶体

以合金中某一元素作为溶剂，其他组元作为溶质，所形成的与溶剂具有相同晶体结构的固相称为固溶体。几乎所有的金属都能在固态或多或少地溶解其他元素成为固溶体。固溶体也在一定成分范围内存在，性能随成分变化而连续变化。

1. 固溶体的分类

（1）按溶质原子在溶剂晶格中所占位置的不同，可将固溶体分为置换固溶体和间隙固溶体两类。

置换固溶体是指当溶质原子由于代替了一部分溶剂原子而占据溶剂晶格中的某些结点位置时所形成的固溶体，如图 2-1（a）所示。间隙固溶体是指当溶质原子在溶剂晶格中并不占据晶格结点位置，而是嵌入各结点之间的空隙中时所形成的固溶体，如图 2-1（b）所示。一般规律是当溶质元素的原子直径与溶剂元素的原子直径之比小于 0.59 时，容易形成间隙固溶体，而在原子直径大小差不多的元素之间容易形成置换固溶体。

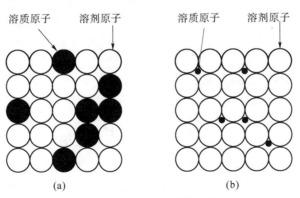

图 2-1　固溶体的两种类型

（a）置换固溶体；（b）间隙固溶体

（2）按固溶度的大小，可将固溶体分为有限固溶体和无限固溶体。

有限固溶体是指在一定条件下，溶质原子在溶剂中的溶解度有一个极限浓度的固溶体。

无限固溶体是指溶质与溶剂可以任何比例相互溶解，即溶解度可达 100%。对于这种固溶体，很难区分溶质与溶剂，通常将摩尔分数大于 50% 的组元称为溶剂，小于 50% 的组元称为溶质。显然，只有在溶剂与溶质元素之间形成置换固溶体时，才有可能形成无限固溶体；而对于间隙固溶体，只能形成有限固溶体。

（3）按溶质原子与溶剂原子的相对分布，可将固溶体分为有序固溶体和无序固溶体。

有序固溶体是指溶质原子有规律地占据溶剂晶格中某些位置所形成的固溶体。可以是置换式的有序，也可以是间隙式的有序。无序固溶体是指溶质原子随机地分布于溶剂的晶格中，看不出什么次序性或规律性。有序固溶体在加热至某一临界温度时将转变为无序固溶体，在缓慢冷却至这一温度时又转变为有序固溶体，此过程称为固溶体的有序变化，发生有序变化的临界温度称为固溶体的有序化温度。当固溶体从无序排列转变为有序排列时，合金的某些物理性能（如比热容、电阻率等）和力学性能将发生显著改变，主要表现是硬度、脆性增加，而塑性、电阻率减小。

2. 溶质元素在固溶体中的溶解度

溶质原子溶于固溶体中的量，称为固溶体的含量。固溶体的含量一般用质量分数表示，也可以用摩尔分数表示，其具体数值（以 c 表示）为

$$c = \frac{溶质元素的质量}{固溶体的总质量} \times 100\% \qquad （质量分数）$$

或

$$c = \frac{溶质元素的原子数}{固溶体的总原子数} \times 100\% \qquad （摩尔分数）$$

在合金系统中，习惯上常按照某种顺序（如按固溶体的含量或按固溶体稳定存在的温度范围等）由低到高，用希腊字母 α、β、γ、δ、ε 等来表示不同类型的固溶体，并称之为 α 固溶体、β 固溶体等。

3. 影响固溶体结构形式和溶解度的因素

固溶体的结构形式和溶解度的大小取决于多种因素，几个公认的主要因素如下。

1）尺寸（原子大小）因素

大量的统计结果表明，当溶剂与溶质的原子直径差别 [用 $(d_{溶剂} - d_{溶质})/d_{溶剂} \times 100\%$ 表示] 较小时，容易形成置换固溶体，而且二者的尺寸差别越小，所形成的置换固溶体的溶解度越大。当原子尺寸差别小于某一数值时，将形成无限固溶体。例如，以铁为基的置换固溶体的原子直径差别为 8%，以铜为基的置换固溶体的原子直径差别为 10%~11%。当原子尺寸差别大于 15% 时，就不大可能形成置换固溶体。

由于溶质原子与溶剂原子的尺寸不可能完全相同，故溶质原子溶入溶剂晶格后会引起晶格的点阵畸变。形成置换固溶体时，若溶质原子尺寸大于溶剂原子尺寸，可引起溶质原子周围点阵膨胀；如果溶质原子尺寸小于溶剂原子尺寸，则引起溶剂的点阵收缩，如图 2-2 所示。这种点阵畸变会使晶体能量升高，这种升高的能量称为晶格畸变能。晶格畸变能越高，晶格便越不稳定。

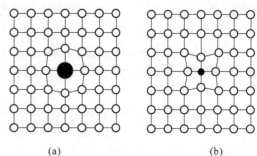

图 2-2　形成置换固溶体时的晶格点阵畸变
（a）正畸变；（b）负畸变

同理可知，形成间隙固溶体时将只能使固溶体晶格产生正畸变。显然，溶质原子的尺寸越小，形成间隙固溶体时所造成的晶格畸变和畸变能就越小，间隙固溶体就越容易形成，其溶解度也就越大。反之，溶质原子的相对尺寸越大，越不易形成间隙固溶体。当溶质原子的相对尺寸大于某一临界数值时，间隙固溶体的溶解度下降至0，即完全不能形成间隙固溶体。

2）电负性因素

电负性是元素的原子在化合物中吸引电子的能力的标度。元素的电负性越大，表示其原子在化合物中吸引电子的能力越强。两元素间电负性差别越大，它们之间的化学亲和力越强，它们就越倾向于形成化合物，而不利于形成固溶体，所形成的固溶体的溶解度也就越小。两元素间电负性差别越小，越容易形成固溶体，且随着两元素间电负性差的减小，所形成的固溶体溶解度逐渐增大。

3）电子含量因素

电子含量的定义是合金中各组成元素的价电子数的总和（e）与原子数（a）的比值，记作e/a。例如二元合金，设在固溶体中溶质的摩尔分数为x，每个溶质原子在形成固溶体时所贡献的价电子数为v，固溶体中溶剂的摩尔分数为（$100-x$），每个溶剂原子贡献的价电子数为u，则固溶体的电子含量为

$$c=e/a=[xv+u(100-x)]/100$$

式中，u和v的数值可由表2-1查出。

表2-1　形成合金相时各种元素的每个原子贡献的价电子数

元素符号	每个原子贡献的价电子数（u或v）
Cu、Ag、Au	1
Be、Mg、Zn、Cd、Hg	2
Al、In、Ga	3
Sb、Si、Ge、Pb	4
As、Sb、Bi、P	5
Fe、Co、Ni、Ru、Rh、Pd、Os、Ir、Pt、Ce、La、Pr、Nd	0[①]

注：①由于过渡族元素中nd层的电子数未被填满，当形成合金相时，既可贡献电子，也可吸收电子，因而近似地认为其原子价数为零。

当溶质原子对固溶体贡献的价电子数与溶剂不同时，随着溶质原子的进入，将使固溶体晶格的电子含量及电子云的结构有所改变。显然，这种情况下，溶质原子所占比率越高，固溶体晶格的电子含量的改变越大，直至最后达到某一极限含量。当超过此值时，这种固溶体晶格就不稳定，它就以另一种结构形式，形成一种新的合金相。

因此，一定形式的固溶体能稳定存在于一定的电子含量范围之内。例如，对于溶剂为一价金属的固溶体，若固溶体具有面心立方晶格，则极限电子含量值为1.36；若固溶体具有体心立方晶格，则极限电子含量值为1.48。当溶剂为其他元素时，其极限电子含量值目前还不清楚。

4）晶体结构因素

组元间晶体结构相同时，固溶度一般较大，而且有可能形成无限固溶体。若组元间晶体结构不同，则只能形成有限固溶体。此外，固溶体的溶解度还和合金相所处的环境，如温度和压力有关，其中温度影响尤为明显。当其他条件相同时，对于大多数固溶体，总是随着温度的升高而溶解度逐渐上升，而且温度越高，溶解度增加的速度越大，只有少数合金例外。将各元素的主要特征列于元素周期表中，如表2-2所示。

表 2-2　元素周期表中部分元素的晶体结构、原子直径及核外电子分布总表

图例说明

原子序数	——	26
晶体结构	——	Fe　2.54
元素符号	——	
原子直径	——	
核外电子的分布	——	铁　$3d^6 4s^2$

元素晶格代表符号

- 面心立方 □
- 体心立方 ⊡
- 金刚石型立方 ⊠
- 复杂立方 ⊞
- 正交 ▭
- 六方 ◠
- 密排六方 ⬡
- 菱形 ◇
- 正方 ▢
- 单斜 ▱

族／周期	ⅠA	ⅡA	ⅢB	ⅣB	ⅤB	ⅥB	ⅦB	ⅧB	ⅧB	ⅧB	ⅠB	ⅡB	ⅢA	ⅣA	ⅤA	ⅥA
1	1 H 0.92 氢 $1s^1$															
2	3 Li 3.13 锂 $2s^1$	4 Be 2.25 铍 $2s^2$											5 B 1.94 硼 $2s^2 2p^1$	6 C 1.54 碳 $2s^2 2p^2$	7 N 1.42 氮 $2s^2 2p^3$	8 O 1.20 氧 $2s^2 2p^4$
3	11 Na 3.83 钠 $3s^1$	12 Mg 3.20 镁 $3s^2$											13 Al 2.85 铝 $3s^2 3p^1$	14 Si 2.67 硅 $3s^2 3p^2$	15 P 2.2 磷 $3s^2 3p^3$	16 S 2.08 硫 $3s^2 3p^4$
4	19 K 4.76 钾 $4s^1$	20 Ca 3.93 钙 $4s^2$	21 Sc 3.27 钪 $3d^1 4s^2$	22 Ti 2.93 钛 $3d^2 4s^2$	23 V 2.71 钒 $3d^3 4s^2$	24 Cr 2.57 铬 $3d^5 4s^1$	25 Mn 2.86 锰 $3d^5 4s^2$	26 Fe 2.54 铁 $3d^6 4s^2$	27 Co 2.5 钴 $3d^7 4s^2$	28 Ni 2.49 镍 $3d^8 4s^2$	29 Cu 2.55 铜 $3d^{10} 4s^1$	30 Zn 2.75 锌 $3d^{10} 4s^2$	31 Ga 2.7 镓 $4s^2 4p^1$	32 Ge 2.79 锗 $4s^2 4p^2$	33 As 砷 $4s^2 4p^3$	34 Se 硒 $4s^2 4p^4$
5	37 Rb 铷 $5s^1$	38 Sr 4.26 锶 $5s^2$	39 Y 3.69 钇 $4d^1 5s^2$	40 Zr 3.19 锆 $4d^2 5s^2$	41 Nb 2.94 铌 $4d^4 5s^1$	42 Mo 2.80 钼 $4d^5 5s^1$	43 Tc 2.71 锝 $4d^5 5s^2$	44 Ru 2.67 钌 $4d^7 5s^1$	45 Rh 2.68 铑 $4d^8 5s^1$	46 Pd 钯 $4d^{10}$	47 Ag 2.88 银 $4d^{10} 5s^1$	48 Cd 3.04 镉 $4d^{10} 5s^2$	49 In 3.14 铟 $5s^2 5p^1$	50 Sn 3.16 锡 $5s^2 5p^2$	51 Sb 3.23 锑 $5s^2 5p^3$	52 Te 碲 $5s^2 5p^4$
6	55 Cs 铯 $6s^1$	56 Ba 钡 $6s^2$	57~71 La~Lu 镧系	72 Hf 铪 $5d^2 6s^2$	73 Ta 2.94 钽 $5d^3 6s^2$	74 W 2.82 钨 $5d^4 6s^2$	75 Re 2.75 铼 $5d^5 6s^2$	76 Os 2.7 锇 $5d^6 6s^2$	77 Ir 2.7 铱 $5d^7 6s^2$	78 Pt 2.77 铂 $5d^9 6s^1$	79 Au 2.88 金 $5d^{10} 6s^1$	80 Hg 3.10 汞 $5d^{10} 6s^2$	81 Tl 3.42 铊 $6s^2 6p^1$	82 Pb 3.49 铅 $6s^2 6p^2$	83 Bi 3.64 铋 $6s^2 6p^3$	84 Po 钋 $6s^2 6p^4$
7	87 Fr 钫 $7s^1$	88 Ra 镭 $7s^2$	89~103 Ac~Lr 锕系	104 * $(6d^2 7s^2)$	105 * $(6d^3 7s^2)$											

综上所述，尺寸因素、电负性因素、电子含量因素及晶体结构因素是影响固溶体溶解度的 4 个主要因素，当这 4 个因素均有利时，有可能形成无限固溶体。这 4 个因素并非相互独立，其统一理论是金属及合金的电子理论。

4. 固溶体的性能

当溶质的含量极少时，固溶体的性能与溶剂金属基本相同。随着溶质含量的升高，固溶体的性能将发生改变，其一般情况是强度、硬度升高，而塑性、韧性有所下降，电阻率逐渐升高，导电性逐渐下降，磁矫顽力升高等。

通过溶入某种溶质元素形成固溶体而使金属的强度、硬度升高的现象称为固溶强化。固溶强化的产生是由于溶质原子溶入后，使溶剂金属的晶格产生畸变，进而使位错移动时所受到的阻力增大。固溶强化是材料的一种主要的强化途径。

例如，在铜中加入质量分数为 19% 的镍，可使合金的抗拉强度 R_m 由 220 MPa 升高至 380~400 MPa，硬度由 44 HBW 升高至 70 HBW，而塑性仍然保持在 $Z = 50\%$。若将铜通过其他途径（如冷变形时的加工硬化）获得同样的强化效果，其塑性将接近或完全丧失。

实践证明，固溶强化是一种极为优异的强化方式，因而，在金属材料的生产和研究中得到了极为广泛的应用，几乎所有对综合力学性能要求较高的结构材料，都是以固溶体为最主要最基本的相组成物。但是，由于单纯的固溶强化所达到的最高强化指标仍然有限，因而人们不得不在固溶强化的基础上再补充进行其他强化处理。

2.1.2 中间相

前面已经谈到，两组元的尺寸、电子含量及电负性都会影响溶解度。当溶质原子的加入量超过溶解度上限（溶限）时，便会形成一种新相，因其晶体结构不同于此相中的任一组元，将这种新相称为中间相。中间相由于具有一定的金属特性，所以也称为金属间化合物。不同元素之间所形成的中间相往往在晶体结构、结合键等方面都不相同。

中间相一般具有较高的熔点及硬度，可使合金的强度、硬度、耐磨性及耐热性提高。有些中间相还具有某些特殊的物理、化学性能，其中不少正在开发应用中。例如，性能远远优于硅半导体材料的 GaAs，具有形状记忆效应的 NiTi、CuZn，新一代能源的储氢材料 $LaNi_5$ 等。

按中间相形成时起主要作用的因素，可把中间相分为三类，即正常价化合物、电子化合物、尺寸因素化合物。

1. 正常价化合物

正常价化合物是两组元间电负性差起主要作用而形成的化合物，通常由金属元素与元素周期表中第ⅣA、ⅤA、ⅥA 族元素组成。这类化合物符合原子价规律，可用化学式表示，故称正常价化合物，如 Mg_2Si、Mg_2Sn、Mg_2Pb、MgS、AlN、SiC 等。其中，Mg_2Si 是铝合金中常见的增强相，SiC 是颗粒增强铝基复合材料中常见的增强粒子，而 MnS 则是钢铁材料中有害的夹杂物。

总之，正常价化合物具有很高的硬度和脆性。在合金中，当正常价化合物在固溶体基体上为合理分布时，将使合金得到强化，因而起着强化相的作用。

2. 电子化合物

电子化合物大多是第ⅠB 族或过渡族元素与第ⅡB、ⅢA、ⅣA 族金属元素形成的中间相。虽然它们也可以用化学式表示，但大多数不符合化学价规律，而是按电子含量规律来进行化合的。只要电子含量达到某一范围，其就会形成具有一定结构的相，所以它们的形成是电子含量起主导作用的。

电子含量不同，所形成的化合物的晶格类型也不同。例如，在 Cu-Al 合金系中，当 Cu 与 Al 的原子比为 3∶1 时，电子含量为

$$c = \frac{3 \times 1 + 1 \times 3}{4} = \frac{6}{4} = \frac{3}{2}$$

此时，将形成具有体心立方晶格的 β 相，其化学式可表示为 Cu_3Al。统计结果表明：在电子化合物中，电子含量为 3/2(21/14) 时，其通常具有体心立方结构，简称 β 相（也有少数出现复杂立方结构和密排六方结构）；当电子含量为 21/13 时，其具有复杂立方结构，简称 γ 相；当电子含量为 7/4(21/12) 时，其具有密排六方结构，简称 ε 相。表 2-3 列出了一些铜合金中常见的电子化合物。

表 2-3 铜合金中常见的电子化合物

合金系	电子含量		
	$\frac{3}{2}\left(\frac{21}{14}\right)$, β 相	$\frac{21}{13}$, γ 相	$\frac{7}{4}\left(\frac{21}{12}\right)$, ε 相
	晶体结构		
	体心立方结构	复杂立方结构	密排六方结构
Cu-Zn	$CuZn$	Cu_5Zn_8	$CuZn_3$
Cu-Sn	Cu_5Sn	$Cu_{31}Sn_8$	Cu_3Sn
Cu-Al	Cu_3Al	Cu_9Al_4	Cu_5Al_3
Cu-Si	Cu_5Si	$Cu_{31}Si_8$	Cu_3Si

电子化合物的晶体结构虽然主要受电子含量的影响，但它与尺寸因素及组元的电负性因素也有一定的关系。例如，电子含量为 21/14 的电子化合物，当组元原子尺寸差较小时，倾向于形成密排六方结构，当尺寸差较大时，倾向于形成体心立方结构；若电负性差较大，则倾向于形成复杂立方及密排六方结构。

虽然电子化合物可以用化学式表示，但其成分可在一定范围内变化，因此可以把它看作是以化合物为基的置换固溶体，这类化合物的结合键为金属键，它们具有明显的金属特性。电子化合物的熔点及硬度较高，脆性较大。

3. 尺寸因素化合物

尺寸因素化合物的形成主要受组元的相对尺寸所控制，其他因素为第二位或只起辅助作用。

由前述可知，无论溶质原子是以间隙方式还是以置换方式进入晶格，总会对溶剂晶格造成一定程度的畸变。溶质原子与溶剂原子的尺寸差别越大，造成的晶格畸变就越大，畸变能也就越高。但当畸变能增高至一定溶限时，原来的结构便不稳定，会重新组合而形成新的结构形式，即形成新相。这种以尺寸因素为主要控制条件而形成的中间相，通常称为尺寸因素化合物。

尺寸因素化合物可分为两类：间隙化合物和拉弗斯（Laves）相。

1）间隙化合物

工业用钢的组织中，常常含有不同类型的碳化物，如 VC、Cr_7C_3、$Cr_{23}C_6$ 等。钢经过氮化、渗硼处理后，在其表面会形成 Fe_4N、Fe_2N、FeB 等，这些化合物由原子直径较大的过渡族元素与原子直径较小（<0.1 nm）的碳、氮、硼等非金属元素组成。在这类化合物的新晶格（不同于组成元素）中，尺寸较大的过渡族元素占据晶格的正常位置，尺寸较小的非金属元素则有规则地嵌入晶格的空隙中，因而称为间隙化合物。

由典型的金属晶体结构构成的间隙化合物（也称间隙相）可近似用化学式 M_4X、M_2X、MX、MX_2 表示，其中，M 为金属原子，X 为非金属原子。这类化合物虽然可以用上述化学式表示，但其成分可在一定范围内变化（见表 2-4），故可看作是以化合物为基的固溶体。这类化合物不但可以溶解其他组元，而且还可以相互溶解，结构相同的两种化合物之间甚至可以无限互溶，如 ZrC-TiC、TiC-VC、ZrC-NbC 等。这种化合物的键型不完全是金属键，而大多数是不同程度的金属键与共价键的混合或杂交，可见此类化合物形成时，电负性因素也起了一定作用。钢中常见的间隙化合物如表 2-5 所示。

表 2-4　简单结构的间隙化合物成分范围（质量分数）

间隙化合物名称	Fe_4N	Fe_2N	Mn_4N	Mn_2N	Mo_2C	NbC	PdH	TaC
X（非金属）/%	19~21	17~33	20~21.5	25~34	30~39	44~48	39~45	45~50
间隙化合物名称	TiC	TiN	Ti_2H	TiN	VC	ZrC	UC_2	
X（非金属）/%	25~50	30~50	0~33	47~62	43~50	33~50	26~65	

表 2-5　钢中常见的间隙化合物

化学式	钢中常见的间隙化合物	结构类型
M_4X	Fe_4N、Mn_4N	面心立方
M_2X	Ti_2H、Zr_2H、Fe_2N、Cr_2N、V_2N、Mn_2C、Mo_2C	密排六方
MX	TaC、TiC、ZrC、VC、ZrN、VN、TiN、CrN、ZrH、TiH	面心立方
	TaH、NbH	体心立方
	WC、MoN	简单立方
MX_2	TiH_2、ThH_2、ZnH_2	面心立方

这类结构较为简单的间隙化合物具有极高的熔点和硬度（见表 2-6），它们是合金工具钢和硬质合金的重要组成相，而且有些化合物（如 NbN、ZrB、W_2C、MoN 等）在温度略高于绝对零度（0 K）时呈现超导性。

表 2-6　钢中常见的结构较为简单的间隙化合物的熔点和硬度

类型	NbC	W_2C	WC	Mo_2C	TaC	TiC	ZrC	VC	$Cr_{23}C_6$	Fe_3C
熔点/℃	3 770±125	3 130	2 867	2 960±50	4 150±140	3 410	3 805	3 023	1 577	1 227
硬度 HV	2 050	3 000	1 730	1 480	1 550	2 850	2 840	2 010	1 650	~800

对于结构较为复杂的间隙化合物，常见的结构形式有 M_3C（正交晶系）、M_7C_3（简单六方）、$M_{23}C_6$（复杂立方）。这类化合物的熔点及硬度一般较前者要低一些，它们也是钢中一种常见的强化相。此外，这种化合物中的金属原子常可以被其他金属原子置换。例如，渗碳体中的铁原子可以被 Mn、Cr、Mo、W 等置换，形成（Fe,Mn）$_3$C、（Fe,Cr）$_3$C 等，称为合金渗碳体；又如（Cr,Fe）$_7C_3$、（Cr,Fe,Mo,W）$_{23}C_6$ 等，称为合金碳化物。

2）拉弗斯相

当组元间的原子尺寸差处于间隙化合物与电子化合物之间时，会形成拉弗斯相。拉弗斯相是借助大小原子排列的配合而实现的密排结构，其通式为 AB_2。其中，A 代表大原子，B 代表小原子，A、B 均为金属原子。d_A/d_B 的理论比值为 1.225，而实际上的比值与上述数值有较大差别：d_A/d_B = 1.05～1.68。构成拉弗斯相的组元并不受元素周期表上的位置限制，可以是一般金属，也可以是过渡族金属。

这类中间相有三种类型，即 $MgCu_2$ 型、$MgZn_2$ 型、$MgNi_2$ 型。这三种结构类型的共同之处是较小的 B 原子（如 Cu、Zn、Ni）围绕 A 原子（如 Mg）组成小四面体，而较大的 A 原子处于这些小四面体的间隙中。这三种结构的不同之处在于这些小四面体的堆垛方式。在 $MgCu_2$ 结构中，Cu 原子的小四面体顶点相互连接；$MgZn_2$ 结构中，Zn 原子所组成的小四面体顶与顶、底与底交替地连接；而 $MgNi_2$ 结构中，Ni 原子的四面体连接方式为以上两种方式的混合。

拉弗斯相的形成主要取决于尺寸因素，但电子含量也起一定作用。例如，镁合金中，电子含量低时会出现 $MgCu_2$ 结构，电子含量高时会出现 $MgZn_2$ 结构，所以也有人将拉弗斯相归于电子化合物。

2.2　相图的基本知识

纯金属结晶后只能得到单相的固体，合金结晶后，既可获得单相的固溶体组织，也可获得单相的化合物组织，但是最为常见的是得到由固溶体和化合物组成的多相组织。组元不同，所获得固溶体和化合物的类型不同。即使组元确定，结晶后所获得的相的性质、数目及其相对含量也随着合金成分和温度的改变而变化，即在不同的成分和温度条件下，合金将以不同的状态存在。为了研究不同合金中相的存在状态与合金成分和温度之间的变化规律，就要利用相图这一工具。

相图是用来描述平衡条件下系统状态或相的转变与成分、温度及压力间关系的图解，也称状态图或是平衡图。利用相图可以了解不同成分的合金在不同温度下的平衡状态，它存在哪些相，相的成分及相对含量如何，以及在加热或冷却时可能发生哪些转变。

2.2.1　相图的表示方法

相图的形式和种类很多，如温度-含量（T-x）图、温度-压力（T-p）图、温度-压力-含量（T-p-x）图，以及立体模型图解（如三元相图）和它们的某种切向图、投影图等。根据研究内容的需要，可选择方便的图解，以形象地阐明关系。对于单组元（一元）系，

通常采用 T-p 图；二元系，采用 T-p-x 图；三元系，采用立体模型图解。为了方便，常固定一个变量，如采用常压状态。

下面以 Pb-Sn 二元合金相图（见图 2-3）为例，来说明相图的表示方法。

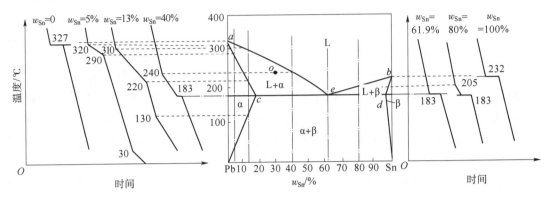

图 2-3　相图建立过程示意图

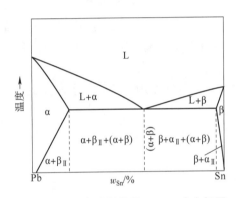

图 2-4　用组织来标注的 Pb-Sn 合金相图

图 2-3 中，纵坐标表示温度，横坐标表示成分，即材料各组元在材料中所占的数量，其可以用质量分数（w_B）或摩尔分数（x_B）表示。一般情况下，如果没有特别注明，通常是指质量分数。图中的字母表示相区，如 L 为液相区，L+α 为液相和 α 固溶体共存的两相区等。为了解合金的组织存在状态，有时也用组织来标注相图，如图 2-4 所示。组织是指用肉眼或借助放大镜、显微镜观察到的材料微观图像，它包括相的种类、数量、尺寸、分布及聚集状态等信息。组织中具有一定组织特征的组成物称为组织组成物。

在相图中，任意一点都叫表象点。一个表象点的坐标值反映一个给定合金的成分和温度。由表象点所在的相区可以判定在该温度下合金由哪些相组成，如图 2-3 中 o 点，其成分坐标值为 30%Sn，温度坐标为 240 ℃，它位于 L+α 相区，表明在 Pb-Sn 合金系中，30%Sn 的合金在 240 ℃时处于液相 L 和 α 固溶体共存状态。

相图中的线是成分与临界点（相变温度点）之间的关系曲线，也是相区界线。如图 2-3 中，aeb 为液相线，$acedb$ 为固相线。

2.2.2　相图的建立

相图的建立可以用试验方法，也可以用计算方法，但到目前为止，所有的合金相图都是通过试验方法得到的。试验的方法有很多，都是以相变发生时其物理参量发生突变（如比体积、磁性、比热容等）为依据的。热分析法是最常使用的试验方法，下面就以 Pb-Sn 二元合金相图为例进行介绍。

（1）配制几组不同成分的 Pb-Sn 合金。例如：

100%Pb，0%Sn；

95%Pb，5%Sn；

87%Pb，13%Sn；

60%Pb，40%Sn；

38.1%Pb，61.9%Sn；

20%Pb，80%Sn；

0%Pb，100%Sn。

配制的合金数目越多，试验数据之间间隔越小，制出来的合金相图就越精确。

（2）如图 2-3 所示，作出每个合金的冷却曲线（冷却速度一般为 0.5~1.5 ℃/min），并找出各冷却曲线上的临界点（即停歇点和转折点）。

（3）作一个以温度为纵坐标（单位为℃），以合金成分为横坐标（单位为质量分数或摩尔分数）的直角坐标系统，并自横坐标上各成分点作垂线——成分垂线，然后把每个合金冷却曲线上的临界点分别标在各个合金的成分垂线上。

（4）将各个成分垂线上具有相同意义的点连接成线，并根据已知条件和实际分析结果写上数字、字母和各区所存在的相或组织的名称，就得到一个完整的二元合金相图。

冷却曲线上的转折点及停歇点，表示纯金属及合金在冷却到该温度时发生了冷却速度的突然改变，这是因为纯金属及合金在结晶（即相变，包括固态相变）时有结晶潜热放出，抵消了部分或全部热量散失。

如图 2-3 所示，纯 Pb 和纯 Sn 的冷却曲线上出现水平台阶，说明其结晶是在恒温下进行的。同理，含 61.9%Sn 合金的结晶过程也是在 183 ℃恒温下进行的，因此标在成分垂线上的临界点，既是它们开始结晶的温度，也是它们结晶终了的温度。而含 5%Sn、13%Sn、40%Sn 及 80%Sn 合金的结晶过程分别是在 320~290 ℃、310~220 ℃、240~183 ℃、205~183 ℃的温度进行的，所以它们成分垂线上的上、下两个点就代表它们的开始结晶温度和终了结晶温度。把所有代表合金结晶开始温度的临界点都连在一起，便构成了 aeb 线。显然，在此线以上所有合金都处于液相状态，因而把此线称为 Pb-Sn 相图的液相线。相似地，把代表合金结晶终了的临界点都连在一起，便构成了 acedb 线，在此线以下的合金全都处于固相状态，因而把此线称为固相线。在液相线与固相线之间是液、固两相共存（确切地说是两相平衡共存）状态。

合金结晶的临界点即合金的实际结晶温度与冷却速度有关。合金的冷却速度越快，临界点就越低；合金的冷却速度越慢，则临界点越高。由于相图中的数据是在无限缓慢条件下测得的，它应该属于平衡结晶的情况，所以相图又称为平衡图。

2.2.3   相律与杠杆定律

1. 相律

相律是检验、分析和使用相图的重要工具，所测定的相图是否正确，要用相律检验。在研究和使用相图时，也要用到相律。相律是描述系统的组元数、相数和自由度之间的关系的法则。

相律有多种，常见最基本的是吉布斯相律，其通式如下：

$$f=c-p+2$$

当系统的压力为常数时，通式变为

$$f = c - p + 1$$

式中，c 为系统的组元数；p 为平衡条件下系统的相数；f 为自由度。所谓自由度，它是指在平衡相数不变的前提下，给定系统中可以独立变化的、决定体系状态的（内部、外部）因素的数目。自由度 f 不能为负值。

影响合金状态的因素有合金的成分、温度和压力。当压力不变时，合金的状态由成分和温度两个因素确定。因此，对纯金属而言，成分固定不变，只有温度可以独立改变，所以纯金属的自由度最多只有一个。而对二元合金来说，已知一个组元的含量，则合金的成分即可确定，因此合金成分的独立含量只有一个，再加上温度因素，所以二元合金的自由度最多为两个。依此类推，三元系合金的自由度最多为三个。

应用相律的几个例子如下。

（1）利用相律可以确定系统中可能存在的最多平衡相数。

例如，对一元系来说，组元数 $c = 1$，由于自由度不能出现负值，所以当 $f = 0$ 时，同时共存的平衡相数应具有最大值。代入公式 $f = c - p + 1$ 中可得 $p = 1 - 0 + 1 = 2$。可见，对一元系而言，同时共存的平衡相数不超过两个。如纯金属结晶时，其温度固定不变，同时共存的平衡相为液、固两相。

同样，对二元系而言，组元数 $c = 2$，当 $f = 0$ 时，$p = 2 - 0 + 1 = 3$，说明二元系中同时共存的平衡相数最多为三个。

（2）利用相律可以解释纯金属和二元合金结晶时的一些差别。

纯金属在结晶时存在液、固两相，其自由度为零，说明纯金属在结晶时只能在恒温下进行。而二元合金结晶时，在两相平衡条件下，其自由度 $f = 2 - 2 + 1 = 1$，说明此时还有一个可变因素（温度）。因此，二元合金将在一定温度范围内结晶。如果二元合金出现三相平衡共存，则其自由度 $f = 2 - 3 + 1 = 0$，说明此时不但温度恒定不变，而且三个相的成分也恒定不变，结晶只能在各个因素完全恒定不变的条件下进行。

应当注意，相律具有如下限制性。

①相律只适应于热力学平衡状态。平衡状态下各相的温度应相等（热量平衡），各相的压力影响相等（机械平衡），每一组元在各相中的化学位必须相同（化学平衡）。

②相律只能表示体系中组元和相的数目，不能指明组元和相的类型及含量。

③相律不能预告反应动力学（速度）。

④自由度不得小于零。

2. 杠杆定律

根据相律，二元系两相平衡共存时，自由度 $f = 1$，若温度取定，自由度 $f = 0$，说明在此温度下，两个平衡相的成分也随之而定。

过合金 O 在温度 T_0 的表象点 o' 作水平线，水平线与液相线、固相线分别交 a、b 两点（见图 2-5），点 a、b 在成分轴上的投影点 w_{Ni}^L 及 w_{Ni}^α，即为此温度下液相（L）及固相（α）的成分。

设合金的总质量为 Q_0，温度 T_0 时液相的质量为 Q_L，固相的质量为 Q_α，液、固两相的质量和应等于合金的总质量 Q_0，即

$$Q_0 = Q_L + Q_\alpha$$

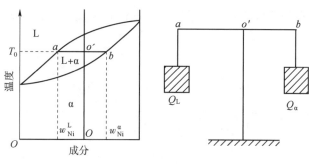

图 2-5　杠杆定律证明及力学比例

液相中镍的质量应为 $Q_L \times w_{Ni}^L$，固相中镍的质量为 $Q_\alpha \times w_{Ni}^\alpha$，合金中镍的质量为 $Q_0 \times w_{Ni}^0$，由此而得

$$Q_0 \times w_{Ni}^0 = Q_L \times w_{Ni}^L + Q_\alpha \times w_{Ni}^\alpha = (Q_0 - Q_\alpha) \times w_{Ni}^L + Q_\alpha \times w_{Ni}^\alpha$$

联立解方程得

$$\begin{cases} Q_\alpha / Q_0 = (w_{Ni}^0 - w_{Ni}^L) / (w_{Ni}^\alpha - w_{Ni}^L) \times 100\% \\ Q_L / Q_0 = (w_{Ni}^\alpha - w_{Ni}^0) / (w_{Ni}^\alpha - w_{Ni}^L) \times 100\% \end{cases}$$

故

$$Q_\alpha \times (w_{Ni}^\alpha - w_{Ni}^0) = Q_L \times (w_{Ni}^0 - w_{Ni}^L)$$

可以看出，此式表示的两相质量分数的关系很像力学中的杠杆原理，杠杆定律由此得名。应当注意，杠杆定律只能用于平衡状态的两相区，对相的类型没有限制。

2.3　匀晶相图

2.3.1　相图分析

由液相结晶出单相固溶体的过程称为匀晶转变，可用下式表示：

$$L \longrightarrow \alpha$$

表示匀晶转变的相图称为匀晶相图，其特征是两组元在液态和固态均能无限互溶。大多数合金的相图中都包含匀晶转变部分，也有一些合金如 Cu-Ni、Cu-Au、Au-Ag、Si-Be 等只发生匀晶转变。

下面以 Cu-Ni 相图为例来进行分析。如图 2-6 所示，在 Cu-Ni 合金相图中，A 点温度为纯铜的熔点，$T_A = 1\,083\ ^\circ\text{C}$，$B$ 点温度为纯镍的熔点，$T_B = 1\,455\ ^\circ\text{C}$。$ACB$ 为液相线，代表各种成分的 Cu-Ni 合金在冷却过程中开始结晶温度，或在加热过程中熔化终了的温度；ADB 为固相线，代表各种成分的 Cu-Ni 合金在冷却时结晶终了温度，或在加热时开始熔化的温度。这里的 A、B 就是 Cu-Ni 合金相图的特性点，ACB 和 ADB 就是 Cu-Ni 合金相图的特性线。需要说明的是，由于相图是代表各相之间平衡关系的图形，所以，这里所说的冷却或加热，其过程是极其缓慢的，以满足达到平衡状态所需要的足够的时间。

液相线和固相线把相图分成三个不同相区。ACB 以上为液相区，合金处于液相状态，以 L 表示；ADB 以下为固相区，为 Cu 和 Ni 组成的不同成分的固溶体，以 α 表示；ACB 和 ADB

之间是液相和固相共存的区域，是结晶过程正在进行的区域，以 L+α 表示。

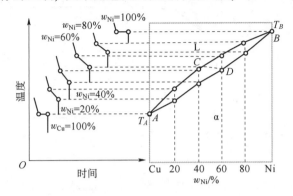

图 2-6　用热分析法测定的 Cu-Ni 合金相图

2.3.2　固溶体合金的平衡凝固

下面，以图 2-7 中 Ni 的含量 $w_{Ni}=40\%$ 的 Cu-Ni 合金为例说明其平衡凝固过程，相图中其他合金的平衡结晶过程与此合金结晶过程相似。

当液态合金缓慢冷却到与液相线相交温度时开始结晶，此时温度为 T_1，结晶出的固相为 α_1，α_1 的含镍量（w_{Ni}）大于 40%；冷却到 T_2 时，L 的成分为 L_2，α 相的成分为 α_2；当合金冷却到与固相线相交，即温度为 T_3 时，结晶完毕，全部为固相 α，此时固相成分为 α_3，即为合金自身的成分。在整个冷却过程中，随着温度的下降，结

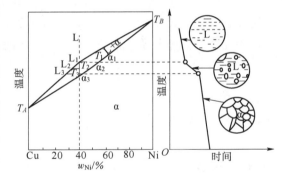

图 2-7　Cu-Ni 合金相图及结晶过程分析

晶出的 α 相成分沿固相线左移（$\alpha_1\sim\alpha_3$），剩余 L 相的成分沿液相线左移（$L_1\sim L_3$）。

可见，与纯金属的结晶过程不同，固溶体合金的结晶是在一定温度范围内进行的。在结晶过程中，随着温度的下降，已结晶固溶体的成分沿固相线变化，而剩余液相的成分则沿液相线变化，液相 L 和固溶体 α 两相的相对含量可利用杠杆定律求得。

在结晶过程中，先结晶出的固溶体和后结晶出的固溶体成分是不同的。在无限缓慢的冷却条件下，即平衡结晶条件下，可通过原子充分扩散使成分均匀化，结晶完成后，最终获得与原合金成分相同的单相 α 固溶体。固溶体的显微组织与纯金属相似，常由呈多面状的晶粒所组成。

2.3.3　固溶体合金的非平衡凝固

如上所述，合金在结晶过程（见图 2-7）中，随着温度的降低，液相将沿着液相线向左变化，固相沿着固相线向左变化，结晶终了时 α 相（不管先生成的或后生成的）将都具有原合金的成分。这种变化只有在无限缓慢的冷却条件下，以及固、液两相的内部及固、液两

相之间的原子扩散都得以充分进行的条件下，才能圆满实现。但在实际铸造条件下，合金不可能无限缓慢冷却，冷却速度一般较快，此时合金内部尤其是固相内部的原子扩散由于来不

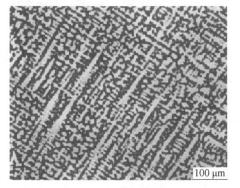

图 2-8　Cu-Ni 合金的枝晶偏析

及充分进行，会使先结晶出来的固相含镍量较高，后结晶出来的固相含镍量较低。对某一个晶粒来说，其表现为先形成的心部含镍量较高，后形成的表层含镍量较低。这种由非平衡结晶造成晶体内化学成分不均匀的现象称为晶内偏析。固溶体结晶一般按树枝状长大，使这种晶内偏析也呈树枝状分布，故又称这种现象为枝晶偏析。图 2-8 为 Cu-Ni 合金的枝晶偏析。由图可见，固溶体呈树枝状，先结晶的枝干富镍，不易浸蚀，故呈白亮色；而后结晶的枝间富铜，易浸蚀而呈暗黑色。

枝晶偏析的存在，严重影响合金的力学性能和耐蚀性，对加工工艺性也有损害。因此，在生产上要设法加以消除和改善。一般采用均匀化退火，即将铸件加热到低于固相线 100 ~ 200 ℃ 的温度，进行较长时间的保温，使偏析元素进行充分扩散，以达到成分的均匀化。

2.4　二元共晶相图

很多合金，当冷却到某个温度时，会在该温度下同时结晶出两种成分不同的固相。我们把由一定成分的液相在恒温下同时结晶出两个成分不同的固相的转变称为共晶转变，其表达式为

$$L \xrightarrow{T_E} \alpha+\beta$$

发生共晶转变的温度称为共晶温度，共晶转变的产物为共晶组织。具有共晶转变特征的相图称为共晶相图，其相图特征是两组元在液相下完全互溶，在固相下有限互溶（或不互溶），并有共晶转变发生。具有这类相图的合金系主要有 Pb-Sn、Cu-Ag、Zn-Sn 等，一些硅酸盐也具有共晶相图。

2.4.1　相图分析

下面以 Pb-Sn 合金相图（见图 2-9）为例来进行分析。

在 Pb-Sn 合金相图中，α 相为 Sn 在 Pb 中的固溶体，β 相是 Pb 在 Sn 中的固溶体。a 为 Pb 的熔点；b 为 Sn 的熔点；e 为共晶点，其对应成分为 61.9% Sn；c、f 分别为在共晶温度、室温下，Sn 在 Pb 中的最大溶解度点，其对应成分分别为 19% Sn、2% Sn；d、g 分别为在共晶温度、室温下，Pb 在 Sn 中的最大溶解度点，其对应成

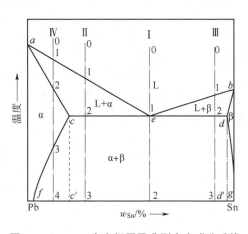

图 2-9　Pb-Sn 合金相图及典型合金成分垂线

分分别为97.5%Sn、100%Sn。aeb 为液相线，$acdb$ 为固相线，cf 为 Sn 在 Pb 中的溶解度曲线，dg 为 Pb 在 Sn 中的溶解度曲线。图中有三个单相区：液相 L 相区、固相 α 相区及固相 β 相区；三个两相区（两个单相区之间的区域）：L+α 相区、L+β 相区及 α+β 相区；一条三相水平线 ced，此线表示 L+α+β 三相共存区。

在三相水平线 ced 上，两条液相线相交于 e 点，e 点以上是液相区，e 点以下是 α+β 两相共存区，这说明 e 点成分液相冷却至三相水平线 ced 时，会同时结晶出成分为 c 的 α 相与成分为 d 的 β 相，其转变反应式可写为 $L_e \longrightarrow \alpha_c + \beta_d$。由相律可知，对于二元合金系统，三相平衡共存时，系统自由度 $f=0$，这种反应必然在恒温下进行，而且在反应进行过程中，三个相的成分也固定不变。

2.4.2 共晶系合金的平衡凝固

在图 2-9 所示的 Pb-Sn 合金相图中，c 点以左的合金为 α 端部固溶体合金，d 点以右的合金为 β 端部固溶体合金；成分为 e 点的合金为共晶合金；成分位于 c、e 之间的合金为亚共晶合金；成分位于 e、d 之间的合金为过共晶合金。下面，我们将分别对这四类共晶系合金的平衡凝固过程来进行分析。

1. 端部固溶体合金

以 $w_{Sn}=10\%$ 的 α 端部固溶体合金Ⅳ为例（见图 2-9）进行分析。

当合金溶液缓冷至液相线（图 2-9 中 1 点）时发生匀晶转变，开始从液相 L 中析出固溶体 α 相。随着温度的降低，α 相成分沿固相线 ac 变化，液相 L 成分沿液相线 ae 变化，利用杠杆定律计算可知，液相 L 逐渐减少，α 相逐渐增多。冷却至 2 点时，结晶完毕，液相 L 消失，全部转变为 α 相。当温度在 2~3 点继续冷却时，α 相无任何变化发生。当温度降至 3 点以下时，从 α 相中不断析出富 Sn 的 β 相，随温度下降，α 相的固溶度逐渐减小，此时析出过程不断进行，这种析出过程称为脱溶过程或二次析出反应，析出相称为二次相或次生相，用 β_{II} 表示。二次相通常沿初生相的晶界析出，也可在晶内沿缺陷处析出。

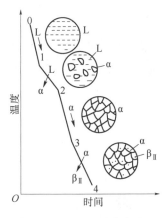

图 2-10 端部固溶体合金Ⅳ的冷却曲线及结晶过程

端部固溶体合金Ⅳ的冷却曲线及结晶过程如图 2-10 所示。经上述分析，其在室温下的最终组织为 α+β_{II}，它们的质量分数可用下式计算得到：

$$w_{\beta_{II}} = w_\beta = (10-f)/(g-f) \times 100\% = (10-2)/(100-2) \times 100\% = 8.2\%$$
$$w_\alpha = (g-10)/(g-f) \times 100\% = (100-10)/(100-2) \times 100\% = 91.8\%$$

β 固溶体合金的平衡凝固过程与 α 固溶体合金类似，其室温下的显微组织为 β+α_{II}。

2. 共晶合金

共晶合金Ⅰ（见图 2-9）的冷却曲线及结晶过程如图 2-11 所示。

1 点以上是合金溶液 L 相的简单冷却。温度降至 1 点时，合金的成分垂线同时与液相线和固相线相交，这表明合金的结晶过程应在此温度下开始并且在此温度结束，即合金的结晶过程在恒温下进行。冷却曲线上也出现了一个代表在恒温结晶的水平台阶。由图 2-9 也可看出，合金成分垂线上的 1 点恰恰是相同的两段液相线 ae 和 be 的交点。从相图的左侧 $acea$ 区看，应当从成分为 e 的合金溶液 L_e 中结晶出成分为 c 的固相 α_c；从相图右侧的 $bedb$ 区看，应当从合金溶液 L_e 结晶出成分为 d 的固相 β_d。把这两种情况加在一起，就应当自合金溶液 L_e 中同时结晶出 α_c 和 β_d 两种晶体。用反应式来表达就是 $L_e \longrightarrow \alpha_c + \beta_d$，这就是前述的共晶转变。

实际情况也是如此，合金Ⅰ冷却到 1 点的温度时，将在合金溶液中含 Pb 较多的地方生成 α 相的小晶体，而在含 Sn 较多的地方生成 β 相小晶体。与此同时，随着 α 相小晶体的形成，其周围合金溶液中含 Pb 必然大为减少，这样就为 β 相小晶体的形成创造了极为有利的条件，因而立即会在它的两侧生成 β 相的小晶体。同样道理，β 相小晶体的生成又会促使 α 相小晶体在其一侧生成。如此发展下去，就会迅速形成一个 α 相和 β 相彼此相间排列的组织区域。这样在结晶过程全部结束时，就使合金获得非常致密的两相机械混合物。由于它是共晶转变产物，所以这种机械混合物称为共晶体或共晶混合物。图 2-12 为 Pb-Sn 的共晶合金显微组织，图中，黑色层片为富 Pb 的 α 相，白色基体为富 Sn 的 β 相，α 相及 β 相呈片层状相间分布，称为片层状共晶。

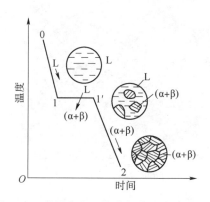

图 2-11　共晶合金Ⅰ的冷却曲线及结晶过程

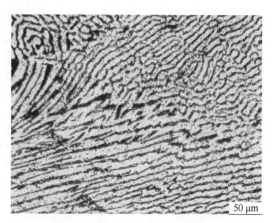

图 2-12　Pb-Sn 的共晶合金显微组织

在共晶转变完成之后，液相消失，合金进入共晶线以下的 $(\alpha+\beta)$ 两相区。这时，随着温度的缓慢下降，α 和 β 的含量都要沿着它们各自的溶解度曲线逐渐变化，并自 α 相中析出一些 β 相的小晶体和自 β 相中析出一些 α 相的小晶体。这种由已有的固相中析出的小晶体叫作次生相或二次相，用 α_{II} 和 β_{II} 表示。由于共晶体是非常细密的混合物，次生相的析出常与共晶体中的同类混在一起，显微镜下难以分辨，而且共晶体中次生相的析出量较小，故一般不予考虑。因此，合金Ⅰ的最终组织仍看作是 $(\alpha+\beta)$ 共晶体。T_e 温度时，两相的质量分数可由杠杆定律求出：

$$w_\alpha = (d-e)/(d-c) \times 100\% = (97.5-61.9)/(97.5-19) \times 100\% = 45.4\%$$

$$w_\beta = (e-c)/(d-c) \times 100\% = (61.9-19)/(97.5-19) \times 100\% = 54.6\%$$

3. 亚共晶合金

下面以 $w_{Sn} = 30\%$ 的合金Ⅱ（见图 2-9）为例，介绍亚共晶合金的平衡凝固过程，其冷却曲线及结晶过程如图 2-13 所示。

当液相的温度降低至 1 点时开始结晶，首先析出 α 相固溶体。随着温度缓慢下降，α 相的数量不断增多，剩余液相的数量不断减少，与此同时，固相和液相成分分别沿固相线和液相线变化。当温度降低至 2 点时，剩余的液相恰恰具有 e 点的成分，即共晶成分。此时为 $L_e+\alpha_c$ 两相共存，两相的质量分数为

$$w_L=(30-c)/(e-c)\times100\%=(30-19)/(61.9-19)\times100\%=25.6\%$$
$$w_\alpha=(e-30)/(e-c)\times100\%=(61.9-30)/(61.9-19)\times100\%=74.4\%$$

同时，剩余的液相 L_e 在共晶温度 T_e 发生共晶转变，转变为（α+β）的共晶组织。共晶转变刚完成时，合金的组织为 α+(α+β)。通常将共晶转变前结晶出的固相称为先共晶相或初生相。温度继续下降，初生相 α 将不断析出二次相 β_{II}。到室温时，合金组织为 $\alpha+\beta_{II}+$（α+β）。

图 2-14 为 Pb-Sn 的亚共晶合金显微组织。图中，黑色斑状（三维形态为粗大树枝状）组织为初生相 α，其间的白色颗粒组织为二次相 β_{II}，其余黑白相间部分为共晶组织（α+β）。初生相 α、二次相 β_{II} 及共晶组织（α+β）都有明显的形貌特征，很容易将它们区分开。

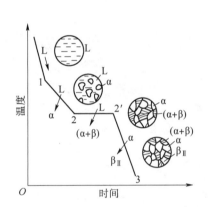

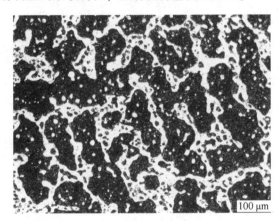

图 2-13　亚共晶合金 II 的冷却曲线及结晶过程　　　　图 2-14　Pb-Sn 的亚共晶合金显微组织

室温时，Pb-Sn 共晶合金的组织组成物的质量分数可以用杠杆定律求出：

$$w_{(\alpha+\beta)}=(30-c)/(e-c)\times100\%=(30-19)/(61.9-19)\times100\%=25.6\%$$
$$w_\alpha=(e-30)/(e-c)\times(g-c)/(g-f)$$
$$=(61.9-30)/(61.9-19)\times(100-19)/(100-2)=61.5\%$$
$$w_{\beta_{II}}=(e-30)/(e-c)\times(c-f)/(g-f)$$
$$=(61.9-30)/(61.9-19)\times(19-2)/(100-2)=12.9\%$$

合金的组成相 α 和 β 的质量分数为

$$w_\alpha=(g-30)/(g-f)\times100\%=(100-30)/(100-2)\times100\%=71.4\%$$
$$w_\beta=(30-f)/(g-f)\times100\%=(30-2)/(100-2)\times100\%=28.6\%$$

4. 过共晶合金

过共晶合金的平衡凝固过程与亚共晶合金类似。所不同的是，过共晶合金的初生相为 β 相（L$\longrightarrow$β），二次相是由初生相 β 析出的 α_{II}，室温组织为 $\beta+\alpha_{II}+$（α+β）。图 2-15 是含 70%Sn 的 Pb-Sn 的过共晶合金显微组织。除 α_{II} 观察不到外，该组织包括两种组成物，亮白色卵形为 β，黑白相间分布的为（α+β）。

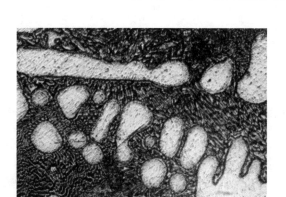

图 2-15　含 70%Sn 的 Pb-Sn 的过共晶合金显微组织

2.4.3　共晶系合金的非平衡凝固

以上分析了共晶系合金在平衡条件下的结晶过程，在非平衡条件下的结晶远比其复杂。

1. 伪共晶

在平衡条件下，仅共晶成分的合金能获得完全的共晶组织，任何偏离共晶成分的合金，平衡结晶时都不能获得百分之百的共晶组织。但在不平衡条件下，成分位于共晶点附近的亚共晶合金或过共晶合金，也有可能获得全部共晶组织，把这种非共晶成分的合金能获得全部共晶组织的现象称为伪共晶。由于伪共晶组织具有较高的力学性能，因此在实际生产中具有一定的应用价值。

在非平衡结晶条件下，由于产生了过冷，当液态合金过冷到两条液相线的延长线所包围的区域时（见图 2-16 的影线区），就可获得共晶组织。因为这时的合金液体中 α 相和 β 相都是过饱和的，所以既可以结晶出 α，也可以结晶出 β，当它们同时结晶出来时就形成了共晶组织。图示影线区称为伪共晶区。如亚共晶合金 I 过冷至 T_1 温度以下时进行结晶，就形成了伪共晶组织。

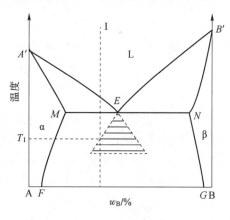

图 2-16　伪共晶示意图

2. 密度偏析

当合金组成相与合金液体之间密度相差较大时，初生相便会在液体中上浮或下沉而造成偏析，这种由密度导致的偏析称为密度偏析。如亚共晶合金或过共晶合金的初生相的密度比液体密度大或小，缓慢结晶时在液体中上浮或下沉，形成密度偏析。

合金组元间的密度相差越大，在相图上结晶的区间越大，初生相与剩余液相的密度差便越大。合金在相图中的结晶温度间隔越大，冷却速度越慢，初生相在液体中便有更多的时间上浮或下沉，合金的密度偏析越严重。采用增大冷却速度或搅拌可以减轻或防止密度偏析。

2.5　二元包晶相图

一个液相和一个固相在恒温下生成另一个固相的转变称为包晶转变，其表达式为

$$L+\alpha \xrightarrow{T_p} \beta$$

具有包晶转变特征的相图为包晶相图，其特征为两组元在液态下无限互溶，在固态下有限互溶（或不互溶），并有包晶转变发生。图 2-17 为三种不同类型的包晶相图示意图。具有包晶转变的二元合金系有 Pt-Ag、Sn-Sb、Cu-Sn、Cu-Zn，以及某些二元陶瓷系相图（如 ZrO_2-CaO）等。

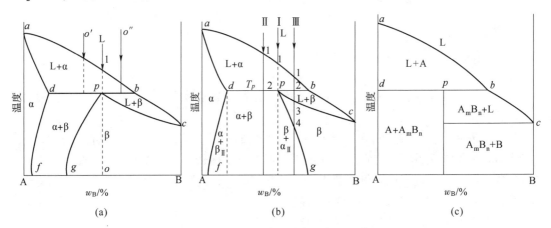

图 2-17　三种不同类型的包晶相图示意图
（a）β 相固溶度随温度下降而增大；（b）β 相固溶度随温度下降而减小；
（c）AB 两组元固态下互不相溶的包晶相图

2.5.1　相图分析

下面，以两组元在固态下有限互溶的包晶相图中［见图 2-17（b）］为例进行分析。

图中，a 点为纯组元 A 的熔点，c 点为纯组元 B 的熔点，p 点为包晶点，b 点为发生包晶转变时液相的成分点，d、f 点分别为包晶温度、室温下 B 在 A 中的最大溶解度点，g 为室温下 A 在 B 中的最大溶解度点。abc 为液相线，$adpc$ 为固相线，df 为 B 在 A 中的溶解度曲线，pg 为 A 在 B 中的溶解度曲线，dpb 为包晶线。图中有三个单相区：液相 L 相区、固相 α 相区及固相 β 相区；三个两相区（两个单相区之间的区域）：L+α、L+β 及 α+β；一条三相水平线 dpb，此线表示 L+α+β 三相共存区。

2.5.2　包晶系合金的平衡凝固

1. 成分在 p 点的包晶合金 I

取 p 点成分合金 I，自液态缓慢冷却。由图 2-17（b）可知，合金 I 在 1 点以上温度为

液相 L。自 1 点开始液相 L 发生匀晶转变，不断析出初晶 α 相，随温度下降，α 相成分沿固相线 *ad* 变化，液相 L 成分沿液相线 *ab* 变化。降至 *p* 点时，α 相成分达到 *d* 点，液相 L 成分达到 *b* 点，此时合金在恒温条件下发生包晶转变，即 $L_b+\alpha_d \longrightarrow \beta_p$。转变结束后，L 相和 α 相全部转变为 β 相。在 *p* 点以下继续冷却时，β 相成分沿其溶解度曲线 *pg* 变化，不断析出 α_{II}。合金 I 在室温下的平衡组织为 $\beta+\alpha_{II}$。图 2-18 为合金 I 的平衡凝固过程示意图。

图 2-18　合金 I 的平衡凝固过程示意图

发生包晶转变时，液相 L 及 α 相的质量分数可由杠杆定律求得，即

$$w_L=(p-d)/(b-d)\times100\%$$
$$w_\alpha=(b-p)/(b-d)\times100\%$$

具有 *p* 点成分的合金，其 α_d 和 L_b 两相相对质量之比正好能使其在包晶转变后两相全都消耗完，而成分在 *d~p* 点的合金在包晶转变完成后将有 α 相剩余，成分在 *p~b* 点的合金在包晶转变完成后将有 L 相剩余。

2. 成分在 *d~p* 点的合金 II

合金 II 在 1 点以上温度为液相 L。冷却到 1 点时，开始结晶出初晶 α 相。在 1~2 点温度，L 相不断析出初晶 α 相，随温度下降，α 相成分沿固相线 *ad* 变化，液相 L 成分沿液相线 *ab* 变化。降至 2 点时，α 相成分达到 *d* 点，液相 L 成分达到 *b* 点，此时发生包晶转变，即 $L_b+\alpha_d \longrightarrow \beta_p$。由杠杆定律且与合金 I 比较可知，包晶转变完成后必有 α 相剩余。在 2 点以下继续冷却时，α 相中不断析出 β_{II}，β 相中不断析出 α_{II}。合金 II 在室温下的平衡组织为 $\alpha+\beta_{II}+\beta+\alpha_{II}$。图 2-19 为合金 II 的平衡凝固过程示意图。

图 2-19　合金 II 的平衡凝固过程示意图

3. 成分在 *p~b* 点的合金 III

合金 III 在 1 点以上温度为液相 L。冷却到 1 点时，开始结晶出初晶 α 相。在 1~2 点温度，L 相不断析出初晶 α 相，随温度下降，α 相成分沿固相线 *ad* 变化，液相 L 成分沿液相线 *ab* 变化。降至 2 点时，α 相成分达到 *d* 点，液相 L 成分达到 *b* 点，此时发生包晶转变，即 $L_b+\alpha_d \longrightarrow \beta_p$。由杠杆定律且与合金 I 比较可知，包晶转变完成后必有 L 相剩余。在 2~3 点温度冷却，剩余 L 相将按匀晶转变全部转变为 β 相。温度在 3~4 点继续冷却时，β 相无任何变化发生。当温度降至 4 点以下时，β 相中不断析出 α_{II}。图 2-20 为合金 III 的平衡凝固过程示意图。

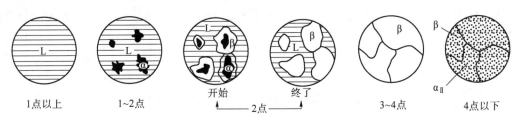

1点以上　　1~2点　　开始　2点　终了　　3~4点　　4点以下

图 2-20　合金Ⅲ的平衡凝固过程示意图

2.5.3　包晶系合金的非平衡凝固

包晶转变是液相 L 包着固相 α，新相 β 在 L 相与 α 相的界面上形核，并向 L 相和 α 相两个方向同时长大，如图 2-21 所示。随着 β 相的形核并逐渐长大，两个作用相 L 相和 α 相的接触逐渐被隔离。若包晶转变要继续进行，L 相和 α 相的原子必须通过 β 相来进行远距离扩散，才能使 β 相向两边逐渐长大。由于原子在固相中的扩散比液相中慢得多，所以包晶转变是一个十分缓慢的过程。实际生产中，由于冷却速度较快，这就使上述扩散过程不能充分进行，进而使包晶转变经常不能进行到底，最终在结晶终了时获得成分不均匀的不平衡组织，称为包晶偏析。

包晶转变产生的不平衡组织，可采用长时间的扩散退火来减少或消除。

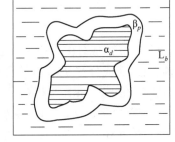

图 2-21　包晶转变示意图

2.6　其他类型的二元合金相图

除了前面详细介绍的匀晶相图、共晶相图和包晶相图三种最基本的二元相图外，还有一些其他类型的二元相图。下面，主要介绍一些其他具有恒温转变特征的相图和组元间形成化合物的相图。

2.6.1　其他具有恒温转变特征的相图

前面已经介绍了两种重要的二元系的恒温转变：共晶转变与包晶转变。从相律可知，在恒压下，对二元系而言，最多只能三相平衡共存，其恒温转变显然也只可能有两种类型：分解型（$Q \longrightarrow U+V$）和合成型（$U+Q \longrightarrow V$）。共晶转变与包晶转变分别属于这两种类型。

除了共晶转变及包晶转变外，属于这两种恒温转变类型的还有如下 5 种，如图 2-22 所示。

1. 熔晶转变

如图 2-22（a）所示，一个固相在某一恒温下，分解成另一个固相与一个液相的反应，称为熔晶转变，其表达式为

$$\delta \longrightarrow L+\alpha$$

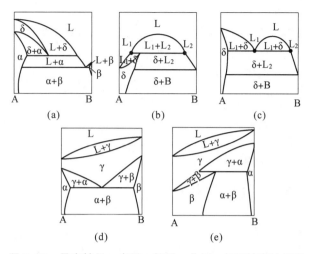

图 2-22　具有熔晶、合晶、偏晶、共析、包析转变的相图

（a）具有熔晶转变的相图；（b）具有合晶转变的相图；（c）具有偏晶转变的相图；
（d）具有共析转变的相图；（e）具有包析转变的相图

2. 合晶转变

如图 2-22（b）所示，由两个不同成分的液相 L_1、L_2，在某一恒温下相互作用，生成一个固相的反应，称为合晶转变，其表达式为

$$L_1 + L_2 \longrightarrow \delta$$

3. 偏晶转变

如图 2-22（c）所示，一定成分液相 L_1，在某一恒温下分解成另一成分液相 L_2，并同时结晶出一定成分固相的反应，称为偏晶反应，其表达式为

$$L_1 \longrightarrow L_2 + \delta$$

4. 共析转变

如图 2-22（d）所示，一定成分的固相，在某一恒温下同时分解成两个成分与结构均不相同的固相的反应，称为共析转变，其表达式为

$$\gamma \longrightarrow \alpha + \beta$$

5. 包析转变

如图 2-22（e）所示，两个不同成分的固相，在某一恒温下相互作用，生成一个固相的反应，称为包析转变，其表达式为

$$\gamma + \alpha \longrightarrow \beta$$

表 2-7 是二元系各类恒温转变类型、反应表达式和相图特征。

表 2-7　二元系各类恒温转变类型、反应表达式和相图特征

恒温转变类型		反应表达式	相图特征
分解型	共晶转变	$L \longrightarrow \alpha + \beta$	α⟋⟍β L
	共析转变	$\gamma \longrightarrow \alpha + \beta$	α⟋⟍β γ
	偏晶转变	$L_1 \longrightarrow L_2 + \delta$	δ⟋⟍L_2 L_1
	熔晶转变	$\delta \longrightarrow L + \alpha$	α⟋⟍L δ

续表

恒温转变类型		反应表达式	相图特征
合成型	包晶转变	L+α ⟶β	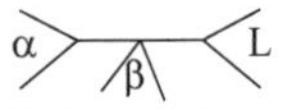
	包析转变	γ+α ⟶β	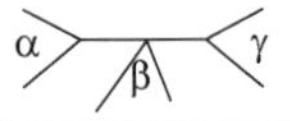
	合晶转变	L_1+L_2 ⟶δ	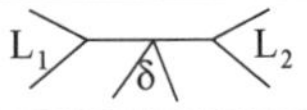

2.6.2 组元间形成化合物的相图

1. 形成稳定化合物的相图

所谓稳定化合物，是指具有一定熔点，在熔点以下不发生分解的化合物。稳定化合物又分为成分一定的稳定化合物和成分可变的稳定化合物。成分一定的稳定化合物在相图中相区为垂直线，以垂直线的垂足代表化合物的成分，垂直线的顶点代表它的熔点，图 2-23 所示 Mg-Si 合金相图中的 Mg_2Si 即为成分一定的稳定化合物。成分可变的稳定化合物在相图中相区为一个区域，此区域的顶点代表该化合物的熔点，如图 2-24所示 Fe-Ti 合金相图中的 ε 相就是成分可变的稳定化合物。

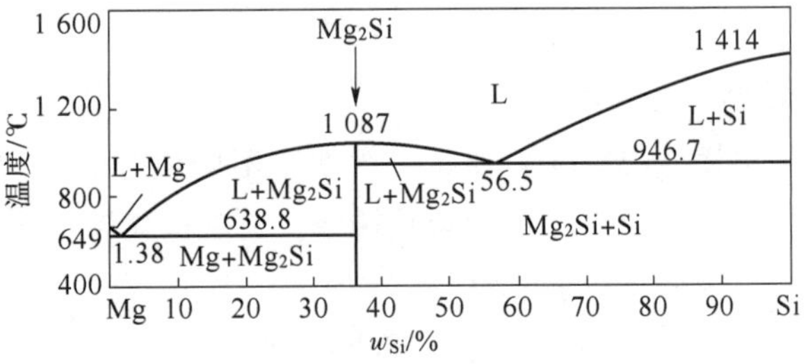

图 2-23　Mg-Si 合金相图

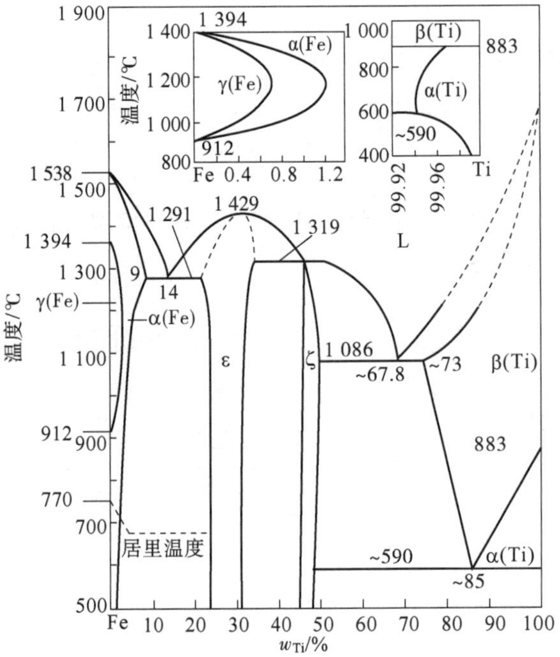

图 2-24　Fe-Ti 合金相图

2. 形成不稳定化合物的相图

所谓不稳定化合物，是指加热至一定温度即发生分解的化合物，如图 2-25 所示 K-Na 合金相图中的 KNa_2，其加热至一定温度时会发生分解，生成一定成分的 L 相和纯组元 Na。

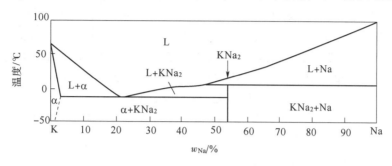

图 2-25　K-Na 合金相图

2.7　二元合金相图的分析和应用

2.7.1　二元合金相图的几何规律

前面章节提到过，相律是检验和分析相图正确与否的一个重要工具。除此之外，根据热力学基本原理，还可以推导出相图所遵循的一些几何规律。掌握这些规律，可以帮助我们理解相图的构成，判断所测定的相图中可能存在的错误。

1. 相区接触法则

两个单相区之间必定有一个由这两个相组成的两相区，而不能以一条线接界。两个两相区必须以单相区或三相水平线隔开。由此可以看出，二元相图中相邻相区的相数差一个（点接触除外），这个规律被称为相区接触法则。

图 2-26 所示 Fe-C 合金相图中，γ 区、L 区之间为 L+γ 区，α 区、γ 区之间为 α+γ 区，L+γ 区、γ+Fe₃C 区之间是 L+γ+Fe₃C 三相水平线 EC 等。各相区之间的相数都符合相区接触法则。

2. 相线相交时的曲率原则

若两相区与单相区的分界线与三相等温线相交，则分界线的延长线应进入另一个两相区，而不会进入单相区，如图 2-27 所示。

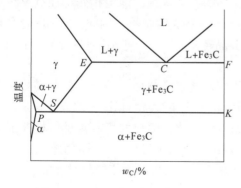

图 2-26　Fe-C 合金相图的一部分

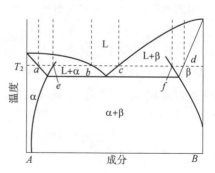

图 2-27　两相区与单相区分界线的走向

综上所述，检验相图正确与否通常就是用相律、相区接触法则及相线相交时的曲率原则等进行判定。此外，相图还遵循一些常见的几何规律。

（1）在二元合金相图中，若三相平衡，则三相区必为一条水平线，这条水平线与三个单相区的接触点确定了三个平衡相及相浓度，每条水平线必与三个两相区相邻。图 2-26 所示 Fe-C 合金相图中的 *ECF*、*PSK* 水平线都是三相平衡线，如 *PSK* 水平线表示 $\alpha+\gamma+Fe_3C$ 三相区，α 相成分由 *P* 点确定，γ 相成分由 *S* 点确定，而 Fe_3C 的成分由 *K* 点确定。

（2）如果两个恒温转变中有两个相同的相，则这两条水平线之间一定是由这两个相组成的两相区。如图 2-26 所示 Fe-C 合金相图中 $L+\gamma+Fe_3C$ 区（*ECF* 线）和 $\alpha+\gamma+Fe_3C$ 区（*PSK* 线）的共同相为 γ 和 Fe_3C，则 *ECF* 线和 *PSK* 线之间为 $\gamma+Fe_3C$ 两相区。

2.7.2 二元合金相图的分析

有许多二元合金相图看起来比较复杂，但实际上是一些基本相图的组合，只要掌握了各类相图的特点和转变规律，就能化繁为简，易于分析。

1. 复杂二元合金相图的分析步骤

下面以图 2-28 所示 Ni-Be 合金相图为例，来说明分析复杂相图的一般步骤。

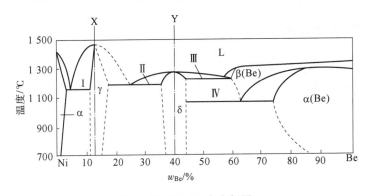

图 2-28　Ni-Be 合金相图

（1）先看相图中是否有稳定化合物，如有稳定化合物存在，则以它们为界把一张相图分成几个区域进行分析。例如，Ni-Be 合金相图可用 γ 和 δ 化合物分成三个部分。

（2）根据相区接触法则，确定各点、线、区的含义。

（3）找出三相共存水平线，根据与水平线相邻的相区情况，确定相变特性点及转变反应式，明确在这时发生的转变类型，这是分析复杂相图的关键步骤。例如，Ni-Be 合金相图中有四条水平线：Ⅰ共晶转变：$L \longrightarrow \alpha+\gamma$；Ⅱ共晶转变：$L \longrightarrow \gamma+\delta$；Ⅲ共晶转变：$L \longrightarrow \delta+\beta(Be)$；Ⅳ共析转变：$\beta(Be) \longrightarrow \delta+\alpha(Be)$。

（4）利用相图分析典型合金的结晶过程及组织。这点在前面章节中分析匀晶相图、共晶相图及包晶相图时已做了详细的说明。在分析过程中要注意，单相区相的成分就是合金的成分。在两相区，不同温度下两相成分均沿其相界线变化，两相的相对含量由杠杆定律求出。三相平衡时，三个相的成分是固定的。杠杆定律不能用于三相区，只能用杠杆定律求转变前（水平线上方两相区）或转变后（水平线下方的两相区）组成相的相对含量。

2. 应用相图时要注意的问题

（1）相图只能给出合金在平衡条件下存在的相及其相对含量，并不表示相的形状、大小和分布，而这些主要取决于相的特性及形成条件。因此，在应用相图来分析实际问题时，既要注意合金中存在的相及相的特征，又要了解这些相的形状、大小和分布的变化对合金性能的影响，并考虑在实际生产中如何控制。

（2）相图只表示平衡状态的情况，而实际生产条件下，合金很少能达到平衡状态。在结合相图分析合金生产中的实际问题时，要十分重视了解该合金在非平衡条件下可能出现的相和组织。

2.7.3　二元合金相图的应用

相图是材料状态与成分、温度之间关系的图解，所以相图反映了不同成分材料的结晶特点，另外由相图还可以看出一定温度下材料的成分与其组成相之间的关系，而组成相的本质及其相对含量又与材料的性能密切相关。因此，相图与材料成分、材料性能之间存在着一定的联系。如果了解这些特征及变化规律，就可以对材料的性能做出大致判断，也可为材料的选用及工艺制订提出依据。

1. 根据相图判断材料的力学性能和物理性能

图 2-29 为不同类型相图中的合金成分与材料力学性能和物理性能的关系。

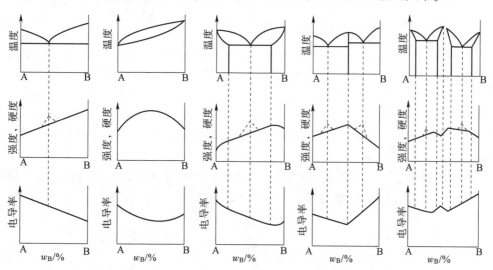

图 2-29　不同类型相图中的合金成分与材料力学性能和物理性能的关系

对于匀晶系，固溶体的强度和硬度均随溶质组元含量的增加而提高，若 A、B 组元的强度大致相同，则固溶体强度最高处应在溶质含量 $w_B = 50\%$ 附近；若某一组元的强度明显高于另一组元，其强度的最大值稍偏向高强度组元一侧。固溶体塑性的变化规律与强度相反，随溶质含量的增加而降低；固溶体的电导率随溶质组元含量的增加而下降，而电阻随溶质组元含量的增加而增加，其规律如图 2-29 所示。因此，工业上常采用 $w_{Ni} = 50\%$ 的 Cu-Ni 合金制造加热元件及可变电阻器的材料。

对于共晶系和包晶系，当形成两相混合物，且混合物中两相的大小及分布都比较均匀时，材料的性能是两组成相的平均值，即性能与成分呈直线关系。当共晶组织十分细密，且在不平衡结晶出现伪共晶时，其强度和硬度在共晶成分附近偏离直线关系而出现峰值，如图 2-29 中虚线所示。

2. 根据相图判断合金的工艺性能

合金的铸造性能主要表现为合金液体的流动性、缩孔、热裂倾向及偏析等，这些性能与相图上液相线和固相线之间的水平距离及垂直距离（即结晶的温度间隔与液、固相间的成分间隔）的大小有关。温度间隔与成分间隔越大的合金，其流动性越差，分散缩孔也越多，凝固后的枝晶偏析也越严重。此外，当结晶的温度间隔很大时，将使合金在较长时间内处于半固、半液状态，对已结晶的固相来说，因为有不均匀的收缩应力，其有可能引起铸件内部裂纹等现象。

对共晶系来说，共晶成分合金的熔点低，且凝固在恒温下进行，故流动性最好，分散缩孔小，热裂倾向也小。因此，铸造合金一般选用接近共晶成分（E 点）的合金，如图 2-30 所示。

合金的压力加工性能与其塑性有关。因为单相固溶体塑性好，变形均匀，因此压力加工合金通常是相图上单相固溶体成分范围内的单相合金或含有少量第二相的合金。单相固溶体的硬度一般较低，故不利于切削加工。

此外，相图上无固态相变或固溶度变化的合金不能进行热处理。

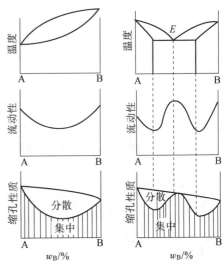

图 2-30　相图与合金铸造性能之间的关系

习　题

1. 名词解释：固溶体、置换固溶体、间隙固溶体、电子化合物、间隙相、间隙化合物、组元、相、组织、相图、匀晶转变、共晶转变、包晶转变、共析转变、包析转变、伪共晶、密度偏析。

2. 按不同特点分类，固溶体可分为哪几种类型？影响置换固溶体固溶度的因素有哪些？

3. 利用相律判断图 2-31 所示相图中错误之处。

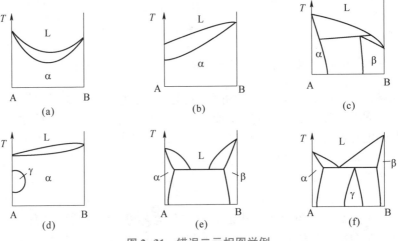

图 2-31　错误二元相图举例

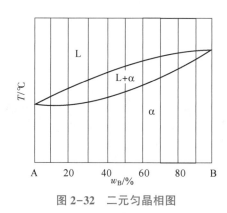

图 2-32　二元匀晶相图

4. 图 2-32 为二元匀晶相图，试根据相图确定：

（1） $w_B = 40\%$ 的合金开始凝固出来的固相成分为多少？

（2） 若开始凝固出来的固相成分为 $w_B = 60\%$，合金的成分为多少？

（3） 成分为 $w_B = 70\%$ 的合金最后凝固时的液相成分为多少？

（4） 若合金成分为 $w_B = 50\%$，凝固到某温度时液相成分为 $w_B = 40\%$，固相成分为 $w_B = 80\%$，此时液相和固相的相对含量各为多少？

5. 铋（熔点为 271.5 ℃）和锑（熔点为 630.7 ℃）在液态和固态时均能彼此无限互溶，$w_{Bi} = 50\%$ 的合金在 520 ℃时开始结晶出成分为 $w_{Sb} = 87\%$ 的固相，$w_{Bi} = 80\%$ 的合金在 400 ℃时开始结晶出成分为 $w_{Sb} = 64\%$ 的固相。

（1） 根据上述条件，绘出 Bi-Sb 合金相图，并标出各线和各相区的名称。

（2） 从相图上确定 $w_{Sb} = 40\%$ 合金的开始结晶和结晶终了的温度，并求出它在 400 ℃时的平衡相成分及相对含量。

6. 利用相图（见图 2-9）分别分析含 28%Sn、61.9%Sn、75%Sn 的 Pb-Sn 合金的平衡结晶过程，画出示意图；指出室温下的相组成物，并求其相对含量；指出室温下的组织组成物，并求其相对含量。

7. 已知 A（熔点 600 ℃）与 B（熔点 500 ℃）在液态无限互溶；固态时 A 在 B 中的最大固溶度（质量分数）为 $w_A = 30\%$，室温时 $w_A = 10\%$；但 B 在固态和室温时均不溶于 A。在 300 ℃时，含 $w_B = 40\%$ 的液态合金发生共晶反应。试绘出 A-B 合金相图；试分析 $w_A = 20\%$、$w_A = 45\%$、$w_A = 80\%$ 的三种合金的平衡凝固过程，及其在室温下的相组成物和组织组成物，并计算其相对含量。

8. 利用 Pt-Ag 合金相图（见图 2-33），分析含 25%Ag、42.4%Ag、55%Ag 的合金的平衡凝固过程，画出其室温组织示意图。

9. 试根据下列数据绘制 Mg-Cu 合金相图。Mg 的熔点为 649 ℃，Cu 的熔点为 1 084.5℃，Mg 和 Cu 可形成稳定化合物 Mg_2Cu（57%Cu，熔点 568 ℃），及有一定溶解度的稳定化合物 γ 相 $MgCu_2$（84%Cu，熔点 820 ℃）。室温下，α 固溶体的浓度近似为 100%Mg，β 固溶体的浓度近似为 100%Cu。Mg-Cu 合金有如下三相平衡转变：

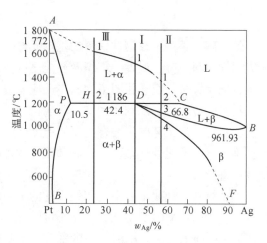

图 2-33　Pt-Ag 合金相图

（1） $L_{(90.3\%Cu)} \xrightarrow{772\ ℃} γ + β_{(96.7\%Cu)}$ ；

（2） $L_{(64.3\%Cu)} \xrightarrow{552\ ℃} Mg_2Cu + γ$ ；

（3） $L_{(30.7\%Cu)} \xrightarrow{465\ ℃} α_{(0.61\%Cu)} + Mg_2Cu$ 。

第3章 铁碳合金相图

【学习目标】

本章的学习目标是了解铁碳合金的基本性质，熟练掌握 Fe-Fe₃C 合金相图中各个相的特征及平衡反应特点，熟悉典型合金的平衡结晶过程及室温组织，掌握铁碳合金的成分、组织和性能之间的关系。

【学习重点】

本章的学习重点是熟悉 Fe-Fe₃C 相图各点、线、面的物理意义，掌握相图中的基本反应，注重典型合金平衡结晶过程分析和杠杆定律的应用，掌握以相组成物和组织组成体标示的 Fe-Fe₃C 相图。

【学习导航】

铁、碳元素是组成钢铁材料的基本元素，铁碳合金相图是研究铁碳合金的基础工具，是研究钢铁材料成分、温度、组织及性能之间关系的理论基础。掌握铁碳合金相图各点、线、面的特征及含义，熟悉相图中的基本反应、典型合金平衡结晶过程及室温组织特征，为后续钢铁材料的应用打好基础。例如，一般机械零件和建筑构件需要选择具有较高塑性、韧性的材料；拟订铸造工艺时需要合金凝固温度区间最小，流动性好，分散缩孔少，获得致密的铸件；确定材料的热处理温度、轧制和锻件的加热温度需要在相图奥氏体单相区中的适当温度范围内进行等。

钢铁材料是现代工业中应用最广泛的金属材料，其最基本的组成元素为铁和碳。因为当铁碳合金中碳的质量分数大于 6.69% 时，性能很脆，无使用价值，所以在铁碳合金相图中仅研究 Fe-Fe₃C（$w_C \leqslant 6.69\%$）的部分。了解铁碳合金的结构及其相图，掌握其性能变化规律，为我们正确合理地使用钢铁材料，制订热加工、热处理、冶炼和铸造等工艺提供了重要的理论依据。

3.1　铁碳合金的基本相

纯铁在固态下有 δ-Fe、γ-Fe 和 α-Fe 共三种同素异晶体，通常所说的工业纯铁是指室温下的 α-Fe，其强度、硬度低，塑性、韧性好。工业纯铁力学性能的大致范围如下：

规定塑性延伸强度 $R_{p0.2}$	$100\sim170$ MPa
抗拉强度 R_m	$180\sim270$ MPa
断后伸长率 A	$30\%\sim50\%$
断面收缩率 Z	$70\%\sim80\%$
硬度	$50\sim80$ HBW
冲击功 K	$160\sim200$ J

在固态不同温度下，铁的三种同素异晶体都可以溶解一定量的碳形成间隙固溶体，铁和碳也可以形成金属化合物，因此在铁碳合金中的基本相有铁素体、奥氏体和渗碳体。

3.1.1　铁素体

α-Fe 中溶入一种或几种溶质原子构成的间隙固溶体称为铁素体，用符号 F 或 α 表示。铁素体仍然保持 α-Fe 的体心立方晶格。

由于体心立方晶格的间隙很小，溶碳能力很低，在 600 ℃时含碳量仅为 0.005 7%，随着温度升高，含碳量逐渐增加，在 727 ℃时，含碳量为 0.021 8%，而在室温下仅为 0.000 8%。因此，铁素体室温时的性能与纯铁相似，强度、硬度低，塑性、韧性好。

铁素体的室温显微组织呈多边形晶粒，晶界曲折，如图 3-1 所示。

碳在 δ-Fe 中的固溶体称为 δ 铁素体，又称高温铁素体，用符号 δ 表示。δ 铁素体也是体心立方晶格，其最大含碳量为 1 495 ℃时的 0.09%。由于温度高，对室温性能影响小，故一般不考虑。

3.1.2　奥氏体

γ-Fe 中溶入碳和（或）其他元素形成的间隙固溶体称为奥氏体，用符号 A 或 γ 表示。奥氏体仍保持 γ-Fe 的面心立方晶格。

由于面心立方晶格的间隙较大，因此，溶碳能力也较大，在 727 ℃时含碳量为 0.77%，随着温度的升高，含碳量逐渐增大，到 1 148 ℃时，含碳量为 2.11%。奥氏体塑性和韧性好，强度和硬度较低，因此，生产中常将工件加热到奥氏体状态进行锻造。

奥氏体是不规则多面体晶粒，其室温显微组织与铁素体的室温显微组织相似，呈多边形，但晶界较铁素体平直，如图 3-2 所示。

碳钢室温下的组织中无奥氏体，但当碳钢中含有某些合金元素时，可部分或全部变为奥氏体。

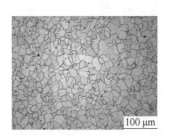

图 3-1 铁素体的室温显微组织

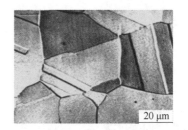

图 3-2 奥氏体的室温显微组织

3.1.3 渗碳体

渗碳体是一种具有复杂晶格的间隙化合物，其中铁原子与碳原子之比为 3:1，用化学式 Fe_3C 或 C_m 表示。渗碳体的含碳量为 6.69%，熔点为 1 227 ℃，硬度很高（约800 HV），极脆，其塑性几乎为零。

渗碳体在铁碳合金中常呈针片状、球状、网状等形式与其他相共存，如能合理利用，渗碳体是钢中的主要强化相，其形态、大小、数量和分布对钢的性能有很大的影响。

渗碳体是介稳相，在一定的条件下，它将发生分解：$Fe_3C \longrightarrow 3Fe+C$，所分解出的单质碳称为石墨，该分解反应对铸铁有着重要意义。由于碳在 $\alpha\text{-Fe}$ 中的溶解度很低，所以常温下碳在铁碳合金中主要以渗碳体或石墨的形式存在。

3.2 铁碳合金相图分析

铁碳合金相图是描述平衡（极其缓慢加热或冷却）条件下，不同成分的铁碳合金在不同温度所处状态或组织的图形。

3.2.1 特性点

图 3-3 是以相组成物标示的 $Fe\text{-}Fe_3C$ 相图。图中各点的温度、含碳量及其意义列于表 3-1中。

3.2.2 特性线

1. ABCD 线

ABCD 线为液相线，在此线以上是液相区，用符号 L 表示。合金冷却至此线时开始结晶。

表 3–1 Fe–Fe$_3$C 相图的特性点

特性点	$T/℃$	$w_C/\%$	含义
A	1 538	0	纯铁的熔点
B	1 495	0.53	包晶转变时液态合金的成分
C	1 148	4.3	共晶点，$L_C \longrightarrow \gamma_E + Fe_3C$
D	1 227	6.69	渗碳体的熔点
E	1 148	2.11	碳在 γ-Fe 中的最大溶解度
F	1 148	6.69	渗碳体的成分
G	912	0	纯铁的同素异晶转变点 α-Fe $\longrightarrow \gamma$-Fe
H	1 495	0.09	碳在 δ-Fe 中的最大溶解度
J	1 495	0.17	包晶点
K	727	6.69	渗碳体的成分
N	1 394	0	纯铁的同素异晶转变点 γ-Fe $\longrightarrow \delta$-Fe
P	727	0.021 8	碳在 α-Fe 中的最大溶解度
S	727	0.77	共析点，$\gamma_S \longrightarrow \alpha_P + Fe_3C$
Q	600	0.005 7	600 ℃碳在 α-Fe 中的溶解度
	室温	0.000 8	室温下碳在 α-Fe 中的溶解度

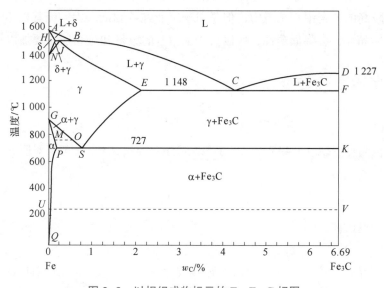

图 3–3 以相组成物标示的 Fe–Fe$_3$C 相图

2. AHJECF 线

AHJECF 线为固相线，合金在此线以下均是固态。

3. HN 线

HN 线表示合金在冷却时 δ 铁素体向奥氏体转变的开始线，或者合金在加热时奥氏体向 δ 铁素体转变的终了线。

4. JN 线

JN 线又称为 A_4 线，表示合金在冷却时 δ 铁素体向奥氏体转变的终了线，或者合金在加热时奥氏体向 δ 铁素体转变的开始线。

5. GS 线

GS 线又称为 A_3 线，表示合金在冷却时从奥氏体中析出铁素体的开始线，或者合金在加热时铁素体向奥氏体转变的终了线。

6. GP 线

GP 线表示合金在冷却时从奥氏体中析出铁素体的终了线，或者合金在加热时铁素体向奥氏体转变的开始线。

7. ES 线

ES 线表示碳在奥氏体中的溶解度曲线。在 1 148 ℃，碳的溶解度最大，为 2.11%，随温度降低，溶解度下降，到 727 ℃ 时溶解度只有 0.77%。所以含碳量超过 0.77% 的铁碳合金自 1 148 ℃ 冷却至 727 ℃ 时，会从奥氏体中析出渗碳体，称为二次渗碳体，标记为 Fe_3C_{II}。二次渗碳体通常沿奥氏体晶界呈网状分布，称为网状渗碳体。ES 线又称为 A_{cm} 线。

8. PQ 线

PQ 线表示碳在铁素体中的溶解度曲线。在 727 ℃，碳的溶解度最大，为 0.021 8%，随温度降低，溶解度下降，到室温时溶解度仅为 0.000 8%。所以铁碳合金自 727 ℃ 向室温冷却的过程中，将从铁素体中析出渗碳体，称为三次渗碳体，标记为 Fe_3C_{III}。因其析出量极少，在含碳量较高的合金中不予考虑，但是对于工业纯铁和低碳钢，因其以不连续网状或片状分布于铁素体晶界，会降低塑性，所以对于 Fe_3C_{III} 的数量和分布还是要加以控制。

3.2.3　三条重要的转变水平线

1. HJB 线

HJB 线为包晶转变线（1 495 ℃），与该线成分 $w_C = 0.09\% \sim 0.53\%$ 对应的合金在该温度下将发生包晶转变：

$$L_B + \delta_H \xrightarrow{1\ 495\ ℃} \gamma_J$$

转变产物为奥氏体。

2. ECF 线

ECF 线为共晶转变线（1 148 ℃），与该线成分 $w_C = 2.11\% \sim 6.69\%$ 对应的合金在该线温度下将发生共晶转变：

$$L_C \xrightarrow{1\ 148\ ℃} \gamma_E + Fe_3C$$

共晶转变的产物为奥氏体与渗碳体的混合物，称为莱氏体，以符号 Ld 表示。其组织特点为蜂窝状，以 Fe_3C 为基，性能硬而脆，是白口铸铁的基本组织。冷却到室温时，由珠光体和渗碳体所组成的莱氏体称为低温莱氏体，用 Ld′ 表示。

3. PSK 线

PSK 线为共析转变线（727 ℃），又称为 A_1 线，与该线成分 $w_C = 0.021\ 8\% \sim 6.69\%$ 对应的合金在该线温度下将发生共析转变：

$$\gamma_S \xrightarrow{727\ ℃} \alpha_P + Fe_3C$$

共析转变的产物为铁素体与渗碳体的机械混合物，称为珠光体，用符号 P 表示。其组织特点是铁素体和渗碳体彼此相间形如指纹，呈层状排列。其性能介于铁素体和渗碳体之间，缓冷时硬度为 $180 \sim 230$ HBW（片状），抗拉强度为 $R_m = 850$ MPa，断后伸长率为 $A = 20\% \sim 30\%$，强度比铁素体高，脆性比渗碳体低，是钢的基本组织之一。

综上所述，铁碳合金中的渗碳体根据形成条件不同，可分为一次渗碳体 Fe_3C_I（由液相直接析出的渗碳体）、二次渗碳体 Fe_3C_{II}、三次渗碳体 Fe_3C_{III}、共晶渗碳体和共析渗碳体五种。它们分属于不同的组织组成物，区别仅在于形态和分布不同，但都同属于一个相。由于它们的形态和分布不同，所以对铁碳合金性能的影响也不同。

此外，$Fe-Fe_3C$ 相图中还有两条物理性能转变线：*MO* 线（770 ℃）是铁素体磁性转变温度线，此线又称为 A_2 线。在 770 ℃ 以上，铁素体为顺磁性物质；在 770 ℃ 以下，铁素体转变为铁磁性物质。*UV* 线（230 ℃）是渗碳体磁性转变温度线，又称为 A_0 线。

3.2.4 特性区

1. 单相区

五个单相区，分别是液相区 L、铁素体区 α、奥氏体区 γ、高温铁素体区 δ 和渗碳体区 Fe_3C。

2. 两相区

七个两相区，分别是 L+α、L+γ、L+Fe_3C、α+γ、δ+γ、γ+Fe_3C、α+Fe_3C。

3. 三相区

三条水平线包晶线、共晶线、共析线可以看成三相共存的三相区：L+δ+γ、L+γ+Fe_3C、α+γ+Fe_3C。

3.3 铁碳合金平衡结晶分析

3.3.1 铁碳合金的分类

$Fe-Fe_3C$ 相图上的各种合金，通常按其含碳量和室温组织的不同分成三类七种。

1. 工业纯铁

工业纯铁含碳量为 $w_C \le 0.021\ 8\%$，室温组织为铁素体和三次渗碳体。

2. 碳钢

碳钢含碳量为 $0.021\,8\% < w_C \leq 2.11\%$。根据室温组织不同，碳钢又可以分为以下三类。

（1）亚共析钢：$0.021\,8\% < w_C < 0.77\%$，室温组织为铁素体和珠光体。

（2）共析钢：$w_C = 0.77\%$，室温组织为珠光体。

（3）过共析钢：$0.77\% < w_C \leq 2.11\%$，室温组织为珠光体和二次渗碳体。

3. 白口铸铁

白口铸铁含碳量为 $2.11\% < w_C \leq 6.69\%$。根据室温组织不同，白口铸铁又可以分为以下三类。

（1）亚共晶白口铸铁：$2.11\% < w_C < 4.3\%$，室温组织为珠光体、低温莱氏体和二次渗碳体。

（2）共晶白口铸铁：$w_C = 4.3\%$，室温组织为低温莱氏体。

（3）过共晶白口铸铁：$4.3\% < w_C \leq 6.69\%$，室温组织为一次渗碳体和低温莱氏体。

现从每种合金中各选取一种典型合金，分析其平衡结晶过程和组织形态。几种典型合金所作的成分垂线在相图中的位置如图 3-4 所示。

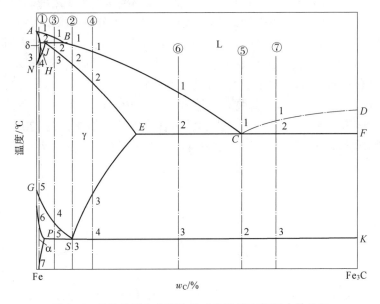

图 3-4　几种典型合金所作的成分垂线在相图中的位置

3.3.2　典型合金的冷却过程分析

1. 工业纯铁

设图 3-4 中合金①为 $w_C = 0.01\%$ 的工业纯铁，其冷却曲线如图 3-5 所示，结晶过程示意图如图 3-6所示。合金溶解在 1~2 点温度，按匀晶转变结晶出 δ 固溶体，δ 固溶体冷却至 3 点时，发生同素异晶转变δ⟶γ，转变时奥氏体的晶核通常优先在 δ 相的晶界上形成并长大。转变至 4 点结束，合金呈单相奥氏体组织。γ 相冷却至 5 点时又发生同素异晶转变 γ⟶α，同样，铁素体沿奥氏

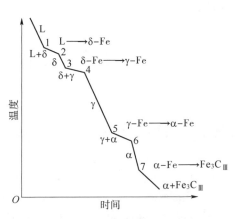

图 3-5　工业纯铁的冷却曲线

体晶界优先形核和长大。当温度达到 6 点时，奥氏体全部转变为铁素体。铁素体冷却至 7 点，碳在 α 相中的溶解量达到饱和，因此，在 7 点以下从 α 相中析出 Fe_3C。在缓慢冷却条件下，这种渗碳体通常沿铁素体边界析出，即为三次渗碳体 Fe_3C_{III}。室温时，可用杠杆定律求出 Fe_3C_{III} 的质量分数：

$$w_{Fe_3C_{III}} = 0.01/6.69 \times 100\% = 0.15\%$$

在室温下，Fe_3C_{III} 含量最大的是碳的质量分数为 0.021 8% 的合金，根据杠杆定律，其质量分数为

$$w_{Fe_3C_{III},max} = 0.021\ 8/6.69 \times 100\% = 0.33\%$$

因 Fe_3C_{III} 的含量相对很小，通常若不是对其做特别分析可忽略不计。图 3-1 是工业纯铁（铁素体）的室温显微组织。

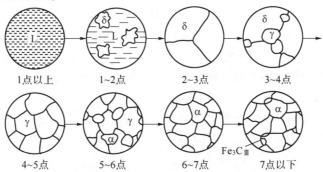

图 3-6　工业纯铁的结晶过程示意图

2. 碳钢

1) 共析钢

共析钢即图 3-4 中的合金②，$w_C = 0.77\%$，图 3-7 是其冷却曲线，图 3-8 是其室温显微组织，结晶过程示意图如图 3-9 所示。合金在 1~2 点温度按匀晶转变析出 γ 相。2~3 点呈单相奥氏体，不发生组织转变。冷却到 3 点，即温度为 727 ℃ 时，发生共析转变：γ ⟶ $P(\alpha + Fe_3C)$。转变产物为珠光体，珠光体中的渗碳体称为共析渗碳体。平衡结晶至室温时，珠光体中两相的相对含量可用杠杆定律求出：

$$w_\alpha = \frac{6.69 - 0.77}{6.69} \times 100\% = 88.49\%$$

$$w_{Fe_3C} = 100\% - 88.49\% = 11.51\%$$

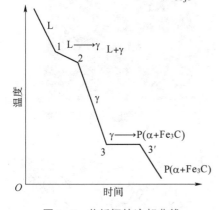

图 3-7　共析钢的冷却曲线

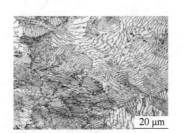

图 3-8　共析钢的室温显微组织

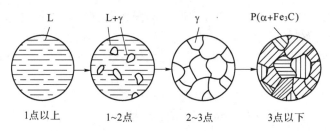

图 3-9　共析钢的结晶过程示意图

2）亚共析钢

设图 3-4 所示合金③为 $w_C=0.45\%$ 的亚共析钢（45 钢），其冷却曲线如图 3-10 所示。45 钢的室温显微组织由先共析铁素体 F 和珠光体 P 组成，如图 3-11 所示。亚共析钢的结晶过程示意图如图 3-12 所示。在 1~2 点合金按匀晶转变析出 δ 相，于 2 点发生包晶转变。由于 $w_C>0.17\%$ 在包晶转变后仍有液相存在，在 2~3 点继续结晶成 γ 相。温度降至 3 点后，合金全部由 $w_C=0.45\%$ 的奥氏体组成。冷却至 4 点，从 γ 相中析出 α 相并长大，成为先共析铁素体。到 5 点发生共析转变，产生珠光体。

利用杠杆定律可分别计算出室温时亚共析钢中的相组成物和组织组成物的相对含量。

室温时两相组成物为 α+Fe₃C，两相相对含量为

$$w_\alpha = \frac{6.69-0.45}{6.69}\times100\% = 93.27\%$$

$$w_{Fe_3C} = 100\%-93.27\% = 6.73\%$$

室温时两组织组成物为 P+F，组织组成物相对含量为

$$w_P = \frac{0.45-0.0218}{0.77-0.0218}\times100\% = 57.23\%$$

$$w_F = 100\%-57.23\% = 42.77\%$$

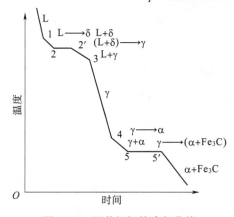

图 3-10　亚共析钢的冷却曲线

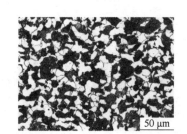

图 3-11　45 钢的室温显微组织

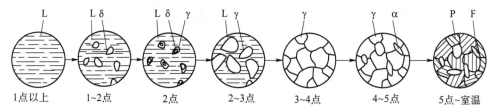

图 3-12　亚共析钢的结晶过程示意图

亚共析钢的室温组织均由铁素体和珠光体组成。碳钢中含碳量越高，则室温组织中的珠光体数量越多，图 3-13、图 3-14 为 $w_C = 0.20\%$ 和 0.60% 亚共析钢（20 钢和 60 钢）的室温显微组织。

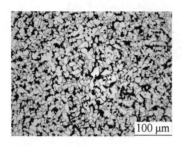

图 3-13　20 钢的室温显微组织

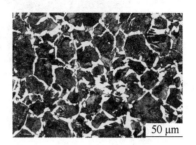

图 3-14　60 钢的室温显微组织

3）过共析钢

以 $w_C = 1.2\%$ 的过共析钢（T12）为例，其在相图中的位置见图 3-4 中的合金④，冷却曲线如图 3-15 所示，结晶过程示意图如图 3-16 所示。合金在 1~2 点按匀晶转变析出 γ 相，2~3 点为单相奥氏体组织。冷至 3 点与 ES 特性曲线相遇时，沿晶界析出 Fe_3C 并长大到 4 点为止。此时 Fe_3C 沿原奥氏体晶界呈网状分布，称为先共析渗碳体或二次渗碳体 Fe_3C_{II}。到达 4 点产生共析转变，形成珠光体。因此，过共析钢的室温组织为 $P + Fe_3C_{II}$，其室温显微组织如图 3-17 所示。根据杠杆定律可求出室温时合金相组成物 α 和 Fe_3C 的相对含量：

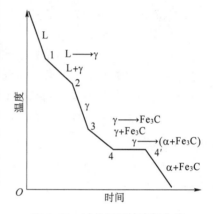

图 3-15　过共析钢的冷却曲线

$$w_\alpha = \frac{6.69 - 1.2}{6.69} \times 100\% = 82.06\%$$

$$w_{Fe_3C} = 1.2/6.69 \times 100\% = 17.94\%$$

室温时组织组成物 P 和 Fe_3C_{II} 的相对含量：

$$w_P = \frac{6.69 - 1.2}{6.69 - 0.77} \times 100\% = 92.74\%$$

$$w_{Fe_3C_{II}} = 1 - w_P = 1 - 92.74\% = 7.26\%$$

过共析钢中的 Fe_3C_{II} 的数量随钢中含碳量的增加而增加，当 w_C 达到 2.11% 时，Fe_3C_{II} 的数量达到最大值，其含量可根据杠杆定律求出：

$$w_{Fe_3C_{II},max} = \frac{2.11 - 0.77}{6.69 - 0.77} \times 100\% = 22.64\%$$

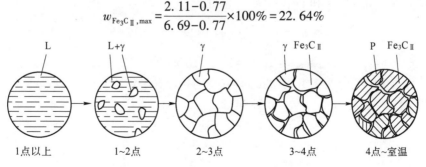

图 3-16　过共析钢的结晶过程示意图

图 3-17　T12 钢的室温显微组织

（a）4%硝酸酒精腐蚀；（b）碱性苦味酸钠染色

3. 白口铸铁

1）共晶白口铸铁

共晶白口铸铁的 $w_C = 4.3\%$，在相图中的位置见图 3-4 中的合金⑤，冷却曲线如图 3-18 所示，结晶过程示意图如图 3-19 所示。当液态合金冷却至 1 点时，产生共晶转变，形成了莱氏体组织，其中的 Fe_3C 称为共晶渗碳体。当冷至 1 点以下时，随着碳在相中溶解度不断下降，从共晶 γ 相中不断析出二次渗碳体。此时所析出的 Fe_3C_{II} 依附在共晶渗碳体上。当温度降至 2 点（727 ℃）时，共晶 γ 相中的 w_C 降至 0.77%产生共析转变。最后的室温组织是共析产物分布在共晶渗碳体的基体上，其基本形态保持高温下共晶转变所形成的莱氏体的形态特征，称为低温莱氏体。

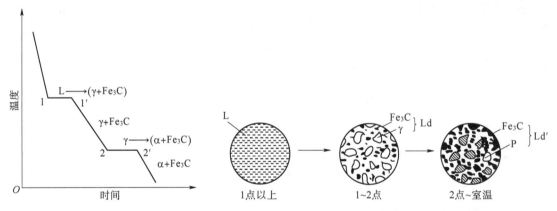

图 3-18　共晶白口铸铁的冷却曲线　　　图 3-19　共晶白口铸铁的结晶过程示意图

图 3-20 是共晶白口铸铁的室温显微组织。根据杠杆定律，可求出共晶转变（1 148 ℃）后，共晶体中两相组成物 γ 和 Fe_3C 的相对含量：

$$w_\gamma = \frac{6.69-4.3}{6.69-2.11} \times 100\% = 52.18\%$$

$$w_{Fe_3C} = 1 - w_\gamma = 1 - 52.18\% = 47.82\%$$

同理，可求出室温时两相组成物 α 和 Fe_3C 的相对含量：

$$w_\alpha = \frac{6.69-4.3}{6.69} \times 100\% = 35.72\%$$

$$w_{Fe_3C} = 1 - w_\alpha = 1 - 35.72\% = 64.28\%$$

2）亚共晶白口铸铁

设图 3-4 所示合金⑥为 $w_C = 3.0\%$ 的亚共晶白口铸铁，其冷却曲线如图 3-21 所示，结晶过程示意图如图 3-22 所示。合金冷却至 1~2 点，按匀晶转变先析出 γ 相，称为初晶（或先共晶）奥氏体。温度冷至 2 点时，剩余液体产生共晶反应形成莱氏体，此时组织组成物为 A+Ld。2~3 点，沿 ES 线从 γ 相析出 Fe_3C，初晶奥氏体和共晶奥氏体中都析出二次渗碳体。冷至 3 点产生共析转变，初晶奥氏体转变成珠光体，而莱氏体转变成低温莱氏体，所以亚共晶白口铸铁的室温组织为 $Ld' + P + Fe_3C_{II}$。

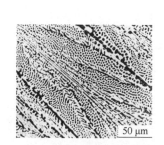

图 3-20　共晶白口铸铁的室温显微组织

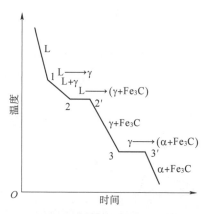

图 3-21　亚共晶白口铸铁的冷却曲线

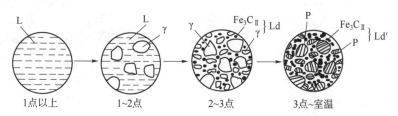

图 3-22　亚共晶白口铸铁的结晶过程示意图

图 3-23 为亚共晶白口铸铁的室温显微组织。由于 Fe_3C_{II} 含量相对很小，所以只有在高倍显微镜或电子显微镜下才能观察到沿 P 边界分布的 Fe_3C_{II}。根据杠杆定律，$w_C = 3.0\%$ 的合金中初晶 γ 和 Ld 的相对含量：

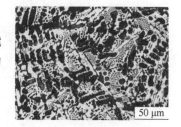

图 3-23　亚共晶白口铸铁的
室温显微组织

$$w_{\gamma} = \frac{4.3 - 3.0}{4.3 - 2.11} \times 100\% = 59.36\%$$

$$w_{Ld} = 1 - w_{\gamma} = 1 - 59.36\% = 40.64\%$$

从初晶 γ 相中析出的 Fe_3C_{II} 和 P 的相对含量：

$$w_{Fe_3C_{II}} = \frac{2.11 - 0.77}{6.69 - 0.77} \times 59.36\% = 13.44\%$$

$$w_P = \frac{6.69 - 2.11}{6.69 - 0.77} \times 59.36\% = 45.92\%$$

室温时组织组成物的相对含量：

$$w_{Ld'} = w_{Ld} = 40.64\% \qquad w_P = 45.92\% \qquad w_{Fe_3C_{II}} = 13.44\%$$

3）过共晶白口铸铁

设图 3-4 所示合金⑦为 $w_C = 5\%$ 的过共晶白口铸铁，其冷却曲线如图 3-24 所示，室温显微组织如图 3-25 所示，结晶过程示意图如图 3-26 所示。冷却时合金在 1~2 点温度析出先结晶出 Fe_3C 相，一般形态呈粗大片状或针状，即为一次渗碳体 Fe_3C_I。到达 2 点时，产生共晶转变，转变为莱氏体。莱氏体在 727 ℃ 以下转变为低温莱氏体。因此，过共晶白口铸铁的室温组织为 $Ld' + Fe_3C_I$。根据杠杆定律可求出室温组织组成物的相对含量：

$$w_{Fe_3C\,I} = \frac{5-4.3}{6.69-4.3} \times 100\% = 29.29\%$$

$$w_{Ld'} = 1 - w_{Fe_3C\,I} = 1 - 29.29\% = 70.71\%$$

室温时相组成物 $\alpha + Fe_3C$ 的相对含量：

$$w_\alpha = \frac{6.69-5.0}{6.69} \times 100\% = 25.26\%$$

$$w_{Fe_3C} = 5.0/6.69 \times 100\% = 74.74\%$$

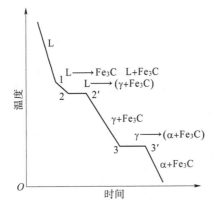

图 3-24　过共晶白口铸铁的冷却曲线

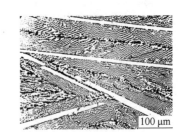

图 3-25　过共晶白口铸铁的室温显微组织

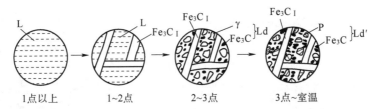

图 3-26　过共晶白口铸铁的结晶过程示意图

由上述分析可知，在相图中，随含碳量的不同，可获得七种类型的室温平衡组织。将七种典型合金所得组织列于相图中，即得到以组织组成物标示的 $Fe-Fe_3C$ 相图，如图 3-27 所示。

从相组成物的角度来看，铁碳合金在室温下皆由 α 相和 Fe_3C 相所组成。当 $w_C = 0$ 时，合金全部由 α 相组成。随含碳量增大，相含量呈直线下降，直到 $w_C = 6.69\%$ 时，全部由 Fe_3C 相组成。含碳量的变化，同时引起组织组成物的改变，随着含碳量的增加，其组织变化顺序为

$$F \longrightarrow P \longrightarrow F+P \longrightarrow P+Fe_3C_{II} \longrightarrow Ld'+P+Fe_3C_{II} \longrightarrow Ld' \longrightarrow Ld'+Fe_3C_I$$

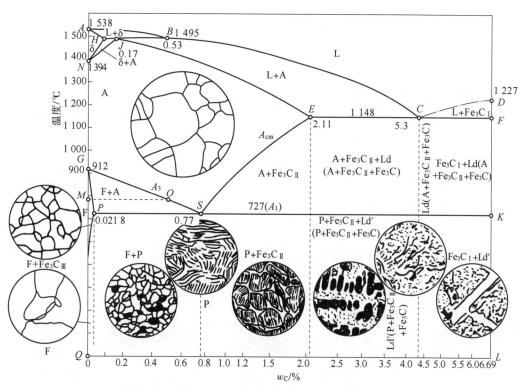

图 3-27　以组织组成物标示的 Fe–Fe₃C 相图

图 3-28 是根据杠杆定律计算的铁碳合金相图中随含碳量的变化，当平衡结晶后，其与组织组成物、相组成物之间的关系的总结。

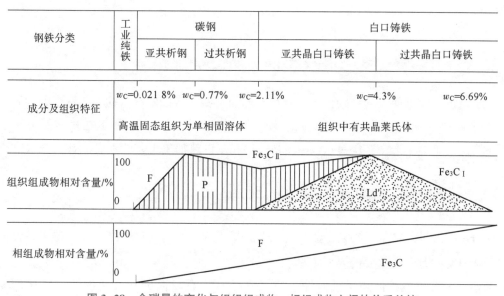

图 3-28　含碳量的变化与组织组成物、相组成物之间的关系总结

3.4　铁碳合金相图的应用

铁碳合金中，随含碳量增加，Fe_3C 数量增加，存在形式也发生变化，一般将 Fe_3C 看作合金中的强化相。如果合金基体是铁素体，那么 Fe_3C 越多，分布越均匀，则材料的强度越高。但当 Fe_3C 以网状分布在晶界，特别是 Fe_3C 作为基体或以针状形态分布在基体上时，合金的塑性、韧性大大降低，强度也随着降低，脆性急剧增加。图 3-29 是含碳量对退火碳钢的力学性能的影响。由图可见，当钢中 $w_C<1.0\%$ 时，随含碳量增加，钢的强度、硬度增加，塑性、韧性下降；当 $w_C \geq 1.0\%$ 时，由于网状 Fe_3C_{II} 的存在，钢的强度迅速下降。

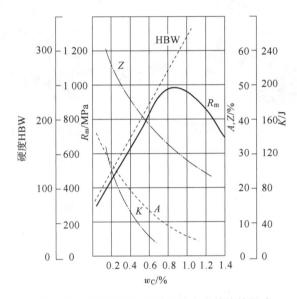

图 3-29　含碳量对退火碳钢的力学性能的影响

为了保证工业上使用的铁碳合金具有足够的强度和一定的塑性、韧性，钢中的含碳量一般不超过 1.3%。$w_C>2.11\%$ 的白口铸铁，硬而脆，难以切削加工，所以在机械制造工业中应用不广泛。工业生产中，$Fe-Fe_3C$ 相图是选材和制订热加工工艺的重要工具。

3.4.1　$Fe-Fe_3C$ 相图在选材上的应用

$Fe-Fe_3C$ 相图，总结了铁碳合金的组织性能与成分之间的变化规律，在根据工件性能要求进行选材时，是一个重要的参考工具。

例如，一般机械零件和建筑构件，如需要材料具有较高的塑性、韧性，应选用 $w_C<0.25\%$ 的低碳钢；如需要使用强度、塑性及韧性都较好的材料，应选用 $w_C=0.3\%\sim0.5\%$ 的中碳钢；如需要较好弹性（像一般的弹簧件），应选用 $w_C=0.6\%\sim0.85\%$ 的中高碳钢；

如需要具备足够硬度和相当的韧性、耐磨性的各种工具，则应选用 $w_C = 0.7\% \sim 1.3\%$ 的高碳钢。

纯铁强度低，不宜用作结构材料，但由于其磁导率高，矫顽力低，可作软磁材料使用，如电磁铁的铁芯等。白口铸铁硬度高、脆性大，不能切削加工，也不能锻造，但其耐磨性好、铸造性能优良，适用于要求耐磨、不受冲击、形状复杂的铸件，如拔丝模、冷轧辊、货车轮、犁铧、球磨机的磨球等。

3.4.2　Fe-Fe₃C 相图在制订热加工工艺方面的应用

Fe-Fe₃C 相图总结了不同成分合金在缓慢加热和冷却时的组织转变规律，为制订热加工工艺提供了依据。

不同成分的碳钢和铸铁的熔点沿液相线 ABCD 变化，为制订铸、锻工艺提供了基本数据，以便于确定合适的铸造温度，浇铸温度一般在液相线以上 50~100 ℃，如图 3-30 所示。根据相图可知，纯铁、共晶点合金和共晶点附近的合金具有较好的铸造性能。共晶成分的合金凝固温度区间最小，因而流动性好，分散缩孔少，可以获得致密的铸件，所以接近共晶点成分的铸铁在铸造生产中得到了广泛的应用。

在机械制造中，对于一些要求较高的强度和塑性，但形状复杂难以进行锻造或切削加工的零件可用铸钢来生产。铸钢的含碳量一般在 0.16% ~ 0.6%。根据相图，铸钢的铸造性能并不很理想，其结晶温度高且区间较大，流动性差，偏析严重，缩孔与疏松区间大，内应力也大。铸造时晶粒粗大且常出现魏氏组织，如图 3-31 所示。魏氏组织是铸钢特有的一种组织缺陷，其缺点是铁素体沿晶界分布并呈针状插入珠光体内，使铸钢的塑性和韧性大大降低。因此，铸钢在铸造后必须进行热处理（退火或正火），以消除铸造时产生的组织缺陷。表 3-2 列出了常用碳素铸钢的化学成分、室温力学性能及用途。

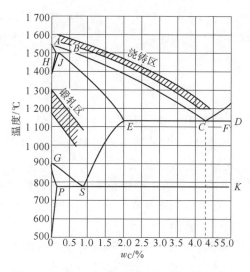

图 3-30　Fe-Fe₃C 相图与铸、锻工艺的关系

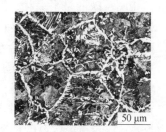

图 3-31　铸钢中的魏氏组织

表 3-2　常用碳素铸钢的化学成分、室温力学性能及用途

编号	化学成分 $w/\%$				室温力学性能（不小于）					用途
	C $\leqslant$	Si $\leqslant$	Mn $\leqslant$	P、S $\leqslant$	$R_{p0.2}/$ MPa	$R_m/$ MPa	$A/\%$	$Z/\%$	K/J	
ZG200—400	0.20	0.50	0.80	0.04	200	400	25	40	30	受力不大、塑性和韧性良好的机座、变速箱壳等
ZG230—450	0.30	0.50	0.90	0.04	230	450	22	32	25	一定强度和塑性、韧性良好的外壳、轴承座、砧座等
ZG270—500	0.40	0.50	0.90	0.04	270	500	18	25	22	较高强度和较好塑性、韧性的机架、轴承座、箱体等
ZG310—570	0.50	0.60	0.90	0.04	310	570	15	21	15	载荷较大、强度高的大齿轮、缸体、制动轮、辊子等
ZG340—640	0.60	0.60	0.90	0.04	340	640	10	18	10	高强度和高耐磨性的齿轮、联轴器、棘轮等

钢处于奥氏体状态时，强度较低，塑性较好，便于塑性变形加工。所以，钢材的轧制或锻造一般选择在相图奥氏体单相区中的适当温度范围内进行。其选择原则是开始轧制或锻造的温度不能过高，以免钢材产生严重氧化，一般控制在固相线以下 100~200 ℃；而终止轧制或锻造温度不能过低，以避免钢材因温度低而塑性差，导致产生裂纹。亚共析钢热加工终止温度多控制在 GS 线以上一点，避免变形时出现大量铁素体，形成带状组织而使韧性降低。过共析钢变形终止温度应控制在 PSK 线以上，以便把呈网状析出的二次渗碳体打碎。终止温度不能高，否则再结晶后奥氏体晶粒粗大，使热加工后的组织也粗大。一般始锻温度为 1 150~1 250 ℃，终锻温度为 750~850 ℃。

Fe-Fe₃C 相图对于制订一些热处理工艺如退火、正火、淬火等，应用更加广泛，包括加热温度的选择、相变过程分析等，这些内容将在第 5 章讨论。

3.4.3　Fe-Fe₃C 相图的局限性

Fe-Fe₃C 相图的应用很广，为了正确掌握它的应用，必须了解其下列局限性。

（1）相图反映的是平衡相，而不是组织。相图能给出平衡条件下的相、相的成分和各相的相对量，但不能给出相的形状、大小和空间相互配置的关系。

（2）相图只反映铁碳二元合金中相的平衡状态。实际生产中应用的钢和铸铁，除了铁和碳元素以外，往往含有或有意加入其他元素。被加入元素的含量较高时，相图将发生重大变化。严格说，在这样的条件下，铁碳合金相图已不适用。

（3）相图反映的是平衡条件下铁碳合金中相的状态。相的平衡只有在非常缓慢的冷却和加热条件，或者在给定温度长期保温的情况下才能达到。也就是说，相图没有反映时间的作用。所以，钢铁在实际的生产和加工过程中，当冷却和加热速度较快时，常常不能用相图来分析问题。

必须指出，对于普通的钢和铸铁，在基本上不违背平衡的情况下，如在炉中冷却，甚至在空气中冷却时，$Fe-Fe_3C$ 相图的应用是有足够的可靠性和准确度的。而对于特殊的钢和铸铁，或在与平衡条件相差较大的情况下，利用 $Fe-Fe_3C$ 相图来分析问题是不正确的，但仍可将它作为考虑问题的依据。

习　题

1. 名词解释：铁素体、奥氏体、渗碳体、珠光体、高温莱氏体、低温莱氏体。指出它们在组织形态上的特征和力学性能上的特点。

2. 何谓金属的同素异晶转变？试画出工业纯铁的结晶冷却曲线和晶体结构变化图。

3. 为什么 $\gamma-Fe$ 和 $\alpha-Fe$ 的比容不同？一块质量一定的铁发生 $\gamma-Fe \longrightarrow \alpha-Fe$ 转变时，其体积如何变化？

4. 默画 $Fe-Fe_3C$ 相图，并完成下列各题：

（1）什么是相？填写各相区的相组成；

（2）什么是显微组织？填写室温下 $Fe-Fe_3C$ 合金显微组织；

（3）什么是固溶体？指出铁碳合金中的固溶体，并说明是什么固溶体；

（4）分析含碳量分别为 0.45%、0.77%、0.12% 的钢在极缓慢的冷却过程中相变的过程，并画出它们在室温时的显微组织示意图；

（5）什么是共晶转变和共析转变？写出共晶转变和共析转变的反应式、温度和产物名称；

（6）根据对相图的理解，分析钢与铁的区别；

（7）$Fe-Fe_3C$ 相图有什么应用？

（8）含碳量 1.0% 的钢比含碳量 0.5% 的钢硬度高的原因是什么？

（9）室温下，含碳量 0.8% 的钢的强度比含碳量 1.2% 的钢的强度高的原因是什么？

（10）1 100 ℃时，含碳量 0.4% 的钢能进行锻造，而含碳量 4.0% 的白口铸铁却不能锻造的原因是什么？

5. 一次渗碳体、二次渗碳体、三次渗碳体、共晶渗碳体、共析渗碳体之间有何异同？

6. 某碳钢牌号不清，经金相检查其显微组织是 $\alpha+P$，其中 P 所占面积比例约为 20%，你可否据此判定出它的含碳量是多少？

7. 分析一般要把钢材加热到高温（1 000~1 250 ℃）下进行热轧或锻造的原因。

第 4 章

金属材料的塑性变形与再结晶

【学习目标】

本章的学习目标是了解金属材料的塑性变形特征；掌握塑性变形对组织和性能的影响；掌握冷塑性变形金属在受热过程中发生的组织和性能变化规律；了解金属材料的热加工过程中组织和性能的变化规律。

【学习重点】

本章的学习重点是冷塑性变形过程及其随后的加热过程中发生的组织和性能的变化规律。

【学习导航】

金属与合金的铸态组织中往往存在晶粒粗大不均匀、组织不致密和成分偏析等缺陷，因此金属材料经冶炼浇铸后大多数进行各种压力加工，如轧制、锻造、挤压、拉拔等，制成型材和工件再使用。金属材料经压力加工，不仅改变了其外形，而且改变了材料内部的组织和性能，探讨金属材料的塑性变形规律和变形后加热转变具有十分重要的意义。

4.1　金属材料的塑性变形特征

4.1.1　金属材料变形特性

金属材料在外力作用下，其变形过程可能分为弹性变形、塑性变形和断裂三个阶段。图 4-1 所示的是低碳钢在拉伸试验时的应力-应变曲线。

由图可见，当应力 R 低于弹性极限（图 4-1 曲线上 e 点对应的应力）时，低碳钢所产生的变形为弹性变形，当应力消除后，材料恢复原状。这时应力与应变遵循胡克定律，即

$R=Ee$，其中 E 为比例常数，称为弹性模量，代表材料刚度，反映材料在外载荷下抵抗弹性变形的能力。

如果继续增大应力，超过了材料的弹性极限，材料不但发生了弹性变形，而且发生了塑性变形。这时如果应力消除，变形不能完全消失，而只是恢复其弹性变形的部分，出现永久变形。材料不能恢复的变形即为塑性变形。

通常用屈服强度表示材料开始发生微量塑性变形的抗力。试样发生屈服而力首次下降前的最大应力称为上屈服强度，记为 R_{eH}（图 4-1 曲线上的 a 点对应的应力）；在屈服期间不计初始瞬时效应（指在屈服过程中试验力第一次下降）时的最小应力称为下屈服强度，记为 R_{eL}（图 4-1 曲线上的 c 点对应的应力）。由于在正常试验条件下，测定 R_{eL} 的再现性较好，常用下屈服强度 R_{eL} 作为材料屈服强度。

随着应力的增加，钢的塑性变形量不断增大，当应力达到材料的抗拉强度 R_m（图 4-1 曲线上 m（b）点对应的应力）之后，试样开始发生不均匀的塑性变形，出现颈缩现象，变形量迅速增大至 k 点而发生断裂。抗拉强度 R_m 反映材料产生最大均匀塑性变形的抗力。断裂通常按照材料断裂时有无宏观的塑性变形分为韧性断裂和脆性断裂两种。韧性断裂材料在断裂前有明显的塑性变形，断口呈纤维状，灰暗无光。脆性断裂材料在断裂前无明显塑性变形，断口常具有闪烁的光泽。若脆性断裂沿晶界发生，断口凹凸不平，称作沿晶断裂；若脆性断裂穿过各个晶粒发生，断口比较平坦，叫作穿晶断裂。生产上常用断口分析来判明断裂的特征并找出材料断裂产生的原因。

材料变形的三个阶段中，对组织和性能影响最大的是塑性变形。金属材料常用的塑性指标为断后伸长率 A 和断面收缩率 Z。

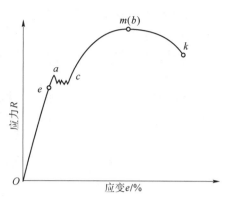

图 4-1　低碳钢的应力-应变曲线

4.1.2　单晶体金属的塑性变形

为了便于了解塑性变形的实质，首先分析单晶体金属的塑性变形。

单晶体金属的最基本的塑性变形方式是滑移。所谓滑移指的是晶体的一部分相对于另一部分沿一定晶面和晶向发生相对滑动的过程。

1. 滑移带

取单晶体拉伸试样，表面经良好抛光，然后进行拉伸。当试样发生一定塑性变形后，在显微镜下观察，试样表面上会出现许多相互平行的线条，称为滑移带。如进一步用高倍显微镜或电子显微镜观察，则会发现每条滑移带由许多密集且相互平行的滑移线所构成，这些滑移线实际上是在塑性变形后在晶体表面上产生的一个个小台阶，如图 4-2 所示。一个滑移台阶就是一条滑移线，每一个滑移台阶对应的台阶高度，标志着

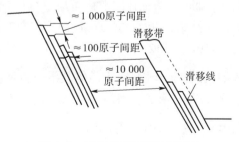

图 4-2　滑移带和滑移线示意图

某一个滑移面的滑移量。相互靠近的一组小台阶组成一个大台阶，显示成一个滑移带。台阶的积累造成宏观上的塑性变形。一般情况下，无论是单晶体金属还是多晶体金属，在塑性变形后的试样表面或晶粒内部，通过金相观察都可以看到塑性变形的滑移带。

2. 滑移系

在单晶体拉伸试验中，外加应力将在晶体内一定晶面上分解为两种应力：一种是垂直该晶面的正应力 σ；另一种是平行该晶面的切应力 τ。正应力只能引起晶格的弹性伸长，或进一步把晶格拉断，如图 4-3 （a）所示；而切应力则可使晶格发生弹性歪扭之后，进一步造成滑移，如图 4-3 （b）所示。也就是说，滑移是在切应力 τ 作用下产生的。

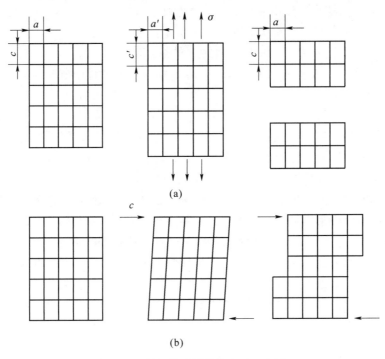

图 4-3　单晶体试样拉伸变形示意图
（a）在正应力 σ 作用下的变形；（b）在切应力 τ 作用下的变形

在切应力 τ 作用下，滑移所依赖的晶面称为滑移面。晶体在滑移面上的滑动方向称为滑移方向。一般来说，滑移面和滑移方向往往是金属晶体中原子排列最密的晶面和晶向。这是因为原子密度最大的晶面，其面间距最大，点阵阻力最小，因而容易沿着这些面发生滑移；至于滑移方向为原子密度最大的方向是由于最密排方向上的原子间距最短，即位错 b 最小。例如：面心立方晶体的滑移面是 $\{111\}$ 晶面，滑移方向为 <110> 晶向；体心立方晶体的原子密排程度不如面心立方晶体和密排六方晶体，它不具有突出的最密集晶面，故其滑移面可有 $\{110\}$、$\{112\}$ 和 $\{123\}$ 三组，具体的滑移面因材料、温度等因素而定，但滑移方向总是 <111>；至于密排六方晶体其滑移方向一般为 <11$\bar{2}$0>，而滑移面除 $\{0001\}$ 之外还与其轴比（c/a）有关，当 c/a <1.633 时，则 $\{0001\}$ 不再是唯一的原子密集面，滑移可发生于 $\{10\bar{1}1\}$ 或 $\{10\bar{1}0\}$ 等晶面。

一个滑移面和此面上的一个滑移方向合起来叫作一个滑移系，每一个滑移系表示晶体在进行滑移时可能采取的一个空间取向。当其他条件相同时，晶体中的滑移系越多，滑移过程可能采取的空间取向便越多，滑移容易进行，它的塑性便越好。据此，面心立方晶体的滑移系共有 $\{111\}_4<110>_3=12$ 个；体心立方晶体，如 $\alpha-Fe$，由于可同时沿 $\{110\}$、$\{112\}$、$\{123\}$ 晶面滑移，故其滑移系共有 $\{110\}_6<111>_2+\{112\}_{12}<111>_1+\{123\}_{24}<111>_1=48$ 个；而密排六方晶体的滑移系仅有 $(0001)_1<11\overline{2}0>_3=3$ 个。由于滑移系数目太少，密排六方晶体的塑性不如面心立方晶体或体心立方晶体的塑性好。

不过，能否说体心立方金属的塑性比面心立方金属的塑性好呢？不能。塑性的好坏除了与晶体结构所表现的滑移系多少这一固有影响因素有关，还与杂质对变形的影响、加工硬化的影响、屈服强度和金属断裂抗力的高低有关。即使从滑移系来看，体心立方金属也只是可能有潜在的 48 个滑移系，在实际的变形条件下，并不等于有这么多滑移系都同时动作。

3. 滑移时晶体的转动

当外力作用于单晶体试样时，滑移沿着滑移系在切应力作用下产生，而正应力在两滑移面之间组成力偶，使晶体在滑移的同时向外力方向发生转动。晶体转动的效果是滑移产生转移，这样晶体才能产生大量的塑性变形。

4. 滑移的位错机制

以铜单晶为例，假设是完整晶体，经理论计算，沿滑移系做整体刚性滑移所需要的临界切应力为 1 540 MPa，而实际测得铜单晶滑移所需要临界切应力仅为 0.98 MPa。试验证明，金属滑移临界切应力的理论计算值与实测值之间相差均达 3~4 个数量级。晶体的滑移不是晶体的一部分相对另一部分同时做整体移动，而是在实际晶体中存在着位错，位错在切应力作用下沿着滑移系逐步移动产生滑移。当一条位错移动到晶体表面时，其会在晶体表面留下一个原子间距的滑移台阶，如图 4-4 所示。

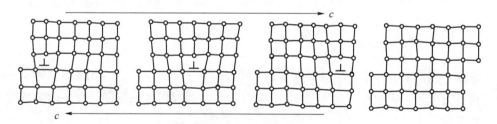

图 4-4　晶体通过位错运动而造成滑移的示意图

实际晶体中存在大量位错，滑移靠滑移面上的位错运动来实现，仅需位错中心附近的极少量原子做微量位移，所需临界切应力远远小于刚性滑移。这样，随着塑性变形过程的进行，晶体中位错扫过滑移面而移出晶体表面，晶体中的位错数目应当越来越少，最终导致形成位错的理想晶体。然而事实恰恰相反，塑性变形后晶体中位错数量不仅不减少，而且会显著增加，这就是塑性变形中金属的位错增殖现象。

大量位错的交互作用会形成钉扎位错。如果某一段钉扎位错在滑移面上，当在切应力作用下位错要产生运动时，因受到位错线两头的钉扎作用而只能使位错产生弯曲。某滑移面上钉扎位错线 AB，受到经滑移方向上的切应力后向外扩张，因 A、B 两点固定不动，运动结果使位错线由直线变曲线，如图 4-5（a）~（c）所示。当位错线弯曲到半圆之后，它将围绕 A、B 两点弯曲过来，形成位错蜷线，当位错蜷线相互靠近，由两边弯曲过来的异号位错相遇而消失，如图4-5（d）～（f）所示。这样，蜷线状的位错环就分成了两部分：一个是封闭的位错环，在切应力作用下继续向外扩展；另一个是重新回复到原来位错线位置的钉扎位错 AB，如图4-5（g）所示。以后上述过程重复进行，如此循环，不断产生新的位错环，新的位错环又不断扩展逐步滑移到晶体表面而消失，形成滑移台阶。在位错增殖中，钉扎位错不消失，称作弗兰克-瑞德位错源，这一位错扩展机制称作弗兰克-瑞德位错增殖机制。

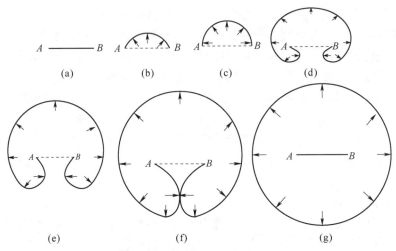

图4-5 弗兰克-瑞德位错增殖机制

因此，晶体的滑移过程不仅是消耗位错的过程，而且是不断产生新的位错的过程，随着滑移的不断进行，晶体中位错数量大大增加，畸变增加，塑性变形所需外力增大，这就是金属晶体塑性变形的实质。

4.1.3 多晶体金属的塑性变形

多晶体金属的塑性变形与单晶体金属的塑性变形无本质上的区别，其每个晶粒的塑性变形仍以滑移方式进行。但由于晶界的存在和每个晶粒中晶格的位向不同，多晶体的塑性变形比单晶体复杂得多。

图4-6表示只包含两个晶粒的试样在拉伸时的变形示意图，在远离晶界处变形很明显，而晶界附近变形很小，产生所谓"竹节"的现象。晶界处的塑性变形抗力远高于晶粒本身，这是由于晶界处原子排列紊乱，晶格畸变较大，且杂质常存在其间，使滑移过程中的位错移动受到阻碍。

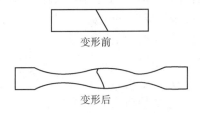

变形前

变形后

图4-6 只包含两个晶粒的试样在拉伸时的变形示意图

多晶体中，除了晶界会增大滑移抗力，各晶粒晶格位向的不同也会增大其滑移抗力。在外力作用下，某个处于有利于滑移位向的晶粒要发生滑移时，必然受到周围位向不同的其他晶粒的约束，使滑移受到阻碍，从而提高金属塑性变形抗力。显然，相邻晶粒晶格位向相差越大，滑移抗力越大。

由此可见，多晶体的塑性变形抗力不仅与金属原子间结合力有关，而且与多晶体晶粒的大小有关。多晶体晶粒越细，晶体单位体积中的晶界越多，且不同位向的晶粒也越多，塑性变形的抗力也越大，强度便越高。

多晶体的晶粒越细，不仅强度越高，而且塑性和韧性也越好。因为晶粒越细，晶体单位体积中的晶粒数目便越多。变形时，同样的变形量便可分散在多个晶粒中发生，产生均匀的塑性变形，而不致造成局部的应力集中，引起裂纹的过早产生和扩展。因此，断裂前金属便可发生较大的塑性变形量，具有较高的抗冲击载荷的能力。目前，工业生产中通过压力加工、热处理等手段使金属材料获得细而均匀的晶粒，这是提高金属材料力学性能的有效途径之一。

4.1.4　合金的塑性变形

工业上所使用的金属材料绝大多数是合金。合金按其组织可分为两大类：一类是单相固溶体合金；另一类是多相合金。合金的塑性变形由于合金元素的存在及组织结构的不同，比多晶体的情况更为复杂。

1. 单相固溶体合金的塑性变形

单相固溶体合金的显微组织与多晶体金属相似，其塑性变形的基本过程也基本相同。但是，溶质元素的作用会造成晶格畸变，使其塑性变形抗力增加，强度、硬度提高，而塑性、韧性有所下降。这就是所谓的固溶强化现象。

从滑移的角度分析，固溶强化的主要原因有两个：一是溶质原子的溶入使固溶体的晶格发生畸变，对滑移面上运动的位错起阻碍作用；二是在位错线上偏聚的溶质原子对位错起钉扎作用，使位错运动所需的切应力增大。

不同溶质原子所引起的固溶强化效果存在很大差别。影响固溶强化的因素很多，主要有以下 4 个方面：

（1）溶质原子的摩尔分数越高，强化作用越大，特别是当摩尔分数很低时的强化效应更为显著。

（2）溶质原子与基体金属原子的尺寸相差越大，强化作用也越大。

（3）间隙原子比置换原子具有较大的固溶强化效果，且由于间隙原子在体心立方晶体中的点阵畸变是非对称性的，故其强化作用大于面心立方晶体；但间隙原子的固溶度很有限，故实际强化效果也有限。

（4）溶质原子与基体金属的价电子数相差越大，固溶强化作用越显著，即固溶体的屈服强度随合金电子浓度的增加而提高。

2. 多相合金的塑性变形

多相合金也属于多晶体，除了前述晶界、晶粒位向影响，还存在相结构差异和相界的影响。多相合金的塑性变形除了与固溶体基体密切相关，还与第二相的性质、形状、大小、数量及分布状况有关。

（1）当合金中两相性能相近，且含量相差不大时，合金的塑性变形性能接近于多晶体，可视为两相的平均值。

（2）当合金中两相的性能相差很大，且其中一相硬而脆，难以变形，而另一相塑性较好作为基体时，合金的塑性变形与第二相（脆性相）的分布直接相关，具体表现如下。

①脆性相与基体相呈片状或层状分布时，如钢中的珠光体，塑性变形主要集中在铁素体中，位错的运动被限制在渗碳体片之间的很短距离内。珠光体层片间距越小，变形的抗力越大，强度越高，且其变形越均匀，变形能力增加。

②脆性相在基体晶界上呈连续网状分布时，是一种最恶劣的分布形式。这时，脆性相在空间把基体相分割开，从而使塑性变形能力无从发挥，经少量变形后，即沿着连续的脆性相产生分裂，使合金的塑性和韧性急剧下降。脆性相越多，网越连续，合金的塑性越差。

③脆性相在基体相中呈颗粒分布时，脆性颗粒对基体相的变形阻碍大大减少，强度降低，塑性、韧性得以改善。倘若脆性的第二相颗粒呈弥散粒子均匀分布在基体相上，第二相粒子与位错的相互作用，阻碍了位错的运动，从而提高了合金的塑性变形抗力，则可显著提高合金的强度，这种强化方式称为弥散强化，弥散强化是合金强化的又一种重要的方式。

4.2 塑性变形对组织和性能的影响

4.2.1 显微组织的变化

经过塑性变形，在外力作用下，随着合金外形的变化，晶体内各晶粒沿变形方向逐渐生长，变形量越大，伸长的程度越大，晶粒呈现如纤维状的条纹，称为纤维组织，此时，金属材料的性能会具有明显的方向性，即纵向的强度和塑性远大于横向。

在塑性变形过程中，由于晶粒的转动，当变形量较大（70%~90%）时，晶体中绝大多数晶粒的晶格位向都趋于大体一致，产生择优取向，这一现象称为织构现象。轧制板材中形成的织构称作板织构，拉拔线材中形成的织构称作丝织构，如图4-7所示。

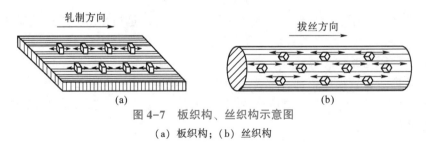

图4-7 板织构、丝织构示意图

(a) 板织构；(b) 丝织构

金属或合金在塑性变形中形成织构，使材料性能具有方向性，对材料的加工工艺影响极大，这在大多数情况下是不希望的。例如，有织构的铜板在冲压制作杯形或筒形工件时，会使工件的上沿不齐，产生所谓的"制耳"现象，如图4-8所示。所制作的杯形边缘不齐，杯壁四周薄厚不均。有些情况下，织构也很有用，例如，变压器所用的硅钢片，其晶格为体心立方，沿<100>晶向最易磁化，如果采用具有<100>织构的硅钢片制作，并在制作中使其<100>晶向平行于磁场（见图 4-9），将使变压器铁芯的磁导率显著增大，磁滞损耗大为减少，大大提高变压器的工作效率。

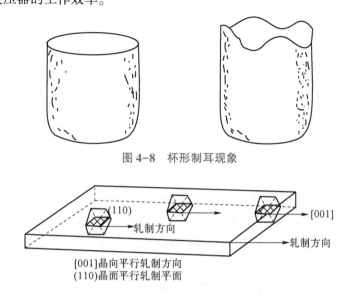

图 4-8　杯形制耳现象

[001]晶向平行轧制方向
(110)晶面平行轧制平面

图 4-9　硅钢片的织构示意图

4.2.2　塑性变形对金属性能的影响

1. 加工硬化

随着塑性变形的发生，晶粒内部的位错和亚结构将产生十分复杂的变化。总体来说，在切应力作用下，位错源扩展会产生大量的位错。位错与晶界、相界、亚晶界和第二相粒子相互作用，产生位错堆积、缠结等，使晶粒破碎，成为细碎的亚晶粒。变形越大，晶粒破碎的程度越大，亚晶界的数量越多，位错密度也显著增大。

随着变形量的增大，由于晶粒破碎和位错密度增加，晶体的塑性变形能力迅速增大，强度和硬度明显升高，塑性和韧性下降，这种现象称作硬化现象，如图 4-10 所示。

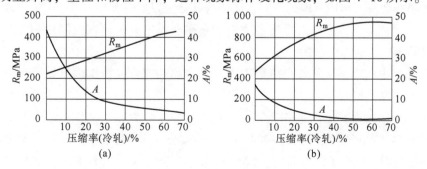

图 4-10　加工硬化现象

（a）纯铜；（b）30 钢

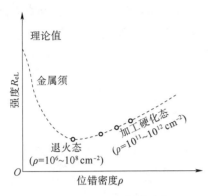

图 4-11　金属材料强度与
位错密度之间的关系

图 4-11 是金属材料强度与位错密度之间的关系。由图可见，金属材料的位错密度在 $10^6 \sim 10^8$ cm^{-2} 时，相当于材料的退火态，其强度最低。在此基础上增大或降低材料中的位错密度都是提高金属材料强度的有效途径，以刚性滑移强度最高。利用塑性变形产生加工硬化的方法来增加金属材料位错密度（可达 $10^{11} \sim 10^{12}$ cm^{-2}），提高材料强度，这一途径在工业生产中得到了广泛的应用。当然，降低位错密度，增加材料强度，这一更有效的途径虽然在工业上还没有得以利用，但是得到高度的重视，目前已获得一些极细的晶须，其位错密度可减少到 $10^2 \sim 10^3$ cm^{-2}。随着工业技术的进步，低位错密度的金属材料必定会大有发展。

加工硬化现象在金属材料生产过程中具有重要的实际意义，广泛用来提高金属材料的强度、硬度和耐磨性等。例如，冷拉高强度钢丝和冷卷弹簧等主要是利用冷加工变形来提高其强度和弹性。又如，坦克和拖拉机的履带板、破碎机的颚板、铁路的道岔等也是利用加工硬化来提高其强度和耐磨性。

对于用热处理方法不能强化的材料，如铝、铜及其某些不锈钢等，采用加工硬化方法来提高强度显得更为重要。

2. 塑性变形对金属其他性能的影响

金属经塑性变形后，其物理性能和化学性能也将发生明显变化。例如，塑性变形使金属的电阻率增加，导电性能和电阻温度系数下降，导热系数也略为下降。塑性变形还使磁导率、磁饱和度下降，但磁滞损耗和矫磁力增大。此外，由于塑性变形使金属中的缺陷增多，自由能升高，因而导致金属中的扩散加速，金属的化学活性增大，腐蚀速度加快。

4.2.3　残余应力

金属在塑性变形时，外力所做的功大部分转化为热能，但尚有一小部分（约 10%）保留在金属内部，形成残余应力和晶格畸变。残余应力是一种内应力，它在金属中处于自相平衡状态。按照残余应力作用范围的不同，通常将其分为以下三类。

（1）第一类内应力，又称宏观残余应力。它在金属的整个体积范围内相互平衡，是由金属各部分的不均匀变形引起的。

（2）第二类内应力，又称微观残余应力。它在晶粒或亚晶范围内维持平衡，是由晶粒或亚晶变形不均匀引起的。

（3）第三类内应力，又称晶格畸变。它所产生的内应力作用范围更小，只在晶界、滑移面等附近不多的原子群范围内维持平衡，是由金属在塑性变形中产生的大量晶体缺陷（空位、位错、间隙原子等）引起的。这种内应力在总的残余应力中所占的比例很大，达 90% 以上，是冷变形金属强化的主要原因。

残余应力的存在，除了会使工件及材料变形或开裂，还会产生应力腐蚀，因此冷塑性变形后的金属材料及工件都要进行去应力退火处理。但是，在某些特定条件下，残余应力的存在也是有利的。例如，承受交变载荷的零件，若用表面滚压和喷丸处理，使零件表面产生压应力的应变层，借以达到强化表面的目的，可使其疲劳寿命成倍提高。

4.3　回复与再结晶

金属材料在塑性变形时，产生了加工硬化等，强度、硬度升高而塑性、韧性降低。在塑性变形之后，为了恢复其原有性能或进一步塑性变形加工，需对其进行加热处理，称为退火。冷塑性变形金属材料在受热过程中，其性能朝着冷塑性变形前的方向转化，大致分为回复、再结晶和晶粒长大三个阶段，如图 4-12 所示。

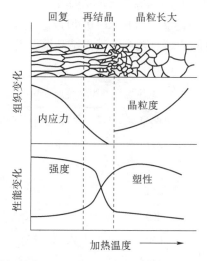

图 4-12　冷塑性变形金属材料加热时组织和性能变化的示意图

4.3.1　回复

回复是指冷塑性变形的金属材料在加热温度较低时，其光学显微组织发生改变前晶体内部所产生的某些变化。这一过程主要是点缺陷和位错在回复退火过程中发生运动，从而使它们的组态向更平衡方向发展，数量减少，应力松弛或消失。这一阶段，晶粒的大小和形状无明显变化，强度、硬度和塑性、韧性等力学性能不出现明显变化，保持加工硬化的原有效果，降低或消除内应力。所以，回复退火在工程上又称为去应力退火。

冷塑性变形金属材料经去应力退火后，在基本上保持加工硬化条件下，降低了其内应力，减少了工件的翘曲和变形，降低了电阻率，提高了材料的耐蚀性，并使其塑性、韧性得以适当改善，提高了工件使用时的安全性。例如，用冷拉钢丝卷制弹簧，卷制后要在250~300 ℃进行退火，以降低内应力并使其定性，强度和硬度则基本上保持加工硬化的效果。

4.3.2 再结晶

当冷塑性变形金属材料被加热到回复温度以上时，其原子获得更大的活动能力，晶粒的外形便开始发生变化——由破碎、拉长、变形的晶粒变成完整的等轴状晶粒。这一过程也是一个形核和核长大的过程，因其新旧晶粒的晶格类型完全相同，只是晶粒形态发生了变化，所以称其为再结晶。

经再结晶处理以后，变形所造成的晶体缺陷已基本消失，加工硬化现象完全消除，材料的各种性能恢复到变形以前的状态。金属材料的再结晶过程不是一个恒温的过程，而是在一定温度范围内变化进行的过程。通常把材料再结晶开始进行的温度称为再结晶温度或发生再结晶所需要的最低温度。再结晶温度与金属材料的熔点、纯度、预先变形程度等因素有关。试验证明，工业纯金属的熔点与再结晶温度之间有如下关系：

$$T_{再} \approx (0.35 \sim 0.40)T_{熔} \tag{4-1}$$

由式（4-1）可见，纯金属的熔点越高，其再结晶温度越高。表4-1列出了一些常见金属的再结晶温度和熔点。

表4-1　常见金属的再结晶温度和熔点

金属	再结晶温度/℃	熔点/℃	金属	再结晶温度/℃	熔点/℃
Sn	<15	232	Au	200	1 064
Pb	<15	327	Cu	200	1 083
Zn	15	419	Fe	450	1 538
Al	150	660	Ni	600	1 455
Mg	150	650	Mo	900	2 625
Ag	200	962	W	1 200	3 410

把经塑性变形后的金属材料加热到再结晶温度以上，使其发生再结晶的处理过程称为再结晶退火。工业生产中，常采用再结晶退火来消除材料所产生的加工硬化现象，提高材料的塑性。在冷塑性变形加工过程中，有时也采用再结晶退火恢复材料的塑性，以便于继续加工。

4.3.3 晶粒长大

冷塑性变形金属材料经再结晶后，一般可得到细而均匀的等轴状晶粒。但如果加热温度过高或加热时间过长，再结晶后晶粒会进一步长大，造成晶粒粗化，力学性能相应变坏，这一现象称为晶粒长大或聚集再结晶。再结晶后晶粒随温度升高或时间的延长而长大，是一个自发的过程。晶粒越粗，晶界面积越小，总界面能越低，这样材料就会处于较稳定的自由能较低的状态。

晶粒长大的具体过程是靠晶界推移、晶粒相互吞并来实现的。通过晶界的逐渐移动，一般是大晶粒吞并小晶粒，所以再结晶后的晶粒越均匀，晶粒长大的趋向越小。此外，金属材料中的杂质元素、合金元素和第二相质点的存在也会阻碍晶界的推移，使晶粒长大倾向减小。

4.3.4　影响再结晶后晶粒大小的因素

　　冷塑性变形金属材料在再结晶后晶粒的大小对其力学性能（包括强度、塑性和韧性）影响很大。为了控制再结晶后的晶粒大小，就必须了解影响再结晶后晶粒大小的因素。

　　1. 温度

　　再结晶所进行的加热温度越高，保温时间越长，再结晶后的晶粒越粗大。以加热温度的影响最明显，如图 4-13 所示。

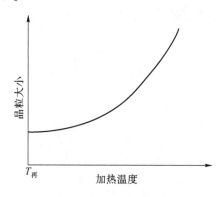

图 4-13　加热温度与再结晶后晶粒大小的关系

　　2. 预先变形程度

　　预先变形程度对再结晶后晶粒大小的影响，实际上是冷塑性变形材料所产生的变形是否均匀的问题。材料的变形越均匀，再结晶的晶粒便越细。图 4-14 是预先变形程度与再结晶后晶粒大小的关系。当金属材料预先变形程度很小时，晶体内晶格畸变很小，不足以引起再结晶，晶粒保持原样。当预先变形程度在 2%～10% 时，由于变形度不大，变形在分晶粒中发生，变形很不均匀，再结晶时，其形核数目少，大晶粒吞并小晶粒而形成异常的晶粒长大（见图 4-15），这一区间的变形程度称为临界变形度。生产中应尽量避免在这一区间的加工变形，以免因形成粗大的晶粒而影响材料性能。当预先变形程度大于临界变形度之后，随着预先变形程度的增加，变形便越均匀，再结晶后的形核率增加，再结晶后的晶粒便会越细小、均匀。

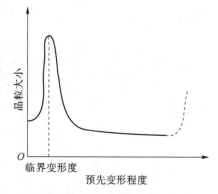

图 4-14　预先变形程度与再结晶后晶粒大小的关系

　　如果将加热温度和预先变形程度两个因素对材料再结晶后晶粒大小的影响绘制在一个立体坐标图中，则得到材料的再结晶全图，纯铁的再结晶全图如图 4-16 所示。各种材料的再结晶全图是制订其加工变形与再结晶退火工艺的重要参考资料。

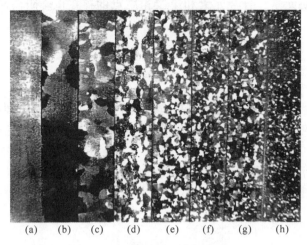

图 4-15 不同变形度纯铝经再结晶后的晶粒大小

（室温拉伸，550 ℃退火 30 min）

（a）变形度 0%；（b）变形度 3%；（c）变形度 5%；（d）变形度 7%；（e）变形度 9%；

（f）变形度 11%；（g）变形度 13%；（h）变形度 15%

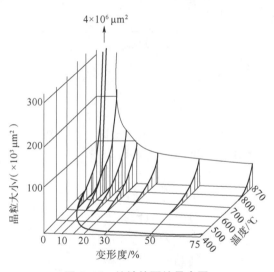

图 4-16 纯铁的再结晶全图

4.4 金属材料的热加工

上面我们讨论的是金属材料在塑性变形过程中产生了加工硬化，属于冷塑性变形，或称冷加工。随着冷加工的进行，材料的变形抗力增大。因此，对于那些要求变形量较大或截面尺寸较大的工件，以及硬度较高的金属材料（如 W、Mo、Cr、Mg、Zn 等金属）和钢等大多数合金，冷塑性变形将比较困难或难以进行。为此，必须对材料施以热塑性变形，或称热加工。相对于冷加工来说，热加工在生产中有更广泛的应用。

4.4.1 热加工与冷加工的区别

从金属学的观点来看，热加工与冷加工的区别是金属材料的再结晶温度。凡是在材料再结晶温度以上所进行的塑性变形加工称为热加工，而在再结晶温度以下所进行的塑性变形加工称为冷加工。例如，纯铁的再结晶温度约为 450 ℃，故其在 450 ℃ 以上的加工属于热加工，450 ℃ 以下的加工则属于冷加工；钨的再结晶温度约为 1 200 ℃，其即使在低于 1 200 ℃ 的高温下进行塑性变形加工仍属于冷加工；锡的再结晶温度约为-70 ℃，即使在室温下，对其进行塑性变形加工仍属于热加工。

4.4.2 热加工对材料的组织和性能的影响

1. 原铸造遗留的组织缺陷得到改善

通过热加工，可使钢中的气孔和疏松焊合，分散缩孔大部分被压实，钢的致密度增加；改善夹杂物和脆性相的形态、大小和分布；由于在温度和压力作用下扩散速度加快，因而某些偏析可部分地消除，使成分比较均匀；将粗大的柱状晶和枝晶破碎成细小均匀的等轴晶，组织缺陷得到改善或消除，使钢的性能有所提高。

2. 纤维组织

热加工过程中，钢锭中所特有的枝晶和各种夹杂物都要沿着加工变形方向伸长，这样就使枝晶间富集的杂质和非金属夹杂物的走向逐渐和变形方向一致，在经浸蚀的宏观试样上呈现为一条条的细线，这就是热加工钢中的流线或热加工纤维组织。钢中含有的合金元素越多，则其纤维性越显著。这种显微组织的出现将使钢的力学性能呈现各向异性，这是热加工后金属可能存在的缺点。沿纤维方向（纵向）的强度、塑性和韧性显著大于垂直于纤维方向（横向）的。因此，用热加工方法制造工件时，应保证流线具有正确的分布，使流线与工件工作时所受到的最大拉应力方向一致，与剪切或冲击应力方向垂直。图 4-17（a）为锻造曲轴的合理流线分布，它可保证曲轴工作时所受的最大拉应力方向与流线一致，而外加剪切或冲击应力方向与流线垂直，使曲轴不易断裂；图 4-17（b）为切削加工曲轴，其流线分布不合理，易沿轴肩发生断裂。

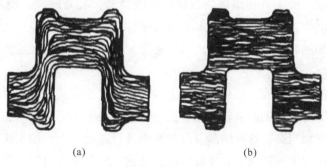

(a) (b)

图 4-17 曲轴的流线分布

（a）锻造曲轴；（b）切削加工曲轴

3. 带状组织

经热加工（热轧）后的低碳钢、中碳钢的显微组织中，铁素体和珠光体常沿加工变形方向呈交替的层状分布，构成带状组织。热加工钢的带状组织引起了钢在力学性能上的各向异性，降低了横向塑性指标，特别是冲击韧性。在锻造或零件工作时，常易沿铁素体带或两相的界面处开裂，在热处理时，也易产生变形和硬度不均匀。钢中的带状组织有时可用正火处理消除，但是严重磷偏析引起的带状组织却很难去除，需采用高温扩散退火及随后的正火处理来改善。在过共析钢如碳素工具钢、合金工具钢及轴承钢中，带状组织表现为密集的粒状碳化物条带。带状碳化物是钢锭中的显微偏析在热加工变形过程中延伸而成的碳化物带。这种缺陷严重时，会造成零件淬火和回火后硬度和组织不均匀。采用高温扩散退火和适当的热加工工艺（反复镦粗拔长），能使过共析钢中的带状碳化物得到一定程度的改善。

4. 网状碳化物

网状碳化物也是过共析钢经热加工后常见的一种组织缺陷。钢中含碳量越高，先共析碳化物量就越多，这些碳化物沿奥氏体晶粒边界析出倾向也越大。当钢的热加工高于 A_{cm} 温度终了时，冷却过程中由于碳在奥氏体中的溶解度降低，碳就以碳化物沿粗大奥氏体晶界析出成断续或连续的网状。网状碳化物的出现大大削弱了钢晶粒之间的结合力，使工件在淬火时容易发生开裂，刀具在切削加工时容易崩刃，轴承在受冲击载荷时容易发生碎裂等。为了防止形成网状碳化物，对于含碳量大于共析成分的上述各种钢，应控制好热加工终了温度和冷却方式。

5. 魏氏组织

低碳钢、中碳钢热加工终了温度过高，而冷却速度又较快的情况下，常会形成魏氏组织。过共析钢中粗大的奥氏体晶粒快速冷却时，也会有魏氏组织出现，其形态表现为二次渗碳体以针状在晶粒内析出。晶粒粗大并且有明显魏氏组织的钢，它的强度往往较低，而塑性和韧性更低。为了防止热变形钢出现魏氏组织，热加工时应严格控制钢的加工终了温度，不使钢过热。对晶粒粗大并有魏氏组织的钢，可以采取一次或二次退火处理来消除。

6. 脱碳

钢在热加工过程中，它的表面层常因发生氧化而产生脱碳。脱碳促使弹簧钢的疲劳强度降低，容易过早断裂；使工具和滚珠的表面层硬度降低，容易磨损；使高速钢的热硬性丧失，切削加工性降低等。因此，钢在热加工过程中，应严格控制加热炉气氛和相应的工艺因素，如加热温度和加热时间，以降低钢的脱碳层深度，使它不超过规定的要求。

7. 晶粒大小

经热加工后钢的力学性能，在很大程度上与其晶粒大小有关，因此要求热加工钢能获得细小的晶粒。热加工可以使钢的晶粒细化，但这主要取决于加工速度和加工完成温度。一般开始热加工的温度都相当高，这时结晶及晶粒长大进行速度很大，加工速度小时会使晶粒粗大，因此要尽可能使加工速度增大，才能使晶粒细化。加工完成温度，即加工终了温度过低时，会变为冷加工，加工完成温度过高，会使晶粒长大。总之，应正确掌握热加工工艺，以便获得细小均匀的晶粒，提高性能。

习　题

1. 名词解释：韧性断裂，脆性断裂，滑移，滑移系，固溶强化，加工硬化，回复，再结晶，织构，临界变形度，热加工。

2. 为什么滑移面是原子密度最大的晶面，滑移方向是原子密度最大的方向？

3. 什么是加工硬化？它在生产中有什么实际意义？

4. 金属塑性变形造成哪几种残余应力？残余应力对机械零件可能产生哪些利弊？

5. 金属铸件能否通过再结晶退火来细化晶粒？为什么？

6. 为什么生产中应尽量避免在临界变形度这一范围内加工变形？

7. 用冷拔紫铜管通过冷弯的方法制造机器上的输油管，为了避免开裂，冷弯前应进行什么热处理？

8. 室温下对铅板进行弯折，越弯越硬，而稍隔一段时间再进行弯折，铅板又像最初一样柔软，这是什么原因？

9. 简述流线形成的原因，以及它的分布形式对工件性能的影响。

10. 简述带状组织形成的原因，以及它对钢材性能的影响。

第 5 章

钢的热处理

【学习目标】

本章的学习目标主要有两个，一个是掌握或了解钢热处理的基本理论；掌握钢在加热和冷却时的转变；掌握钢的热处理工艺，包括退火、正火、淬火和回火；了解钢的表面淬火和化学热处理。另一个是将热处理原理与工艺的相关知识用于解决复杂工程问题，能够根据具体的复杂工程问题正确选用热处理工艺，正确制订金属零件加工工艺路线。

【学习重点】

本章的学习重点是：钢的过冷奥氏体转变产物类型、组织形态与性能；共析钢过冷奥氏体等温转变曲线图；热处理工艺类型及应用。

【学习导航】

金属材料由于具有许多优良的性能而获得了广泛应用，但有时在实际应用中，通过合理选材和各种成型工艺并不能完全满足金属工件所需的各项性能，此时热处理工艺将发挥重要作用。热处理通过改变金属材料表面或内部的显微组织结构来控制其性能，它既可以用来改善毛坯的工艺性能，也可以使工件获得优良的使用性能。随着机械制造等重工业的不断发展，热处理对我国机械制造业的振兴和发展具有重要的支撑作用。

5.1 概　　述

改善钢的性能有两个主要途径：一是调整钢的化学成分，加入合金元素，即合金化的办法；二是对钢实施热处理。这两者之间有着极为密切、相辅相成的关系。

热处理是一种重要的金属加工工艺，在机械制造工业中已被广泛应用。钢经过正确的热处理可提高使用性能，改善工艺性能，达到充分发挥材料性能潜力、提高产品质量、延长使用寿命、提高经济效益的目的。据初步统计，在机床制造中，60%～70%的零件要经过热处理；在汽车、拖拉机制造中，需要热处理的零件多达 70%~80%；至于工模具及滚动轴承，则要 100%进行热处理。总之，重要的零件都必须进行适当的热处理才能使用。

所谓钢的热处理，它是指将钢在固态下进行加热、保温和冷却三个基本过程，以改变钢的内部组织结构，从而获得所需性能的一种加工工艺。为简明表示热处理的基本工艺过程，通常用温度-时间坐标绘出热处理工艺曲线，如图 5-1 所示。热处理区别于其他加工工艺如铸造、压力加工等的特点是不改变工件的形状，只改变其组织，通过改变组织来改变性能。热处理只适用于固态下发生组织相变的材料，不发生固态相变的材料不能用热处理来强化。描述钢中组织转变的规律称为热处理原理；根据热处理原理而制订的温度、时间、介质等参数称为热处理工艺。钢的热处理可根据加热和冷却方法不同进行分类，如图 5-2所示。

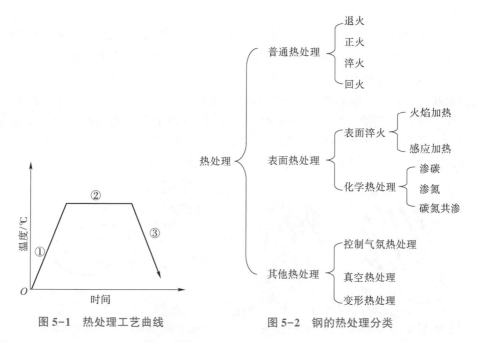

图 5-1　热处理工艺曲线　　　图 5-2　钢的热处理分类

热处理可以是机械零件加工制造工艺中的一个中间工序，如改善锻、轧、铸毛坯组织的退火或正火，消除应力、降低工件硬度、改善切削加工性能的退火等；也可以是使机械零件性能达到规定技术指标的最终工序，如经过淬火加高温回火，使机械零件获得极为良好的综合力学性能等。由此可见，热处理同其他工艺过程关系密切，在机械零件加工制造过程中十分重要。

图 5-3 是加热和冷却对临界转变温度的影响。实际加热和冷却时，存在过热和过冷现象，在平衡条件下钢的临界温度分别用 A_1、A_3、A_{cm} 表示，在加热时钢的临界温度分别用 Ac_1、Ac_3、Ac_{cm} 表示，

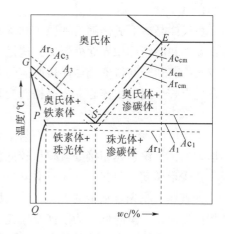

图 5-3　加热和冷却对临界转变温度的影响

而冷却时则分别用 Ar_1、Ar_3、Ar_{cm} 表示。

5.2 钢在加热时的转变

为了使钢件热处理后获得所要求的性能，对于大多数热处理工艺（如淬火、正火和完全退火等），其加热温度应高于钢的临界点 A_1 或 A_3，使钢件具有奥氏体组织，然后以一定的冷却方式冷却，以获得所要求的组织和性能。加热（及保温）获得奥氏体组织的这一过程称为奥氏体化。

5.2.1 奥氏体的形成过程

按照铁碳合金相图，共析钢在 A_1 温度以下加热时，其相组成物保持不变；加热到 A_1 点以上时，珠光体全部转变为奥氏体。在亚共析（过共析）钢中，当缓慢加热到 A_1 点稍上温度后，除珠光体全部转变为奥氏体外，还有少量先共析铁素体（渗碳体）未转变为奥氏体，此时钢由先共析铁素体（渗碳体）加奥氏体两相组成；继续升高温度，先共析铁素体（渗碳体）不断向奥氏体转变；当温度升高到 A_3（A_{cm}）点以上时，先共析相全部转变为奥氏体，此时钢中只有单相奥氏体存在。奥氏体的形成是通过形核及长大过程来实现的，基本过程可以描述为四个步骤，如图 5-4 所示。现以共析钢为例说明。

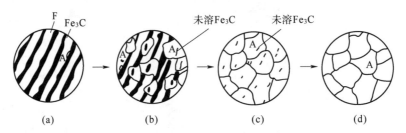

图 5-4 共析钢的奥氏体形成过程示意图
（a）奥氏体晶核形成；（b）奥氏体晶核长大；（c）残余渗碳体溶解；（d）奥氏体均匀化

1. 奥氏体晶核形成

奥氏体晶核形成伴随着铁原子和碳原子的扩散，是一种扩散型的相变。奥氏体晶核容易在铁素体和渗碳体相界面处形成，这是因为在铁素体和渗碳体两相界面处：①碳原子含量相差较大，有利于获得奥氏体晶核所需的含碳量；②因原子排列不规则，铁原子可通过短程扩散发生点阵重组，由体心立方晶格转变为面心立方晶格；③位错、空位密度较高。

2. 奥氏体晶核长大

奥氏体晶核形成之后，它一面与渗碳体相接，另一面与铁素体相接，奥氏体的含碳量是不均匀的，与铁素体相接处含碳量较低，而与渗碳体相接处含碳量较高，因此在奥氏体中出现了含碳量梯度，引起碳在奥氏体中不断由高含量向低含量的扩散。随着碳原子扩散的进行，其破坏了原先含碳量的平衡，造成奥氏体与铁素体相接处的含碳量增高，奥氏体与渗碳体相接处的含碳量降低。为了恢复原先含碳量的平衡，势必促使铁素体向奥氏体转变及渗碳体的溶解。这样，含碳量破坏平衡和恢复平衡的反复循环过程，就使奥氏体逐渐向渗碳体和铁素体两方面长大，直至铁素体全部转变为奥氏体。

3. 残余渗碳体溶解

在奥氏体的形成过程中，铁素体比渗碳体先消失，因此奥氏体形成之后，还残存未溶渗碳体。这部分未溶的残余渗碳体将随时间的延长，继续不断地溶入奥氏体，直至渗碳体全部消失。

4. 奥氏体均匀化

当残余渗碳体全部溶解时，奥氏体中的含碳量仍然是不均匀的，在原来渗碳体处含碳量较高，而在原来铁素体处含碳量较低。如果继续延长保温时间，通过碳的扩散，可使奥氏体的含碳量逐渐趋于均匀。

亚共析钢和过共析钢中奥氏体的形成过程基本上与共析钢相同，但具有过剩相转变和溶解的特点。

亚共析钢在室温平衡状态下的组织为珠光体和过剩铁素体。当缓慢加热到 Ac_1 时，珠光体转变为奥氏体；若进一步提高加热温度和延长保温时间，则过剩铁素体也逐渐转变为奥氏体。当温度超过 Ac_3（Ac_3 为亚共析钢实际加热时，所有铁素体均转变为奥氏体的温度）时，过剩铁素体完全消失，全部组织为较细的奥氏体晶粒。若继续提高加热温度或延长保温时间，奥氏体晶粒将长大。

过共析钢在室温平衡状态下的组织为珠光体和过剩渗碳体，其中过剩渗碳体往往呈网状分布。当缓慢加热到 Ac_1 时，珠光体转变为奥氏体；若进一步提高加热温度和延长保温时间，则过剩渗碳体将逐渐溶入奥氏体中。当温度超过 Ac_{cm}（Ac_{cm} 为过共析钢实际加热时，所有渗碳体完全溶入奥氏体的温度）时，过剩渗碳体完全溶解，全部组织为奥氏体，此时奥氏体晶粒已经粗化。

5.2.2　影响奥氏体形成速度的因素

由于奥氏体的形成是靠晶核形成和长大来完成的，因此，一切影响奥氏体形成速度的因素都通过对晶核的形成和长大速度的影响而起作用。

1. 温度

随着奥氏体形成温度的提高，原子的扩散能力增大，特别是碳原子在奥氏体中的扩散能力增大，同时，铁碳合金相图中 GS 线与 ES 线之间的距离增大，即增大了奥氏体中碳的含量梯度，从而加速了奥氏体的形成。试验表明，在各种影响奥氏体形成的因素中，温度的作用最为强烈，因此控制奥氏体的形成温度十分重要。

2. 钢的成分

钢中含碳量越高，奥氏体形成速度越快。因为含碳量高，碳化物数量多，增加了铁素体与渗碳体的相界面，增加了奥氏体形核部位，所以在相同加热温度下，奥氏体的形核率增加。同时，碳原子扩散距离减小，因此增加了奥氏体的形成速度。钢中加入合金元素，并不改变奥氏体形成的基本过程，但显著影响奥氏体的形成速度。

3. 原始组织

如果钢的成分相同，原始组织中碳化物分散度越大，相界面越多，形核率便越大，珠光体片间距越小，奥氏体中含碳量梯度越大，扩散速度便越快；碳化物分散度大使碳原子扩散距离缩短，奥氏体晶核长大速度增加。所以，原始组织越细，奥氏体形成速度越快。因此，钢的成分相同时，原始组织为托氏体，其奥氏体形成速度比索氏体和珠光体的形成速度都快。球状珠光体与片状珠光体相比，由于片状珠光体的相界面较大，渗碳体较薄，易于溶解，加热时奥氏体容易形成。

4. 加热速度

连续加热时，随着加热速度的增大，奥氏体形成温度升高，形成的温度范围扩大，形成奥氏体所需的时间缩短。

5.2.3 奥氏体晶粒的长大及其影响因素

1. 奥氏体晶粒度的概念

根据奥氏体形成过程和晶粒长大情况，奥氏体晶粒度可分为起始晶粒度、实际晶粒度和本质晶粒度三种。

起始晶粒度是指珠光体刚刚全部转变为奥氏体时的奥氏体晶粒度。一般而言，奥氏体的起始晶粒度较小，继续加热或保温将使它长大。

实际晶粒度是指钢在具体的热处理或热加工条件下实际获得的奥氏体晶粒大小。它直接影响钢件的性能。实际晶粒度一般比起始晶粒度大，因为热处理生产中，通常有一个升温和保温阶段，就在这段时间，晶粒有了不同程度的长大。

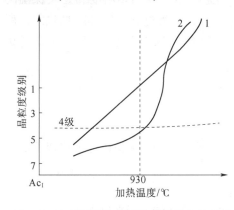

图 5-5　加热温度与奥氏体晶粒长大的关系

不同牌号的钢，奥氏体晶粒的长大倾向是不同的。有些钢的奥氏体晶粒随着加热温度的升高会迅速长大，而有些钢的奥氏体晶粒则不容易长大，如图 5-5 所示。

可将钢的奥氏体晶粒长大倾向分为两类：一类与曲线 1 相似；另一类与曲线 2 相似。符合曲线 1 的钢，晶粒长大倾向大，称为本质粗晶粒钢；符合曲线 2 的钢，晶粒长大倾向小，称为本质细晶粒钢。所以，"本质晶粒"并不指具体的晶粒，而是表示某种钢的奥氏体晶粒长大的倾向性。"本质晶粒度"也不是晶粒长大的实际度量，而是表示在规定的加热条件下，奥氏体晶粒长大倾向性的高低。

奥氏体的本质晶粒度，通过将钢加热到 930±10 ℃，显微放大 100 倍与标准晶粒度等级图进行比较来确定。标准奥氏体晶粒度等级分为 8 级，1 级最粗，8 级最细。钢的奥氏体晶粒度在 1~4 级的为本质粗晶粒钢，在 5~8 级的为本质细晶粒钢。

不过，不能认为本质细晶粒钢在任何温度加热条件下晶粒都不粗化，因为工艺试验规定的温度是 930 ℃，若热处理温度在 950~1 000 ℃ 以上，就完全有可能得到相反的结果，这时本质细晶粒钢的实际晶粒反而比本质粗晶粒钢要大，因为在 950~1 000 ℃ 以上，本质细晶粒钢的晶粒具有更大的长大倾向。

工业生产中，一般经铝脱氧的钢大多是本质细晶粒钢，而只用锰硅脱氧的钢为本质粗晶粒钢；沸腾钢一般为本质粗晶粒钢，而镇静钢一般为本质细晶粒钢。需经热处理的工件一般采用本质细晶粒钢。

2. 奥氏体晶粒长大及其影响因素

奥氏体晶粒长大，伴随着晶界总面积的减少，使体系自由能降低，所以在高温下，奥氏体晶粒长大是一个自发过程。

奥氏体化温度越高，晶粒长大越明显。随着钢中奥氏体含碳量的增加，奥氏体晶粒的长大倾向也增大。当奥氏体晶界上存在未溶的残余渗碳体时，奥氏体晶粒就长得慢，故奥氏体实际晶粒较小。

钢中加入合金元素，也影响奥氏体晶粒长大。一般认为，凡是能形成稳定碳化合物的元素（如钛、钒、钽、铌、锆、钨、钼、铬），形成不溶于奥氏体的氧化物及氮化物的元素（如铝），促进石墨化的元素（如硅、镍、钴），以及在结构上自由存在的元素（如铜），都会阻碍奥氏体晶粒长大；而锰、磷则有加速奥氏体晶粒长大的倾向。

5.3 过冷奥氏体的转变产物及性能

钢的常温性能不仅与加热时获得的奥氏体晶粒大小、化学成分均匀程度有关，而且与奥氏体冷却转变后的最终组织有直接关系。因此，钢在不同过冷度下可能转变为不同的组织。当奥氏体过冷到临界点以下时，它就变成不稳定状态的过冷奥氏体。在不同过冷度下，过冷奥氏体将发生三种类型的组织转变，即珠光体类型组织转变、贝氏体类型组织转变和马氏体类型组织转变。现以共析钢为例，对三种转变分别进行讨论。

5.3.1 珠光体类型组织转变

1. 珠光体的组织形态与性能

过冷奥氏体在 $A_1 \sim 550\ ℃$ 将转变为珠光体类型组织。如前所述，它是铁素体和渗碳体组成的机械混合物，其典型形态是片状或层状的，如图 5-6 所示。

片状珠光体组织中，一对铁素体片与渗碳体片的总厚度，称为珠光体片间距。珠光体中片状渗碳体，经适当的退火处理后，可呈球状分布在铁素体基体上，称为球状（或粒状）珠光体，如图 5-7 所示。

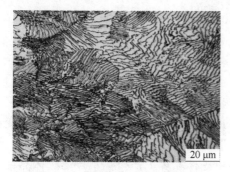

图 5-6 共析钢片状珠光体组织

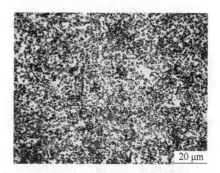

图 5-7 共析钢球状珠光体

根据片间距的大小不同，珠光体类型组织又可细分为以下类别。

（1）珠光体：形成温度为 A_1~650 ℃，片间距在 150~400 nm，一般在 500 倍以下的光学显微镜下可分辨，用符号 P 表示。

（2）索氏体：形成温度为 650~600 ℃，片间距在 80~150 nm，一般在 800~1 000 倍的光学显微镜下才可分辨，用符号 S 表示。

（3）托氏体：形成温度为 600~550 ℃，片间距在 30~80 nm，在光学显微镜下根本无法分辨其层状特征，只有在电子显微镜下才可以分辨，用符号 T 表示。

由上述可见，它们三者之间并无本质上的区别，只是形成温度不同造成形态上片间距的大小有所不同。

珠光体类型组织的力学性能与其片间距的大小不同有直接的关系。图 5-8 为共析钢珠光体的片间距与力学性能之间的关系。由图可见，随过冷奥氏体转变温度的降低，珠光体片间距减小，钢的抗拉强度和硬度提高，而塑性和韧性也略有改善。对于相同成分的钢，球状珠光体比片状珠光体具有较少的相界面，因而其硬度和强度较低，但塑性和韧性较高。球状珠光体常常是高碳钢切削加工前要求获得的组织形态。

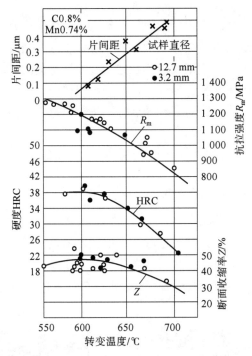

图 5-8　共析钢珠光体的片间距与力学性能之间的关系

2. 珠光体类型组织转变过程

珠光体类型组织转变是一种扩散型转变，即铁原子和碳原子均进行扩散；同时，它是晶格的重构，由面心立方的奥氏体转变为体心立方的铁素体和复杂晶格的渗碳体。其转变也是一个形核和核长大的过程，图 5-9 是片状珠光体形成过程示意图。由于能量、成分、结构的起伏，当奥氏体过冷到 A_1 温度以下时，首先在奥氏体晶界上产生一小片渗碳体晶核。这种晶核不仅纵向长大，而且横向长大，如图 5-9（a）所示；渗碳体横向长大时，吸收了两侧的碳原子，而使其两侧的奥氏体含碳量降低，当含碳量降低到足以形成铁素体时，就在渗碳体片两侧出现了铁素体片，如图 5-9（b）所示；新生成的铁素体片，除了伴随渗碳体片纵向长大，也横向长大，铁素体片横向长大时，必然要向侧面的奥氏体中排出多余的碳，因而增高了侧面奥氏体的含碳量，这就促进了另一片渗碳体的形成，出现了新的渗碳体片。如此连续进行下去，就形成了许多铁素体和渗碳体相间的片层。珠光体的横向长大，主要是靠铁素体片和渗碳体片不断增多实现的。这时，在晶界的其他部位有可能产生新的晶核，如图 5-9（c）所示；在长大的珠光体与奥氏体的相界面，也有可能产生新的具有另一个长大方向的渗碳体晶核，如图 5-9（d）所示；这时，原始奥氏体中，各种不同取向的珠光体不断长大，而在奥氏体晶界和珠光体-奥氏体相界上，又不断产生新的晶核，并不断长大，如图 5-9（e）所示；直到长大的各个珠光体群相碰，奥氏体全部转变为珠光体时，珠光体形成即告结束，如图 5-9（f）所示。

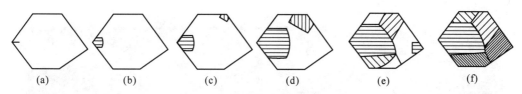

(a)　　　　(b)　　　　(c)　　　　(d)　　　　(e)　　　　(f)

图 5-9　片状珠光体形成过程示意图

5.3.2　贝氏体类型组织转变

1. 贝氏体的组织形态和性能

过冷奥氏体在 $550\,℃ \sim M_s$（马氏体转变开始温度）将转变为贝氏体类型组织，贝氏体用符号 B 表示，最常见的贝氏体类型组织形态为上贝氏体 $B_{上}$ 和下贝氏体 $B_{下}$。

（1）上贝氏体：在共析钢和普通的中碳钢、高碳钢中，上贝氏体在 $550 \sim 350\,℃$ 形成，在低碳钢中它的形成温度要高些。在光学显微镜下观察，它的形状呈羽毛状，如图 5-10（a）所示；在电子显微镜下观察，经常可看到上贝氏体中存在铁素体和渗碳体两个相，铁素体呈暗黑色，而渗碳体呈亮白色，渗碳体以不连续的短杆状形式分布于许多平行而密集的铁素体条之间，如图 5-10（b）所示。铁素体条内分布有位错亚结构，位错密度随形成温度的降低而增大。随着钢中含碳量增加，上贝氏体中的铁素体条变得更多、更薄，渗碳体的数量更多。

（2）下贝氏体：对一般共析钢、中碳钢和高碳钢来说，下贝氏体在 $350\,℃ \sim M_s$ 形成。在光学显微镜下观察，下贝氏体的形态为黑针状，如图 5-11（a）所示；在电子显微镜下观察，下贝氏体中的碳化物清晰可见，呈细片状或颗粒状，排列成行，以 $55° \sim 60°$ 的角度与下贝氏体的长轴相交，并且仅分布在铁素体针的内部，如图 5-11（b）所示。下贝氏体的铁素体中也有位错亚结构，位错密度比上贝氏体的铁素体中更高。

贝氏体的力学性能主要取决于贝氏体的组织形态。上贝氏体的形成温度较高，其铁素体条状晶粒较宽，塑性抗力较低；其渗碳体分布在铁素体条之间，易引起脆断。因此，上贝氏体的强度和韧性均较差。下贝氏体的形成温度较低，在较低温度下形成的

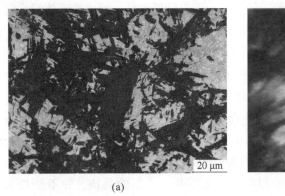
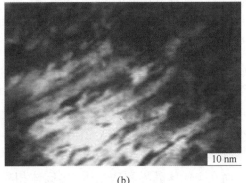

图 5-10　上贝氏体组织

（a）光学显微镜下的形貌；（b）电子显微镜下的形貌

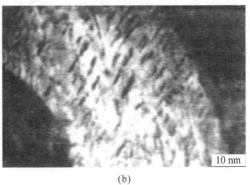

图 5-11　下贝氏体组织

（a）光学显微镜下的形貌；（b）电子显微镜下的形貌

下贝氏体组织，具有较优良的综合力学性能。下贝氏体的强度、韧性和塑性均高于上贝氏体，具有较高的强度和较高塑性与韧性的配合。下贝氏体的高密度位错亚结构及细小碳化物在其铁素体内沉淀析出，是保证下贝氏体具有优良综合力学性能的主要因素。

通常利用等温淬火获得以下贝氏体为主的组织，使钢具有较高的强韧性，同时由于下贝氏体的比体积比马氏体小，故可减少变形和开裂。近些年来，利用形变与贝氏体类型组织转变相结合的形变热处理方法，可显著提高钢的性能。例如，将共析钢在 950 ℃下轧制形变 25% 后，于 300 ℃等温淬火 40 min，可以使钢的 R_m 比普通热处理提高 300 MPa。

2. 贝氏体类型组织转变过程

发生贝氏体类型组织转变时，首先在过冷奥氏体中的贫碳区形成铁素体晶核，其含碳量低于奥氏体的平衡含碳量，但仍高于铁素体的平衡含碳量，是过饱和铁素体。

当温度较高（550~350 ℃）时，如图 5-12 所示，条状或片状铁素体从奥氏体晶界开始向晶内以同样方向平行生长。随着铁素体的伸长和变宽，其中的碳原子向条间的奥氏体中富集，最后在铁素体条之间析出渗碳体短棒，奥氏体消失，形成上贝氏体组织。

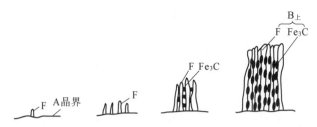

图 5-12 上贝氏体组织形成过程图

当温度较低（350 ℃ ~ M_s）时，如图 5-13 所示，碳原子扩散能力低，铁素体在奥氏体的晶界或晶内的某些晶面上长成针状，尽管最初形成的铁素体固溶碳原子较多，但碳原子的迁移不能逾越铁素体片的范围，只能在铁素体内一定的晶面上以断续碳化物小片的形式析出，从而形成下贝氏体组织。

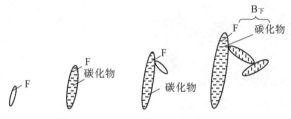

图 5-13 下贝氏体组织形成过程图

由上述可见，贝氏体类型组织转变也是形核与长大的过程，但属于半扩散型转变，即只有碳原子发生扩散，而铁原子不发生扩散。

5.3.3 马氏体类型组织转变

钢经奥氏体化后快速冷却，抑制其扩散性分解，在较低温度下（共析钢在 230 ℃ 以下）发生的组织转变为马氏体类型组织转变。马氏体类型组织转变是钢热处理强化的主要手段。马氏体组织一般通过淬火才能获得，但是如果钢的淬透性很好，空冷也可获得马氏体组织，如 W18Cr4V 高速钢空冷就可以获得马氏体组织。

1. 马氏体的晶体结构

马氏体是碳在 α-Fe 中的过饱和固溶体，用符号 M 表示，如图 5-14 所示，马氏体具有体心正方晶格（$a=b\neq c$）。当发生马氏体类型组织转变时，奥氏体中的碳全部保留在马氏体中。轴比 c/a 称为马氏体的正方度，马氏体含碳量越高，其正方度越大，正方畸变也越严重。当 $w_C<0.25\%$ 时，马氏体的正方度为 1，此时马氏体具有体心立方晶格。

2. 马氏体的组织形态特点

马氏体形态主要有两种基本类型：一类是板条状马氏体形态；另一类是片状马氏体形态。随着钢中高温奥氏体含碳量的增加，淬火后组织中

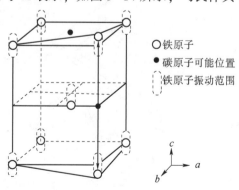

○铁原子
●碳原子可能位置
铁原子振动范围

图 5-14 马氏体晶格示意图

板条状马氏体逐渐减少，而片状马氏体逐渐增多。当奥氏体 $w_C > 1.0\%$ 时，淬火组织中马氏体形态几乎完全是片状的；当奥氏体 $w_C < 0.3\%$ 时，淬火组织中马氏体形态几乎完全是板条状的；当奥氏体 $w_C = 0.3\% \sim 1.0\%$ 时，淬火组织中马氏体的形态既有板条状，也有片状。

共析钢在正常温度下淬火，马氏体组织是非常细小的，不易看清，称为隐晶马氏体。为了能看清它的形态，可采用过热淬火形成粗化马氏体组织，如图 5-15 所示。

片状马氏体的立体形态是双凸透镜状，所以也称为透镜片状马氏体。因与试样磨面相截而在显微镜下呈针状或竹叶状，所以又称为针状马氏体或竹叶状马氏体。图 5-16 为粗大片状马氏体组织。

图 5-15　粗化马氏体组织

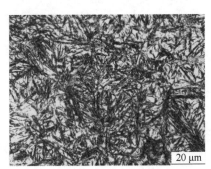

图 5-16　粗大片状马氏体组织

在一个成分均匀的奥氏体晶粒内，冷却至稍低于 M_s 点时，先形成的第一片马氏体将贯穿整个奥氏体晶粒而将晶粒分割为两半，使以后形成的马氏体大小受到限制。因此，片状马氏体大小不一，越是后形成的马氏体片越小，如图 5-17 所示，片的大小几乎完全取决于奥氏体的晶粒大小。用透射电子显微镜观察发现，片状马氏体内的亚结构主要是孪晶，因此又称为孪晶型马氏体。

板条状马氏体是低碳钢、中碳钢形成的一种典型的马氏体组织。板条状马氏体组织如图 5-18 所示，因其显微组织由许多成群的板条组成而得名。这种马氏体是由若干个板条群组成的，每个板条群由若干个尺寸大致相同的板条组成。这些板条呈大致平行且方向一定的排列，板条群之间具有较大的位向差。用透射电子显微镜观察发现，板条马氏体内的亚结构主要是高密度的位错，因而又称为位错马氏体。

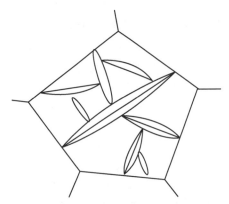

图 5-17　片状马氏体显微组织示意图

图 5-18　板条状马氏体组织

3. 马氏体的力学性能

钢中马氏体最主要的力学性能特征是高硬度、高强度，其硬度与含碳量有密切的关系。如图 5-19 所示，随着马氏体含碳量的增大，其硬度也随之增大，尤其在含碳量较低的情况下，硬度增大比较明显，但当 $w_C>0.6\%$ 后硬度增加趋于平缓。通常合金元素的存在对钢中马氏体硬度的影响不大。含碳量对马氏体硬度的影响，主要是由过饱和碳原子与马氏体中的晶体缺陷交互作用引起的固溶强化所造成的。板条状马氏体中的位错和片状马氏体中的孪晶，均能引起强化，尤其是孪晶对片状马氏体硬度和强度做出的贡献更为明显。

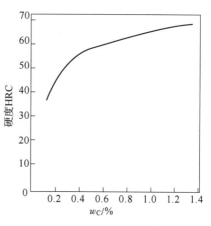

图 5-19　含碳量对马氏体硬度的影响

由于淬火钢中有内应力和内部缺陷存在，同时很难得到 100% 纯粹的马氏体，故对马氏体强度数据的测定很不完整，一般可根据硬度大致地估计。试验表明，细化奥氏体晶粒对提高马氏体的强度作用不大，只有一些特殊热处理如高温形变热处理或超细化热处理，才能明显提高马氏体的强度。

高碳片状马氏体的韧性和塑性均很差，脆性很大，其主要原因是：碳在马氏体中过饱和程度大，其正方度 c/a 远大于 1，正方畸变严重，残余应力大；片状马氏体内的亚结构主要是孪晶。低碳板条状马氏体的韧性和塑性相当好，其主要原因是：碳在马氏体中过饱和程度小，其正方度 $c/a\approx1$，正方畸变轻微，残余应力小；板条状马氏体内的亚结构主要是位错。

近年来，利用中温变形热处理可细化马氏体组织，增加马氏体中位错密度，促使碳化物沿位错沉淀析出，降低奥氏体含碳量，减少孪晶马氏体相对量，从而提高淬火钢的强韧性。

4. 马氏体转变的特点

奥氏体向马氏体转变与奥氏体向珠光体和贝氏体转变有着根本的区别。马氏体转变是非扩散性的，因为这种转变是以极快的冷却速度、在极大的过冷度下发生的，此时奥氏体中的碳原子已无扩散的可能，所以奥氏体将直接转变成一种含碳过饱和的 α 固溶体，即马氏体组织。

奥氏体向马氏体的转变是在 M_s 点温度开始的，随着温度的降低，马氏体的数量不断增多，直至冷却至 M_f 点温度，将获得最多的马氏体量，之后再降低温度也不再有马氏体形成。马氏体转变的主要特点如下。

1）无扩散性

马氏体转变是无扩散性转变，这是由于这种转变的过冷度极大，这种条件下，铁原子和碳原子的扩散都极困难，因而转变过程中没有成分变化，马氏体中的含碳量与原来奥氏体中的含碳量相同，由于其中含碳量的过饱和，因而使 α-Fe 的体心立方晶格被歪曲成体心正方晶格，其晶格的正方度（c/a）随马氏体中含碳量的增加而线性增大。对于 $w_C<0.25\%$ 的钢，其马氏体晶格仍为体心立方，有立方马氏体之称，这主要是由于含碳量较低时，碳原子优先沿晶体缺陷如位错、空位处偏聚，使晶格不产生明显畸变。一般认为 $w_C>0.25\%$ 的钢，其马氏体晶格都具有正方度，即 $c/a>1$，称为正方马氏体。

2）切变共格性

由于原子不能进行扩散，因而晶格的转变以切变的机制进行。在切变过程中，由面心立方的奥氏体转变为体心正方的马氏体。切变不仅使晶格改变，还使切变部分的形状和体积发生变化，引起相邻奥氏体随之变形，如图5-20所示。

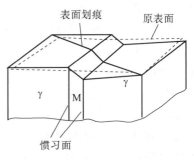

图5-20 马氏体切变转变示意图

3）不断降温的条件下形成

马氏体的转变量随温度的下降而不断增加，冷却中断，转变便很快停止。发生马氏体转变的开始温度用M_s表示，而马氏体转变的终了温度用M_f表示。马氏体转变没有孕育期，只要温度达到M_s点，立即发生马氏体转变。

4）高速长大

马氏体形成速度极快，瞬间形核，高速长大。由于马氏体形成速度极快，一片马氏体形成时，可能因撞击作用而使已形成的马氏体产生微裂纹。

5）不完全性

即使冷却到M_f点，也不可能获得100%的马氏体，总有部分奥氏体未能转变而残留下来，称为残余奥氏体，用A'表示。

马氏体转变区别于其他转变的最基本特点只有两个：一是马氏体转变以切变共格的方式进行；二是转变的无扩散性。所有其他特点均可由这两个基本特点派生出来。有时，在其他类型转变中，也会看到个别特点与马氏体转变特点类似，如在贝氏体转变中也会观察到表面浮凸现象，但这并不能说明它们也是马氏体转变。

M_s、M_f点的温度与冷却速度无关，主要取决于奥氏体中的含碳量及合金元素含量。图5-21表示了含碳量对马氏体转变温度的影响。淬火后，残余奥氏体量随含碳量的增加而增加，如图5-22所示。

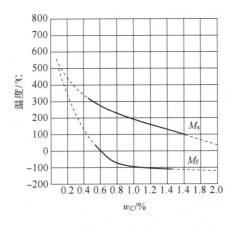

图5-21 含碳量对马氏体转变温度的影响

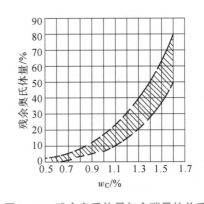

图5-22 残余奥氏体量与含碳量的关系

由图5-21可见，当奥氏体中含碳量增加至0.5%以上时，M_f点便下降至室温以下，含碳量越高，马氏体转变温度下降越大，则残余奥氏体量也就越多。由图可知，共析钢的M_f点约为-50℃，当淬火至室温时，其组织中含有体积分数为3%~6%的残余奥氏体。

综上所述，过冷奥氏体转变类型及主要特征如表 5-1 所示。

表 5-1 珠光体、贝氏体、马氏体类型组织转变的主要特征

转变类型 / 主要特征	珠光体类型组织转变	贝氏体类型组织转变	马氏体类型组织转变
转变温度范围	$A_1 \sim 550\ ℃$	$550\ ℃ \sim M_s$	$M_s \sim M_f$
扩散性	铁原子和碳原子扩散	碳原子扩散 铁原子不扩散	无扩散
组成相	两相组织 $A \longrightarrow F + Fe_3C$	两相组织 $A \longrightarrow \alpha\text{-Fe(C)} + Fe_3C$ （350 ℃ 以上） $A \longrightarrow \alpha\text{-Fe(C)} + Fe_xC$ （350 ℃ 以下）	单相组织 $A \longrightarrow \alpha\text{-Fe(C)}$
合金元素的分布	合金元素扩散 重新分布	合金元素不扩散	合金元素不扩散
转变的完全性	转变可在恒温下 进行到底	转变可在恒温下充分进行，转变的完全程度与转变温度有关，温度越低，转变越不充分，有残余奥氏体存在	主要在连续冷却过程中进行，转变具有不完全性

5.4 过冷奥氏体转变曲线图

如前所述，过冷奥氏体的转变产物，取决于过冷奥氏体发生转变时的温度，而转变温度又与冷却方式和冷却速度有关。热处理通常有两种冷却方式，即等温冷却和连续冷却。为了估计过冷奥氏体的转变量与时间的关系，必须了解过冷奥氏体等温转变曲线和连续冷却转变曲线。

5.4.1 过冷奥氏体等温转变曲线图

过冷奥氏体等温转变曲线，因为曲线的形状像字母 C 而被称为过冷奥氏体等温转变 C 曲线，简称 C 曲线；因为它综合了温度、时间、转变的变化，也称为 TTT 曲线。图 5-23 为共析钢的 C 曲线。

图 5-23 中，A_1 是奥氏体与珠光体平衡共存的温度；转变开始线左方是过冷奥氏体区，转变终了线右方是转变结束区（珠光体或贝氏体），两条线之间是转变过渡区（奥氏体+珠光体或奥氏体+贝氏体）；水平线 M_s 为马氏体转变或形成的开始温度，其下为马氏体转变区，而水平线 M_f 为马氏体转变或形成的终了温度。

由图可见，过冷奥氏体在不同温度等温分解或转变时都有一个孕育期。孕育期随等温温

度的改变而改变。

此图可以划分为珠光体转变、贝氏体转变和马氏体转变三个区域。下面以共析钢过冷奥氏体等温转变曲线图为例进行分析。

1. 共析钢 C 曲线的建立

测定等温转变曲线图，可以采用金相法、膨胀法、磁性法、电阻法和热分析法等。所有这些方法都是利用过冷奥氏体转变产物的组织形态或物理性能发生变化进行测定的。图 5-24（a）表示用磁性法测定的在不同过冷度下奥氏体等温转变动力学曲线。图中转变温度 $T_1 > T_2 > T_3 > T_4 > T_5 > T_6$。由曲线可以看出，开始时转变速度随转变温度的降低而逐渐增大，但当转变温度低于 T_4 以后，转变速度又逐渐减小。若将曲线的转变开始时间（图中的各 a 点）和终了时间（图中的各 b 点），标记到一个以转变温度-时间为坐标的图上，连接各转变开始点（a 点）和终了点（b 点），便可得到如图 5-24（b）所示曲线，即 C 曲线。

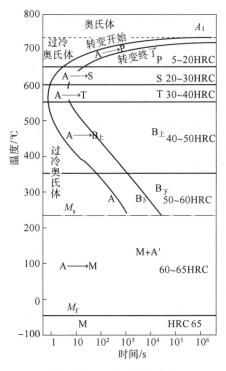

图 5-23　共析钢的 C 曲线

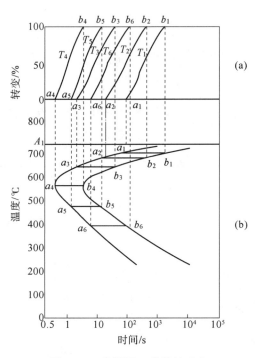

图 5-24　共析钢 C 曲线的建立
（a）用磁性法测定的在不同过冷度下奥氏体等温转变动力学曲线；（b）C 曲线的建立

2. C 曲线的分析

（1）转变开始线与纵坐标轴之间的距离称为孕育期。孕育期最短处，过冷奥氏体最不稳定，转变最快，这里被称为 C 曲线的"鼻尖"。对于碳钢来说，"鼻尖"处的温度一般为 550 ℃。

过冷奥氏体的稳定性取决于转变的驱动力和扩散两个因素。在"鼻尖"以上，温度越高，过冷度越小，因而驱动力也越小；在"鼻尖"以下，温度越低，原子扩散越困难，两者都使过冷奥氏体的稳定性增加，因而孕育期增长。

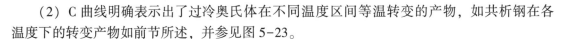

（2）C 曲线明确表示出了过冷奥氏体在不同温度区间等温转变的产物，如共析钢在各温度下的转变产物如前节所述，并参见图 5-23。

3. 影响 C 曲线的因素

C 曲线的形状和位置不仅对奥氏体等温转变速度及转变产物的性质具有十分重要的意义，同时对钢的热处理工艺及淬透性等问题的考虑也有指导性的作用。

影响 C 曲线形状和位置的因素很多，主要有以下几点。

1）含碳量

正常加热条件下，亚共析钢的 C 曲线随含碳量的增加而向右移，过共析钢的 C 曲线则随含碳量的增加而向左移，故在碳钢中以共析钢的过冷奥氏体最为稳定。

与共析钢 C 曲线相比，亚共析钢和过共析钢的 C 曲线上部，还各多一条先共析相的析出线，如图 5-25 所示。因为在过冷奥氏体转变为珠光体之前，亚共析钢中要先析出铁素体，过共析钢中要先析出渗碳体。

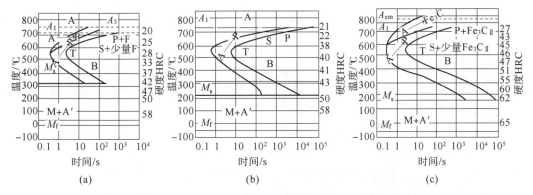

图 5-25　亚共析钢、共析钢、过共析钢的 C 曲线比较

（a）亚共析钢的 C 曲线；（b）共析钢的 C 曲线；（c）过共析钢的 C 曲线

2）合金元素

除钴以外，所有溶于奥氏体的合金元素都增加过冷奥氏体的稳定性，推迟转变及降低转变速度，使 C 曲线右移。碳化物形成元素含量较多时，C 曲线的形状将发生变化，甚至整个 C 曲线在"鼻尖"处分开，形成上下两个 C 曲线。图 5-26 是 Cr 元素对 C 曲线的影响。

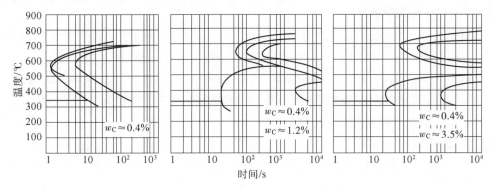

图 5-26　Cr 元素对 C 曲线的影响

但是，应当指出，合金元素只有固溶于奥氏体时才能起上述作用。否则，由于存在未溶

解的碳化物或夹杂物，它们将起到非均匀形核的作用，促使过冷奥氏体转变，导致等温转变曲线向左移。

3）原始组织、加热温度和保温时间

工业用钢在相同加热条件下，原始组织越细，越容易得到较均匀的奥氏体，使等温转变曲线右移，M_s 点降低；当原始组织相同时，提高奥氏体化温度或延长奥氏体化时间，奥氏体的成分趋于均匀化，未溶碳化物数量减少，晶粒长大，晶界面积减少，结果降低了过冷转变的形核率和长大速度，使过冷奥氏体的稳定性增加，导致 C 曲线右移。

应用等温转变曲线图时，要注意测定等温转变曲线图所用钢的成分（包括微量元素）、奥氏体化温度和奥氏体晶粒度等，以及它们与实际问题（如钢的化学成分和热处理工艺规范等）之间的差别。不管条件地应用等温转变曲线图，可能导致错误的结果。

5.4.2 过冷奥氏体连续冷却转变曲线图

等温转变曲线图反映的是过冷奥氏体等温转变的规律，可以直接用来指导等温热处理工艺的制订。但是，实际热处理常常是在连续冷却条件下进行的，如普通淬火、正火、退火等。虽然可以利用等温转变曲线图来分析连续冷却时过冷奥氏体的转变过程，但是这种分析只能是粗略的估计，有时甚至可能得出错误的结果。因此，在连续冷却条件下进行的转变，需要测定和利用过冷奥氏体连续冷却转变曲线（又称 CCT 曲线）。

1. 过冷奥氏体连续冷却转变曲线的建立

通常用膨胀法、金相法和热分析法测定过冷奥氏体的连续冷却转变曲线。利用快速膨胀仪可将试样真空感应加热到奥氏体状态，程序控制冷却速度，并能方便地从不同冷却速度的膨胀曲线上确定转变开始点（转变量为 1%）、转变终了点（转变量为 99%）所对应的温度和时间，将试验测得的数据标在温度-时间对数坐标中，连接相同意义的点便得到过冷奥氏体连续冷却转变曲线。图 5-27 为用膨胀法测得的共析钢 CCT 曲线与 TTT 曲线比较。图中 v_k'、v_k、v_1、v_2 是不同的冷却速度。

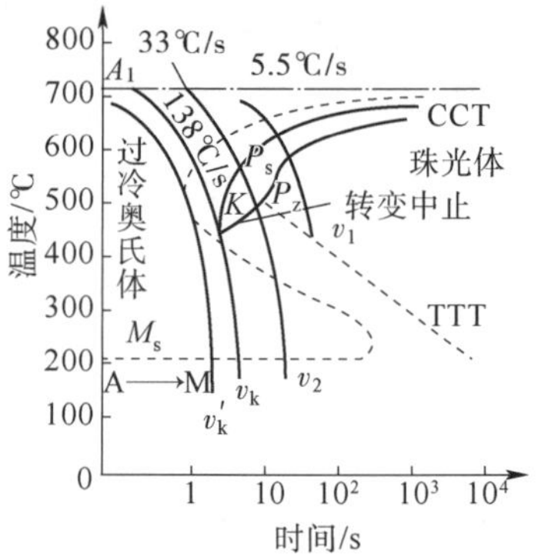

2. 连续冷却转变曲线分析

图 5-27 用膨胀法测得的共析钢
CCT 曲线与 TTT 曲线比较

共析钢 CCT 曲线最为简单，只有珠光体转变区和马氏体转变区，说明共析钢连续冷却时没有贝氏体形成。CCT 曲线位于 TTT 曲线的右下方。P_s、P_z 线分别为 CCT 曲线上 A $\longrightarrow$ P 转变的开始线和终了线，K 线表示 CCT 图上 A $\longrightarrow$ P 转变中止线。凡冷却曲线碰到 K 线，过冷奥氏体就不再发生珠光体转变，而一直保持到 M_s 点以下才转变为马氏体。过冷奥氏体连续冷却速度不同，发生的转变及室温组织也不同。当以很慢冷却速度（如 v_1）冷却时，发生转变的温度较高，转变开始和转变终了的时间很长，得到的全部是珠光体，但珠光体片间距的大小不均匀；冷却却速度为 v_2 时，当冷却至珠光体转变开始线时，开始发生珠光体转变，但冷却至过冷奥氏体转变中止线，则中止珠光体转变，继续冷却至 M_s 点以下，未转变的奥氏体转变为马氏体，室温组织为马氏体+珠光体；如果冷却速度大于 v_k，奥氏体过冷至 M_s 点以下发生马氏体转变，最终得到马氏体+残余奥氏体组织。v_k 称为 CCT 曲线上的临界淬火冷却速度，它表示过冷奥氏体在连续冷却过程中不发生分解，而获得全部马氏体组织的最小冷却速度。v_k 越小，钢在淬火时越容易获得马氏体组织，即钢接受淬火能力越大。v'_k 为 TTT 曲线上的临界淬火冷却速度，相比之下 $v'_k > v_k$。可以推断，在连续冷却时用 v'_k 作为临界淬火冷却速度去研究钢的接受淬火能力大小是不合适的。

3. 连续冷却转变曲线应用举例

钢的热处理多数是在连续冷却条件下进行的，因此连续冷却转变曲线对热处理生产具有直接指导作用。

1）CCT 曲线上可以获得真实的钢的临界淬火冷却速度

钢的临界淬火冷却速度 v_k 可直接从 CCT 曲线图上获得，它与 CCT 曲线的形状和位置有关。若某钢 CCT 曲线中珠光体转变孕育期较短，而贝氏体转变孕育期较长，那么该钢 v_k 可用与 CCT 曲线中珠光体开始转变线相切的冷却曲线对应的冷却速度表示；反之，对于珠光体转变孕育期比贝氏体长的钢，其 v_k 可用与 CCT 曲线贝氏体开始转变线相切的冷却曲线对应的冷却速度表示。对于亚共析钢、低合金钢及过共析钢，v_k 则取决于抑制先共析铁素体或先共析碳化物的临界冷却速度。

v_k 表示钢接受淬火的能力，也表示钢淬火时获得马氏体的难易程度。它是研究钢的淬透性、合理选择钢材和制订正确的热处理工艺的重要依据之一。例如，钢淬火时的冷却速度必须大于钢的 v_k，而铸、锻、焊后的冷却希望得到珠光体类型组织，则其冷却速度必须小于与 CCT 曲线珠光体转变终了线相切的冷却曲线所表示的冷却速度。

2）CCT 曲线是制定钢正确的冷却规范的依据

由于钢的 CCT 曲线给出了不同冷却速度下得到的组织、性能及钢的 v_k，那么根据钢件的材质、尺寸、形状及组织性能要求，查出相应钢的 CCT 曲线，即可选择适当的冷却速度和淬火介质来满足组织性能的要求。通常选择以最小冷却速度淬火而获得马氏体为原则。例如，某钢 CCT 曲线中，过冷奥氏体的最短孕育期为 1~2 s，那么相应尺寸的钢在油中冷却不能淬硬；若最短孕育期为 5~10 s，则可进行油淬；若最短孕育期为 100 s，则空冷也可以淬硬。

3）根据 CCT 曲线可以估计淬火以后钢件的组织和性能

由于 CCT 曲线精确反映了钢在不同冷却速度下所经历的各种转变、转变温度、转变时间以及转变产物的组织和性能，因此，根据 CCT 曲线可以预计钢件表面或内部某点在某一具体热处理条件下的组织和硬度。只要知道钢件截面上各点的冷却曲线和该钢的 CCT 曲线，就可以判断钢件沿截面的组织和硬度分布。而不同直径碳钢及低合金钢棒料在水、油、空气等介质中的冷却曲线已用试验方法测定出来，根据这些资料可以确定不同直径钢件在水、油和空气中冷却时截面上各点的冷却曲线。

5.5　钢的退火和正火

5.5.1　退火和正火的定义、目的和分类

将组织偏离平衡状态的金属和合金加热到适当的温度，保持一定时间，然后缓慢冷却以达到接近平衡状态组织的热处理工艺称为退火。

钢的退火一般是将钢材或钢件加热到临界温度以上适当温度，保温适当时间后缓慢冷却，以获得接近平衡的珠光体类型组织的热处理工艺。

钢的正火也是将钢材或钢件加热到临界温度以上适当温度，保温适当时间后以较快冷却速度冷却（通常为空冷），以获得珠光体类型组织的热处理工艺。

退火和正火是应用非常广泛的热处理工艺。在机器零件或工模具等工件的加工制造过程中，退火和正火经常作为预先热处理工序，安排在铸造或锻造之后、切削（粗）加工之前，用以消除前一工序带来的某些缺陷，为随后的工序做组织准备。例如，在铸造或锻造等热加工以后，钢件中不但存在残余应力，而且组织粗大不均匀，成分也有偏析，这样的钢件，力学性能低劣，淬火时也容易造成变形和开裂。经过适当的退火或正火处理，可使钢件组织细化，成分均匀，应力消除，从而改善钢件的力学性能，并为随后淬火做准备。又如，在铸造或锻造等热加工以后，钢件硬度经常偏高或偏低，而且不均匀，严重影响切削加工。经过适当退火或正火处理，可使钢件硬度提高，而且比较均匀，从而改善钢件的切削加工性能。

退火和正火除经常作为预先热处理工序外，在一些普通铸钢件、焊接件及某些不重要的热加工工件上还作为最终热处理工序。

综上所述，退火和正火的主要目的大致可归纳为如下 4 点：

（1）调整钢件硬度，以便进行切削加工；

（2）消除残余应力，以防钢件的变形、开裂；

（3）细化晶粒，改善组织，以提高钢的力学性能；

（4）为最终热处理（淬火、回火）做组织准备。

钢件退火工艺种类很多，按加热温度可分为两大类：一类是在临界温度（Ac_1 或 Ac_3）以上的退火，又称重结晶退火，包括均匀化退火、完全退火、不完全退火和球化退火等；另一类是在临界温度以下的退火，包括软化退火、再结晶退火及去应力退火等。图 5-28 给出了各种退火与 Fe-Fe₃C 相图的关系。

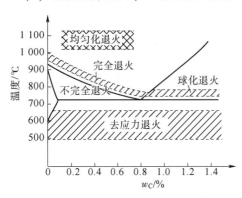

图 5-28　各种退火与 Fe-Fe₃C 相图的关系

5.5.2　退火和正火操作及其应用

1. 退火的操作及应用

1）均匀化退火

均匀化退火又称扩散退火。将金属铸锭、铸件或锻坯，在略低于固相线的温度下长期加热，消除或减少化学成分偏析及显微组织（枝晶）的不均匀性，以达到均匀化目的的热处理工艺称为均匀化退火。

铸件凝固时要发生偏析，造成成分和组织的不均匀性。如果是钢锭，这种不均匀性则在轧制成钢材时，将沿着轧制方向拉长而呈方向性，最常见的如带状组织。低碳钢中所出现的带状组织，其特点为有的区域铁素体多，有的区域珠光体多，这两种区域并排地沿着轧制方向排列，产生带状组织的原因是锻锭中锰等影响过冷奥氏体稳定性的合金元素产生了偏析。

由于这种成分和结构的不均匀性，需要长程均匀化才能消除，因而过程进行得很慢，消耗大量的能量，且生产效率低，只有在必要时才使用。因此，均匀化退火多用于优质合金钢及偏析现象较为严重的合金。均匀化退火在铸锭开坯或铸造后进行比较有效，因为此时铸态组织已被破坏，元素均匀化的障碍大为减少。

钢件均匀化退火的加热温度通常选择在 Ac_3 或 Ac_{cm} 以上 150~300 ℃，因钢种和偏析程度而异。碳钢一般为 1 100~1 200 ℃，合金钢一般为 1 200~1 300 ℃。均匀化退火时间一般为 10~15 h。

2）完全退火和等温退火

完全退火又称重结晶退火，一般简称为退火。这种退火主要用于亚共析钢和合金钢的铸、锻件及热轧型材，有时也用于焊接结构，一般作为不重要工件的最终热处理或某些重要件的预先热处理。

完全退火操作是将亚共析钢工件加热到 Ac_3 以上 30~50 ℃，保温一定时间后，随炉缓慢冷却至 500 ℃ 以下，然后在空气中冷却。

完全退火全过程所需时间较长，特别是对于某些奥氏体比较稳定的合金钢，往往需要数十小时，甚至数天的时间。如果在对应于钢的 TTT 曲线上的珠光体形成温度进行过冷奥氏体的等温转变处理，就有可能在等温处理的后期稍快地进行冷却，这样可以大大缩短整个退火过程。这种退火方法叫等温退火。

图 5-29 所示为高速钢的完全退火与等温退火的比较，完全退火需要 15~20 h 以上，而等温退火所需时间则缩短很多。

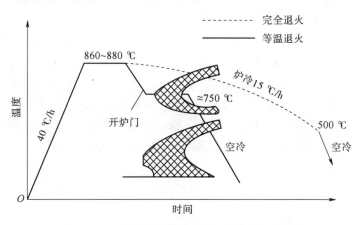

图 5-29　高速钢的完全退火与等温退火的比较

3）不完全退火

将钢件加热至 Ac_1~Ac_3（或 Ac_{cm}），经保温并缓慢冷却，以获得接近平衡组织的热处理工艺称为不完全退火。

亚共析钢中，退火前的组织状态已基本上达到要求，但由于珠光体的片间距较小，硬度偏高，内应力也较大，希望对此能有所改善时才进行不完全退火。这种退火实际上只是使珠光体部分再进行一次重结晶，基本上不改变先共析铁素体原来的形态及分布。退火后珠光体的片间距有所增大，硬度有所降低，内应力也有所降低。

由于不完全退火所采用的温度较完全退火低，时间也短，如果没必要通过完全重结晶去改变铁素体和珠光体的分布及晶粒度（如出现魏氏组织等），则总是采用不完全退火来代替完全退火。过共析钢的球化退火实质上是一种不完全退火。

4）球化退火

球化退火是使钢中碳化物球化，获得球状珠光体的一种热处理工艺，主要用于共析钢、过共析钢和合金工具钢。其目的是降低硬度、均匀组织、改善切削加工性，并为淬火做组织准备。

过共析钢若为片状珠光体和网状渗碳体，不仅硬度高，难以进行切削加工，而且，增大钢的脆性，容易产生淬火变形及开裂。为此钢热加工后必须加一道球化退火工艺，使网状二次渗碳体和片状珠光体中的片状渗碳体发生球化，得到球状珠光体。得到球状珠光体的关键在于奥氏体要保留大量未溶碳化物粒子，并造成奥氏体中含碳量分布的不均匀性。为此，球化退火加热温度一般在 Ac_1 以上 20~30 ℃不高的温度下，保温时间亦不能太长，一般以 2~4 h为宜。冷却方式通常采用炉冷，或在 Ar_1 以下 20 ℃左右进行较长时间等温，这样可使未溶碳化物粒子和局部高碳区形成碳化物核心，并局部聚集球化，得到球状珠光体组织。

如果加热温度过高（高于 Ac_{cm}）或保温时间过长，则大部分碳化物均已溶解，并形成均匀的奥氏体，在随后缓慢冷却中奥氏体易转变为片状珠光体，球化效果就很差。

冷却速度和等温温度也会影响碳化物获得球化效果，冷却速度快或等温温度低，珠光体在较低温度下形成，碳化物颗粒太细，弥散度大，聚集作用小，容易形成片状碳化物，从而使硬度偏高；若冷却速度过慢或等温温度过高，则形成碳化物颗粒较粗大，聚集作用也很强烈，易形成粗细不等的球状碳化物，使硬度偏低。故一般球化退火采用炉冷或采用 Ar_1 以下较高温度等温。图 5-30 是碳素工具钢的几种球化退火工艺。图 5-30（a）的工艺特点是将钢在 Ac_1 以上 20~30 ℃保温后以极缓慢速度冷却，以保证碳化物充分球化，冷却至 600 ℃时出炉空冷。这种一次加热球化退火工艺要求退火前的原始组织为细片状珠光体，不允许有网状渗碳体存在，因此在退火前要进行正火，以消除网状渗碳体。目前生产上应用较多的是等温球化退火工艺［见图 5-30（b）］，即将钢加热至 Ac_1 以上 20~30 ℃，保温 4 h后，再快冷至 Ar_1 以下 20 ℃左右等温 3~6 h，以使碳化物达到充分球化效果。为了加速球化过程，提高球化质量，可采用往复球化退火工艺［见图 5-30（c）］，即将钢加热至略高于 Ac_1 点的温度，然后又冷至略低于 Ar_1 温度保温，并反复加热和冷却多次，最后空冷至室温，以获得更好的球化效果。

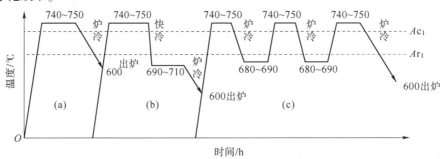

图 5-30　碳素工具钢（T7~T10）的几种球化退火工艺

5）去应力退火

将钢件加热至 Ac_1 以下某一温度，保温后缓冷，以去除形变加工、锻造、焊接等引起的及铸件内存在的残余应力而进行的退火，称为去应力退火。由于材料成分、加工方法、内应力大小及分布的不同，以及去除程度的不同，去应力退火的加热温度范围很宽，应根据具体情况决定。例如，低碳钢热锻后，如硬度不高，适合切削加工，可不进行正火，而在 500 ℃ 左右进行去应力退火；中碳钢为避免调质时的淬火变形，需在切削加工或最终热处理前进行 500~650 ℃ 的去应力退火；对切削量大，形状很复杂而要求严格的刀具、模具等，在粗加工及精加工之间，淬火之前常进行 600~700 ℃、2~4 h 的去应力退火；对经索氏体化处理的弹簧钢丝，在盘制成弹簧后，虽不经淬火和回火处理，但应进行去应力退火，以防止制成成品后因应力状态的改变而产生变形，常用温度一般在 250~350 ℃，此时还可产生时效作用，使强度有所提高。去应力退火后，均应缓慢冷却，以免产生新的应力。

2. 正火的操作及应用

正火是将钢加热到 Ac_3（或 Ac_{cm}）以上适当温度，保温以后在空气中冷却得到珠光体类型组织的热处理工艺。与完全退火相比，二者的加热温度基本相同，但正火冷却速度较快，转变温度较低，因此，相同钢材正火后获得的珠光体组织较细，钢的强度、硬度也较高。

正火过程的实质是完全奥氏体化加伪共析转变。当钢中 $w_C = 0.6\% \sim 1.4\%$ 时，正火组织中不出现先共析相，只有伪共析珠光体或索氏体；$w_C < 0.6\%$ 的钢，正火后除了伪共析体外，还有少量铁素体。

正火可以作为预先热处理，为机械加工提供适宜的硬度，以能细化晶粒、消除应力、消除魏氏组织和带状组织，为最终热处理提供合适的组织状态；正火还可作为最终热处理，为某些受力较小、性能要求不高的碳钢结构零件提供合适的力学性能；正火还能消除过共析钢的网状碳化物，为球化退火做好组织准备。对于大型工件、形状复杂或截面变化剧烈的工件，用正火代替淬火和回火可以防止变形和开裂。

正火处理的加热温度通常在 Ac_3 或 Ac_{cm} 以上 30~50 ℃，高于一般退火的温度。对于含有 V、Ti、Nb 等碳化物形成元素的合金钢，可采用更高的加热温度，即为 Ac_3 以上 100~150 ℃。为了消除过共析钢的网状碳化物，可适当提高加热温度，让碳化物充分溶解。

正火工艺是较简单、经济的热处理方法，主要应用于以下 4 个方面。

1）改善钢的切削加工性能

$w_C < 0.25\%$ 的碳钢和低合金钢，退火后硬度较低，切削加工时易"粘刀"，通过正火处理，可以减少自由铁素体，获得细片状珠光体，使硬度提高，可以改善钢的切削加工性能，提高刀具的寿命和降低工件的表面粗糙度。

2）消除热加工缺陷

中碳钢铸件、锻件、轧件及焊接件在热加工后易出现魏氏组织、粗大晶粒等过热缺陷和带状组织，通过正火处理可以消除这些缺陷组织，达到细化晶粒、均匀组织、消除内应力的目的。

3）消除网状碳化物以便于球化退火

过共析钢在淬火之前要进行球化退火，以利于机械加工并为淬火做好组织准备。但当过共析钢中存在严重网状碳化物时，将达不到良好的球化效果，通过正火处理可以消除网状碳化物。为此，正火加热时要保证碳化物全部溶入奥氏体中，要采用较快的冷却速度抑制二次碳化物的析出，获得伪共析组织。

4）提高普通结构零件的力学性能

一些受力不大、性能要求不高的中碳钢和中碳合金钢零件采用正火处理，获得索氏体组织，能达到一定的综合力学性能，可以代替调质处理，作为零件的最终热处理工艺。

3. 退火和正火后钢的组织性能

退火和正火所得到的均是珠光体类型组织，或者说是铁素体和渗碳体的机械混合物，但是正火与退火比较，正火的珠光体是在较大的过冷度下得到的，因而对亚共析钢来说，析出的先共析铁素体较少，珠光体数量较多（伪共析），珠光体片间距较小。此外，由于正火转变温度较低，珠光体成核率较大，因而珠光体团的尺寸较小。对过共析钢来说，若与完全退火相比，正火不仅使珠光体的片间距及团直径较小，而且可以抑制先共析网状渗碳体的析出，而完全退火则有网状渗碳体存在。

由于退火（主要指完全退火）与正火使钢在组织上有上述差异，因而其在性能上也不同，对于亚共析钢，若以 40Cr 钢为例，其正火与退火后的力学性能如表 5-2 所示。由表可见，正火与退火相比，正火的强度与韧性较高，塑性相仿。对于过共析钢，完全退火后因有网状渗碳体存在，其强度、硬度、韧性均低于正火，只有球化退火后，因其所得组织为球状珠光体，故其综合性能优于正火。

表 5-2 40Cr 钢正火与退火后的力学性能

状态	力学性能			
	R_m/MPa	A/%	Z/%	K/J
退火	643	21	53.5	43.9
正火	739	20.9	76	61.2

生产上对退火、正火工艺的选用，应该根据钢种，前后连接的冷热加工工艺，以及最终零件使用条件等来进行。根据钢中含碳量不同，一般按以下原则选择。

（1）对 $w_C < 0.25\%$ 的钢，在没有其他热处理工序时，可用正火来提高强度。对渗碳钢，用正火消除锻造缺陷及提高切削加工性能。但对 $w_C < 0.2\%$ 的钢，如前所述，应采用高温正火。对这类钢，只有形状复杂的大型铸件，才用退火消除铸造应力。

（2）对 $w_C = 0.25\% \sim 0.5\%$ 的钢，一般采用正火。其中 $w_C = 0.25\% \sim 0.35\%$ 钢，正火后其硬度接近于最佳切削加工硬度。对含碳量较高的钢，硬度虽稍高，但由于正火生产率高，成本低，仍采用正火。只有对合金元素含量较高的钢才采用完全退火。

（3）对 $w_C = 0.50\% \sim 0.75\%$ 的钢，一般采用完全退火。因为含碳量较高，正火后硬度太高，不利于切削加工，而完全退火后的硬度正好适合切削加工。此外，该类钢多在淬火、回火状态下使用，因此一般工序安排是以完全退火降低硬度，然后进行切削加工，最终进行淬火、回火。

（4）对 $w_C = 0.75\% \sim 1.0\%$ 的钢，有的用来制造弹簧，有的用来制造刀具，前者采用完全退火，后者采用球化退火的预先热处理工艺。

（5）对 $w_C > 1.0\%$ 的钢，常用于制造工具，采用球化退火的预先热处理工艺。

4. 退火、正火常见缺陷

退火和正火由于加热或冷却不当，会出现一些与预期目的相反的组织，造成缺陷，常见缺陷如下。

（1）过烧：加热温度过高，出现晶界氧化，甚至晶界局部熔化，造成工件的报废。

（2）黑脆：碳素工具钢或低合金工具钢在退火后，有时发现硬度虽然很低，但脆性却很大，一折即断，断口呈灰黑色，所以叫"黑脆"。主要原因是退火温度过高，保温时间过长，冷却缓慢，使部分渗碳体转变成石墨。

（3）网状组织：网状组织主要是由加热温度过高、冷却速度过慢所引起的。因为网状铁素体或渗碳体会降低钢的力学性能，特别是网状渗碳体，在后续淬火加热时难以消除，所以必须严格控制。网状组织一般采用重新正火的办法来消除。

（4）球化不均匀：图 5-31 为 T10 钢球化退火后所得的碳化物球化不均匀组织，二次渗碳体呈粗大块状分布，形成原因为球化退火前没有消除网状渗碳体，其在球化退火时集聚而成。消除办法是进行正火和重新球化退火。

（5）硬度过高：中碳钢和高碳钢退火的重要目的之一是降低硬度，便于切削加工，因而对退火后的硬度有一定要求。但是如果退火时加热温度过高，冷却速度较快，特别是合金元素含量较高、过冷奥氏体稳

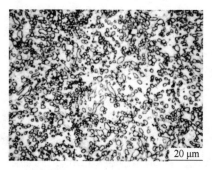

图 5-31　T10 钢球化不均匀组织

定的钢，就会出现索氏体、托氏体甚至马氏体，因而硬度过高。如出现硬度过高，则应重新进行退火。

5.6　钢的淬火

钢的淬火与回火是热处理工艺中最重要、用途最广泛的工序。淬火可以显著提高钢的强度和硬度。为了消除淬火钢的残余内应力，得到不同强度、硬度和韧性配合的性能，需要配以不同温度的回火，所以淬火和回火又是不可分割、紧密衔接在一起的两种热处理工艺。淬火、回火作为各种机器零件及工具、模具的最终热处理是赋予钢件最终性能的关键性工序，也是钢件热处理强化的重要手段之一。

5.6.1　淬火的定义和目的

把钢加热到临界点 Ac_1 或 Ac_3 以上，保温并随之以大于临界淬水冷却速度（v_k）冷却，以得到介稳状态的马氏体或下贝氏体组织的热处理工艺方法称为淬火。

淬火的目的一般有以下 3 种：

（1）提高工具、渗碳工件和其他高强度耐磨机器零件等的强度、硬度和耐磨性；

（2）结构钢通过淬火和回火之后获得良好的综合力学性能；

（3）此外，还有很少数的一部分工件是为了改善钢的物理和化学性能，如提高磁钢的

磁性，不锈钢淬火以消除第二相，从而改善其耐蚀性。

根据上述淬火的含义，实现淬火过程的必要条件是加热温度必须高于临界点（亚共析钢 Ac_3，共析钢、过共析钢 Ac_1），以获得奥氏体组织，其后的冷却速度必须大于临界淬火冷却速度，而淬火得到的组织是马氏体或下贝氏体，后者是淬火的本质。因此，不能只根据冷却速度的快慢来判别是否是淬火。例如，低碳钢水冷往往只得到珠光体组织，此时就不能称作淬火，只能说是水冷正火；又如，高速钢空冷可得到马氏体组织，则此时就应称为淬火，而不是正火。

关于临界淬火冷却速度的概念在研究连续冷却转变曲线（CCT 曲线）时已经知道，从淬火工艺角度考虑，若允许得到贝氏体组织，则临界淬火冷却速度应指在连续冷动转变曲线中能抑制珠光体类型组织（包括先共析组织）转变的最低冷却速度；如以得到全部马氏体作为淬火定义，则临界淬水冷却速度应为能抑制所有非马氏体转变的最小冷却速度。一般没有特殊说明地，所谓临界淬火冷却速度，均指得到完全马氏体组织的最小冷却速度。

5.6.2　淬火温度的选择

淬火加热温度，主要根据钢的相变点来确定。对亚共析钢，一般选用淬火加热温度为 Ac_3 以上 $30\sim50$ ℃，过共析钢则为 Ac_1 以上 $30\sim50$ ℃。之所以这样确定，是因为对亚共析钢来说，若加热温度低于 Ac_3，则加热状态为奥氏体与铁素体二相组成，淬火冷却后铁素体保存下来，使零件淬火后硬度不均匀，强度和硬度降低。比 Ac_3 点高 $30\sim50$ ℃的目的是使工件心部在规定加热时间内保证达到 Ac_3 点以上的温度，铁素体能完全溶解于奥氏体中，奥氏体成分比较均匀，而奥氏体晶粒又不至于粗大。对过共析钢来说，淬火加热温度在 $Ac_1\sim Ac_{cm}$ 时，加热状态为细小奥氏体晶粒和未溶解碳化物，淬火后得到隐晶马氏体和均匀分布的球状碳化物。这种组织不仅有高的强度和硬度、高耐磨性，而且有较好的韧性。如果淬火加热温度过高，碳化物溶解，奥氏体晶粒长大，淬火后得到片状马氏体（孪晶马氏体），其显微裂纹增加，脆性增大，淬火开裂倾向也增大。由于碳化物的溶解，奥氏体中含碳量增加，淬火后残余奥氏体量增多，钢的硬度和耐磨性降低。高于 Ac_1 点 $30\sim50$ ℃的目的和亚共析钢类似，是为了保证工件内各部分温度均高于 Ac_1。

对合金钢，因为大多数合金元素阻碍奥氏体晶粒长大（Mn、P 除外），所以淬火温度允许比碳钢稍微提高一些，这样可使合金元素充分溶解和均匀化，以便取得较好的淬火效果。

5.6.3　淬火介质

淬火操作的难度较大，这主要是因为淬火要求得到马氏体，淬火的冷却速度就必须大于临界淬火冷却速度，而快速冷却总是不可避免地要造成很大的内应力，其往往会引起钢件的变形和开裂。淬火冷却时，怎样才能既得到马氏体而又减小变形与避免裂纹呢？这是淬火工艺中最主要的一个问题。要解决这个问题，可以从两方面着手：一方面是寻找一种比较理想的淬火介质；另一方面是改进淬火的冷却方法。

根据碳钢的奥氏体等温转变曲线知道，要淬火得到马氏体，其实并不需要在整个冷却过程中都进行快速冷却，关键是在其 C 曲线"鼻尖"附近，即在 650～550 ℃需快速冷却，而从淬火温度到 650 ℃之间及 400 ℃以下，并不需要快速冷却，特别是在即将发生马氏体转变时，尤其不应快速冷却，否则会因内应力作用而容易引起变形和裂纹。因此，钢的理想淬火冷却速度如图 5-32 所示。但是，到目前为止，实际中还没有找到一种淬火介质能符合这一理想淬火冷却速度的要求，也就是说至今还没有一种十分理想的淬火介质。

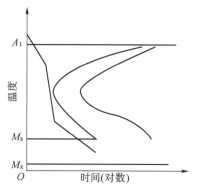

图 5-32　钢的理想淬火冷却速度

淬火时，最常用的淬火介质是水、盐水和油。

水的淬火冷却能力强，但冷却特性不理想，在需要快速冷却的 650～400 ℃，水的冷却速度太慢（<200 ℃/s）；而在马氏体转变区，水的冷却速度又太快，如在 340 ℃其冷却速度可达 770 ℃/s 以上，很容易引起工件的变形与开裂。水的冷却特性受水温的影响变化很大，随水温升高，工件在高温区的冷却速度显著下降，而低温时的冷却速度依然较高。所以，淬火时水温一般不超过 30 ℃。

盐水的淬火冷却能力则更强，尤其在 650～550 ℃具有很强的冷却速度（>600 ℃/s），这对保证工件，特别是碳钢件的淬硬来说是非常有利的。当工件用盐水淬火时，食盐（NaCl）晶体在工件表面的析出和爆裂，不仅能有效地破坏包围在工件表面的蒸气膜，使冷却速度加快，而且能破坏淬火加热时所形成的附在工件表面的氧化铁皮，使它剥落下来，因此用盐水淬火的工件，容易得到高硬度和光洁的表面，不易产生淬不硬的软点，这是水淬火所不及的。可是盐水仍然具有水的缺点，即在 300～200 ℃以下温度，盐水的冷却能力仍然像水那样相当强，这将使工件变形严重，甚至发生开裂。

常用盐水的质量分数为 10%～15%，含量过高不但不能增加冷却能力，反而由于溶液黏度的增加使冷却速度有降低的趋势；但含量过低也会减弱冷却能力，所以水中食盐的含量应经常注意调整。盐水对工件有锈蚀作用，淬火的工件必须仔细进行清洗。盐水比较适用于淬形状简单、硬度要求高而均匀、表面要求光洁、变形要求不严格的碳钢零件，如螺钉、销子、垫圈、盖等。生产上，为了保证碳钢冷冲模具获得较深的淬硬层和较高的硬度，一般用盐水速冷。但为了防止因盐水在 300～200 ℃以下温度的冷却速度过大而可能造成的模具过大变形或裂纹，让模具在盐水中停留一定时间后，应立即转入油中继续冷却，使马氏体相变在冷却能力较弱的油中进行。在盐水中停留的时间一般以 4～6 mm/s 的淬硬速度计算。

淬火用的油几乎全部是矿物油，用得较广泛的是 L-AN15 全损耗系统用油。号数较大的油，黏度过高；号数较小的油则容易着火。油的淬火冷却能力很弱，在 650～550 ℃，假定 18 ℃水的冷却强度为 1，则 50 ℃矿物油的冷却强度只有 0.25；在 300～200 ℃，假定 18 ℃水的冷却强度为 1，则 50 ℃矿物油的冷却强度只有 0.11。因此，在生产上用油作淬火介质只适用于过冷奥氏体的稳定性较大的一些合金钢或小尺寸碳钢工件淬火。

除盐水和矿物油外，还使用碱浴或硝盐浴作为淬火介质。表 5-3 列出了常用碱浴、硝盐浴的成分、熔点及其使用温度。

表 5-3　常用碱浴、硝盐浴的成分、熔点及使用温度

介质	成分（质量分数）	熔点/℃	使用温度/℃
碱浴	80%KOH+20%NaOH，另加 3%KNO_3+3%$NaNO_2$+6%H_2O	120	140~180
	85%KOH+15%$NaNO_2$，另加 3%~6%H_2O	130	150~180
硝盐浴	53%KNO_3+40%$NaNO_2$+7%$NaNO_3$，另加 3%H_2O	100	120~200
	55%KNO_3+45%$NaNO_2$，另加 3%~5%H_2O	130	150~200
	55%KNO_3+45%$NaNO_2$	137	155~550
	50%KNO_3+50%$NaNO_2$	145	165~500

实践证明，在高温区域，碱浴的冷却能力都比油强而比水弱，硝盐浴的冷却能力则比油略弱。在低温区域，碱浴和硝盐浴的冷却能力都比油弱。碱浴和硝盐浴的冷却性能既能保证奥氏体向马氏体转变，不发生中途分解，又能大大减少工件的变形和开裂的倾向，因此这类介质广泛应用于截面不大、形状复杂、变形要求严格的碳素工具钢、合金工具钢等工件，作为分级淬火或等温淬火的淬火介质。碱浴虽然冷却能力比硝盐浴强一些，工件淬硬层也比硝盐浴深一些，但因碱浴蒸气有较大的刺激性，劳动条件差，所以在生产中使用得不如硝盐浴广泛。

5.6.4　常用的淬火方法

选择适当的淬火方法同选用淬火介质一样，可以保证在获得所要求的淬火组织和性能条件下，尽量减小淬火应力，减小工件变形和开裂倾向。

1. 单介质淬火法

单介质淬火法是将奥氏体状态的工件放入一种淬火介质中，一直冷却到室温的淬火方法（见图 5-33 曲线 1）。这种淬火方法适用于形状简单的碳钢和合金钢工件。一般来说，对临界淬火冷却速度大的碳钢，尤其是尺寸较大的碳钢工件多采用水淬；而小尺寸碳钢工件及过冷奥氏体较稳定的合金钢工件可采用油淬。

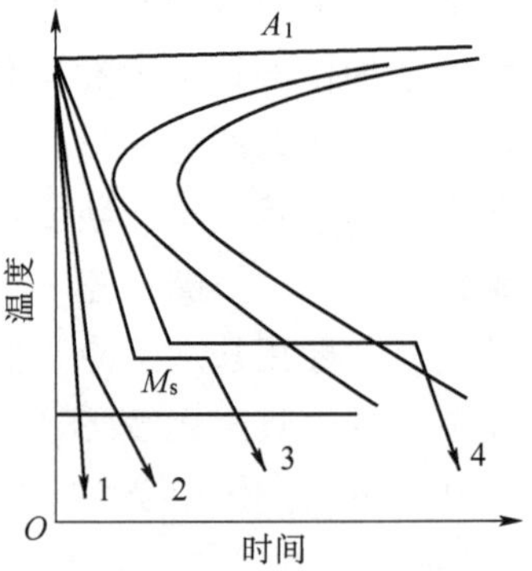

为了减小单介质淬火时的淬火应力，常采用延时淬火法，即将奥氏体化的工件从炉中取出后，先在空气中或预冷炉中冷却一定时间，待工件冷至临界点稍上一点的一定温度后，再放入淬火介质中冷却。延时降低了工件进入淬火介质前的温度，减少了工件与淬火介质间的温差，可以减少热应力和组织应力，从而减小工件变形或开裂倾向，但操作上不易控制延时温度，需要靠经验来掌握。

单介质淬火法的优点是操作简便，但只适用于小尺寸且形状简单的工件，对尺寸较大的工件进行单介质淬火，其容易产生较大的变形或开裂。

2. 双介质淬火法

双介质淬火法是先将奥氏体状态的工件在冷却能力强的淬火介质中，冷却至接近 M_s 点

1—单介质淬火法；2—双介质淬火法；
3—分级淬火法；4—等温淬火法。

**图 5-33　各种淬火方法
冷却曲线示意图**

温度时，再立即转入冷却能力较弱的淬火介质中冷却，直至完成马氏体转变（见图 5-33 曲线 2）。一般用水作为快冷淬火介质，用油作为慢冷淬火介质；有时也可以采用水淬、空冷的方法。这种淬火方法充分利用了水在高温区冷却速度快和油在低温区冷却速度慢的优点，既可以保证工件得到马氏体组织，又可以降低工件在马氏体区的冷却速度，减少组织应力，从而防止工件变形或开裂。尺寸较大的碳钢工件适宜采用这种淬火方法。采用双介质淬火法必须严格控制工件在水中的停留时间，水中停留时间过短会引起奥氏体分解，导致失去双介质淬火的意义。因此，进行双介质淬火要求工人必须有丰富的经验和熟练的技术，通常要根据工件尺寸，凭经验确定。

3. 分级淬火法

分级淬火法是将奥氏体化的工件首先淬入略高于钢的 M_s 点的盐浴或碱浴炉中保温，当工件内外温度均匀后，再从浴炉中取出，空冷至室温，完成马氏体转变（见图 5-33 曲线 3）。这种淬火方法由于工件内外温度均匀并在缓慢冷却条件下完成马氏体转变，不仅减小了淬火热应力（比双介质淬火法小），而且显著降低了组织应力，因而有效地减小或防止了工件淬火变形或开裂，同时还克服了双介质淬火法出水入油时间难以控制的缺点。但这种淬火方法由于淬火介质温度较高，工件在浴炉中冷却速度较慢，而等温时间又有限制，大截面零件难以达到其临界淬火冷却速度。因此，分级淬火法只适用于尺寸较小的工件，如刀具、量具和要求变形很小的精密工件。

如果分级温度取略低于 M_s 点的温度，此时由于温度较低，冷却速度较快，等温以后已有相当一部分奥氏体转变为马氏体，当工件取出空冷时，剩余奥氏体发生马氏体转变，因此这种淬火方法也适用于较大工件的淬火。

4. 等温淬火法

等温淬火法是将奥氏体化的工件淬入 M_s 点以上某温度盐浴中，等温保持足够长时间，使之转变为下贝氏体组织，而后空冷的淬火方法（见图 5-33 曲线 4）。等温淬火法实际上是分级淬火法的进一步发展，所不同的是等温淬火法获得下贝氏体组织。下贝氏体组织的强度、硬度较高而韧性良好，故等温淬火法可显著提高钢的综合力学性能。等温淬火法的加热温度通常比普通淬火高些，目的是提高奥氏体的稳定性和增大其冷却速度，防止等温冷却过程中发生珠光体类型组织转变。等温温度和时间应视工件组织和性能要求，由该钢的 C 曲线确定。等温温度比分级淬火高，减小了工件与淬火介质的温差，从而减小了淬火热应力；又因贝氏体比体积比马氏体小，而且工件内外温度一致，故淬火组织应力也较小。因此，等温淬火法可以显著减小工件变形和开裂倾向，适宜处理形状复杂、尺寸要求精密的工具和重要的机器零件，如模具、刀具、齿轮等。同分级淬火法一样，等温淬火法也只能适用于尺寸较小的工件。

5. 冷处理

为了尽量减少钢中残余奥氏体以获得最大数量的马氏体，可进行冷处理，即把淬冷至室温的钢继续冷却至 $-80 \sim -70$ ℃（也可冷到更低的温度），保持一段时间，使残余奥氏体在继续冷却过程中转变为马氏体，这样可提高钢的硬度和耐磨性，并稳定钢件的尺寸。获得低温的办法是采用干冰（固态 CO_2）和酒精的混合剂或冷冻机冷却，只有特殊的冷处理才置于 -103 ℃的液化乙烯或 -192 ℃的液态氮中进行。采用此法时必须防止产生裂纹，故可考虑先回火一次，然后冷处理，冷处理后再进行回火。

5.6.5 钢的淬透性

1. 淬透性的基本概念

淬透性是指奥氏体化的钢在淬火时获得马氏体的能力，其大小用钢在一定条件下淬火获得的有效淬硬深度表示。一般规定：由钢的表面至内部马氏体组织占50%处的距离为有效淬硬深度。这是因为硬度沿截面的分布曲线上，50%马氏体区域的硬度陡降，如图5-34所示，容易标定有效淬硬深度，同时该硬度范围又恰好是材料从明显的脆性断裂转化为韧性断裂的分界区。

淬硬层越深，就表明钢的淬透性越好。如果有效淬硬深度达到心部，则表明该钢全部淬透。图5-35表明半马氏体组织（马氏体和非马氏体组织各占50%）的硬度与钢中含碳量的关系。

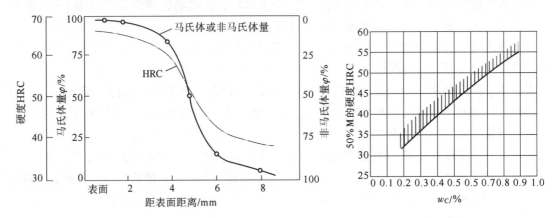

图5-34　淬火后共析钢截面上马氏体量　　　图5-35　半马氏体组织的硬度与钢中含碳量的关系
　　　　　与硬度的关系　　　　　　　　　　　　　（实线是碳钢；阴影线是中、低合金钢）

应当注意以下两对概念的本质区别：一是钢的淬透性与淬硬性的区别；二是淬透性和实际条件下有效淬硬深度的区别。

淬透性表示钢淬火时获得马氏体的能力，它反映钢的过冷奥氏体稳定性，即与钢的临界淬火冷却速度有关。过冷奥氏体越稳定，临界淬火冷却速度越小，钢在一定条件下有效淬硬深度越深，则钢的淬透性越好。淬硬性表示钢淬火时的硬化能力，用淬成马氏体可能得到的最高硬度表示，它主要取决于马氏体中的含碳量。马氏体中含碳量越高，钢的淬硬性越高。显然，淬透性和淬硬性并无必然联系，如高碳工具钢的淬硬性高，但淬透性很低；而低碳合金钢的淬硬性不高，但淬透性却很好。

淬透性与实际条件下有效淬硬深度也不是一回事。淬透性是钢的一种属性，相同奥氏体化温度下的同一钢种，其淬透性是确定不变的，其大小用规定条件下的有效淬硬深度表示；而实际工件的有效淬硬深度是指具体条件下测定的半马氏体区至工件表面的深度，它与钢的淬透性、工件尺寸及淬火介质的冷却能力等许多因素有关。例如，同一钢种在相同介质中淬火，小件比大件的淬硬层深；一定尺寸的同一钢种，水淬比油淬的淬硬层深；工件的体积越小，表面积越小，则冷却速度越快，淬硬层越深。绝不能说，同一钢种水淬比油淬的淬透性好，小件淬比大件淬的淬透性好。淬透性是不随工件形状、尺寸和淬火介质冷却能力而变化的。

2. 淬透性的测定及表示方法

目前测定钢的淬透性最常用的方法是末端淬火法（又称顶端淬火法，简称端淬法）。此法通常用于测定优质碳素结构钢、合金结构钢的淬透性，也可用于测定弹簧钢、轴承钢、部分工模具钢的淬透性。

端淬法的要点如图 5-36（a）所示，将 $\phi25$ mm×100 mm 的标准试样经加热奥氏体化后对末端喷水冷却。试样距末端（水冷端）越远的部分，冷却速度越低，因而硬度也相应地逐渐下降。端淬试样冷却后，沿其长度方向磨出一条狭窄平面，即图 5-36（b）所示在此平面上，自水冷端开始，每隔一定距离测一次硬度。将硬度随至水冷端距离的变化绘成曲线，称为淬透性曲线。图 5-36（c）是 45 钢和 40Cr 钢的淬透性曲线。由图可见，随着至水冷端距离增大，45 钢的硬度比 40Cr 钢下降得快，表明 40Cr 钢的淬透性比 45 钢大。图 5-36（d）是钢的半马氏体区硬度与含碳量的关系。配合运用图 5-36（d）与图 5-36（c），就可以找出相应的钢半马氏体区至水冷端的距离。该距离越大，钢的淬透性便越大。例如，45 钢半马氏体区至水冷端的距离大约为 3.3 mm，而 40 Cr 钢则为 10.5 mm 左右。

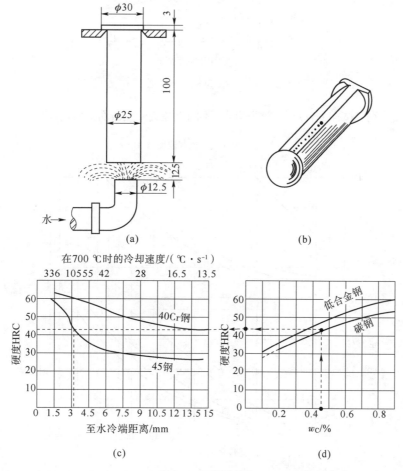

图 5-36 端淬法

（a）喷水冷却；（b）狭窄平面；（c）45 钢和 40Cr 钢的淬透性曲线；（d）钢的半马氏体区硬度与含碳量的关系

由于钢成分的波动，因而有关手册上所记载的某牌号的淬透性曲线往往不是一条线而是一个范围，称为淬透性带。图 5-37 为 40Cr 钢的淬透性带。

钢的淬透性值可用 J（HRC-d）表示，其中 J 表示末端淬透性，d 表示至水冷端的距离，HRC 为该处测得的硬度。例如，淬透性值 J（42-5）表示距水冷端 5 mm 处试样硬度为 42 HRC；淬透性值 J（36-10/15）表示距水冷端 10~15 mm 处试样硬度为 36 HRC；淬透性值 J（30/35-10）表示距水冷端 10 mm 处试样硬度为 30~35 HRC。

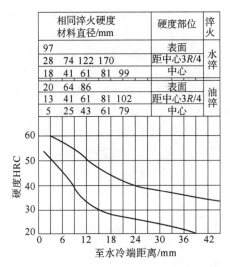

图 5-37　40Cr 钢的淬透性带

图 5-38 表示端淬试样上各点的冷却速度与不同直径圆棒在截面上所对应位置之间的关系。

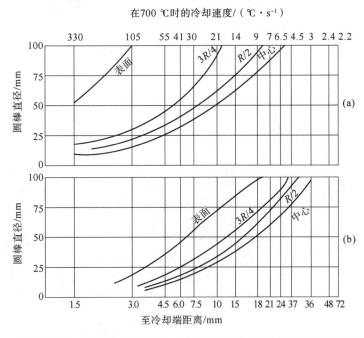

图 5-38　端淬试样上各点的冷却速度与不同直径圆棒在截面上所对应位置之间的关系
（a）圆棒在静止水中淬火；（b）圆棒在静止油中淬火

3. 淬透性的实际意义

钢的淬透性是钢的热处理工艺性能，在生产中有重要的实际意义。工件在整体淬火条件下，从表面至中心是否淬透，对其力学性能有重要影响。一些在拉压或剪切载荷下工作的零件，如各类齿轮、轴类零件，希望整个截面都能被淬透，从而保证这些零件在整个截面上得到均匀的力学性能，选择淬透性较高的钢即能满足这一性能要求。而淬透性较低的钢，工件心部不能淬透，其力学性能低，特别是冲击韧性更低，不能充分发挥材料的性能潜力。

钢的淬透性越高，能淬透的工件截面尺寸越大。对于大截面的重要工件，为了增加有效淬硬深度，必须选用过冷奥氏体很稳定的合金钢，工件越大，要求的淬透层越深，钢的合金化程度应越高。因此，淬透性是机器零件选材的重要参考数据。

从热处理工艺性能考虑，对于形状复杂、要求变形很小的工件，如果钢的淬透性较高，如合金钢工件，可以在较缓慢的冷却介质中淬火；有些淬透性很高的钢，甚至可以在空气中冷却淬火，因此淬火变形更小。

但是并非所有工件均要求很高的淬透性，如承受弯曲或扭转的轴类零件，其外缘承受最大应力，轴心部分应力较小，因此保证一定淬透层深度即可。一些汽车、拖拉机的重负荷齿轮，通过表面淬火或化学热处理，获得一定深度的均匀淬硬层，即可达到表硬心韧的性能要求，甚至可以采用低淬透性钢制造。焊接用钢采用低淬透性的低碳钢制造，目的是避免焊缝及热影响区在焊后冷却过程中得到马氏体组织，从而可以防止焊接构件的变形和开裂。

下面举例说明端淬曲线在选择钢材和制订热处理工艺时的应用。

1）根据端淬曲线合理选用钢材，以满足心部硬度的要求

例 5-1：有一个圆柱形工件，直径 35 mm 的点，要求油淬后心部硬度大于 45 HRC，试问能否采用 40Cr 钢？

解：由图 5-38（b），在纵坐标上找到直径 35 mm，通过此点作水平线，与标有"中心"的曲线相交，通过交点作横坐标的垂线，并与横坐标交于标有至水冷端距离 12.8 mm 处的点。这说明直径 35 mm 圆棒油淬时，中心部位的冷却速度相当于端淬试样距水冷端 12.8 mm 处的冷却速度。再在图 5-37 横坐标上找到至水冷端距离 12.8 mm 处的点，过该点作横坐标垂线，与端淬曲线带下限线相交，通过交点作水平线，与纵坐标交于 35 HRC 处，此即为可得到的硬度值，它不合题意要求。

2）预测材料的组织和硬度

例 5-2：有直径 50 mm 的 40Cr 钢圆柱轴，求油淬后沿横截面的硬度分布。

解：这一问题的解法与上题完全相同，只是在这里应该利用图 5-38（b）求出表面、$3R/4$、$R/2$ 及中心处的冷却速度对应的端淬试样至水冷端距离。因此可利用端淬曲线，求出该圆棒截面上表面、$3R/4$、$R/2$ 及中心处的硬度。

3）根据端淬曲线，确定热处理工艺

例如，在给定工件所用材料及淬火后硬度的要求情况下，选用淬火介质等。

端淬法只适用于较低淬透性或中等淬透性钢。在超低淬透性钢中，端淬试样至水冷端距离 5 mm 范围内发生硬度突降，淬透性的相互差别不甚明显。此时需用腐蚀的办法来进行比较，只要将测量硬度部位磨光、腐蚀，即可清楚地显示被淬硬的区域。

对高淬透性钢，端淬曲线硬度降低很小，有的呈一条水平线，因此不能用端淬法比较其淬透性。对这种钢来说，确定加热温度和冷却时间，常采用连续冷却转变曲线。

5.6.6　几种淬火新工艺的发展及应用

在长期的生产实践和科学试验中，人们对金属内部组织状态变化规律的认识不断深入。

特别是 20 世纪 60 年代以来，透射电镜和电子衍射技术的应用，各种测试技术的不断完善，在研究马氏体形态、亚结构及其与力学性能的关系，获得不同形态及亚结构的马氏体的条件，第二相的大小、形态、数量及分布对力学性能影响等方面，都取得了很大的进展。建立在这些基础上的淬火新工艺也层出不穷，择要简述如下。

1. 循环快速加热淬火

淬火、回火钢的强度与奥氏体晶粒大小有关，晶粒越细，强度越高，因此如何获得高于 10 级晶粒度的超细晶粒是提高钢的强度的重要途径之一。钢经过 $\alpha \longrightarrow \gamma \longrightarrow \alpha$ 多次相变重结晶，可使晶粒不断细化，提高加热速度，增加结晶中心也可使晶粒细化。循环快速加热淬火即为根据这个原理获得超细晶粒从而达到强化的新工艺。例如 45 钢，在 815 ℃ 的铅浴中反复加热淬火 4、5 次，可使奥氏体晶粒由 6 级细化到 12～15 级；又如 20CrNi9Mo 钢，用 3 000 Hz、200 kW 中频感应加热装置以 11 ℃/s 的速度加热到 760 ℃，然后水淬，使屈服强度由 960 MPa 增加到 1 215 MPa，抗拉强度由 1 107 MPa 增加到 1 274 MPa，而断后伸长率保持不变，均为 18%。

2. 高温淬火

这里高温是指相对正常淬火加热温度而言。低碳钢和中碳钢若采用较高的淬火温度，则可得到板条状马氏体，或增加板条状马氏体的数量，从而获得良好的综合性能。

奥氏体的含碳量与马氏体形态关系的试验证明，$w_C < 0.3\%$ 的钢淬火所得的全为板条状马氏体。但是，普通低碳钢淬透性极差，若要获得马氏体，除了合金化提高过冷奥氏体的稳定性外，只有提高奥氏体化温度和加强淬火冷却才可以。例如，用 Q345（16Mn）钢制造铧犁犁臂，采用 940 ℃ 在质量分数为 10% 的 NaOH 水溶液中淬火并低温回火，可获得良好效果。

中碳钢经高温淬火可使奥氏体成分均匀，得到较多的板条状马氏体，以提高其综合力学性能。金相分析表明，高温淬火避免了片状马氏体（孪晶马氏体）的出现，从而获得了全部板条状马氏体。此外，在马氏体板条外包着一层厚 10～20 nm 的残余奥氏体，能对裂纹尖端应力集中起到缓冲作用，因而提高了断裂韧度。

3. 高碳钢低温、快速、短时加热淬火

高碳钢一般在低温回火条件下，虽然具有很高的温度，但韧性和塑性很低。为了改善这些性能，目前采用了一些特殊的新工艺。

高碳低合金钢采用低温、快速、短时加热淬。因为高碳低合金钢的淬火加热温度一般仅稍高于 Ac_1 点，碳化物的溶解、奥氏体的均匀化，靠延长时间达到。如果采用低温、快速、短时加热淬火，奥氏体含碳量低，因而可以提高韧性。例如，T10A 钢制凿岩机活塞采用 720 ℃ 预热 16 min，850 ℃ 盐浴短时加热 8 min 淬火，220 ℃ 回火 72 min，使用寿命由原来平均进尺 500 m 提高到 4 000 m。

如前所述，高合金工具钢一般采用比 Ac_1 点高得多的淬火温度，如果降低淬火温度，使奥氏体含碳量及合金元素含量降低，则可提高韧性。例如，W18Cr4V 高速钢制冷作模具采用 1 190 ℃ 低温淬火，其强度和耐磨性比其他冷作模具高，并且韧性也较好。

4. 亚共析钢的亚温淬火

亚共析钢在 Ac_1～Ac_3 的温度加热淬火称为亚温淬火，即在比正常淬火温度低的条件下淬火。其目的是提高韧性，降低冷脆转变温度及回火脆性倾向。有人研究了 35CrMnSi 钢不同淬火状态的韧性及硬度与回火温度的关系，得到图 5-39 所示的关系。由图可见，经 930 ℃淬火 + 650 ℃回火 + 800 ℃亚温淬火的韧性随着回火温度的升高而单调提高，没有回火脆性。亚温淬火之所以能提高韧性及消除回火脆性的原因尚不清楚。有人认为主要是由于残存着铁素体，使脆化杂质原子 P、Sb 等在铁素体富集。

有人研究了直接应用亚温淬火（不是作为中间处理的再加热淬火）时淬火温度对 45 钢、40Cr 钢及 60Si2 钢力学性能的影响，发现在 $Ac_1 \sim Ac_3$ 的淬火温度对力学性能的影响有一个极大值。在 Ac_3 以下 $5 \sim 10$ ℃处淬火时，硬度、强度及冲击韧性都达到最大，且略高于普通正常淬火；而在稍高于 Ac_1 的某个温度淬火时冲击韧性最低。有人认为这可能是由于淬火组织为大量铁素体及高碳马氏体。

显然，亚温淬火对提高韧性、消除回火脆性有特殊重要的意义。它既可在预淬火后进行，也可直接进行。淬火温度究竟应选择多高，试验数据尚不充分，看法不完全一致。但是为了保证足够的强度，并使残余铁素体均匀细小，亚温淬火温度以选在稍低于 Ac_3 的温度为宜。

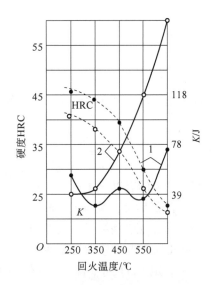

1—930 ℃淬火；
2—930 ℃淬火 + 650 ℃回火 + 800 ℃亚温淬火。

图 5-39　35CrMnSi 钢不同淬火状态的韧性及硬度与回火温度的关系

5.6.7　淬火缺陷

1. 淬火变形、开裂

淬火马氏体的比体积较其他组织都大，淬火后的工件均发生体积膨胀，由于体积变化和工件各部分加热冷却的不均匀，形成的热应力、组织应力将导致工件发生不均匀的塑性变形，从而使工件发生畸变或翘曲。当淬火应力在工件内超过材料的强度极限时，应力集中处将导致开裂。

2. 硬度不足

硬度不足产生的原因是淬火加热不足、表面脱碳、冷却速度不足、钢材淬透性不够、高碳合金钢中淬火后残余奥氏体过多等。

3. 软点

淬火工件出现的硬度不均匀，也叫软点。产生软点的原因是：工件表面有氧化皮及污垢；淬火介质中有杂质，如水中有油；工件在淬火介质中冷却时，淬火介质的搅动不够，没有及时赶走工件凹槽及大截面处形成的气泡；淬火前原始组织不均匀，如有严重的碳化物偏析，或原始组织粗大，铁素体呈大块状分布等。

4. 组织缺陷

常见的组织缺陷有粗大淬火马氏体（过热），渗碳钢及工具钢淬火后的网状碳化物及大块碳化物，调质钢中有大块自由铁素体，工具钢淬火后残余奥氏体过多等。

5.7　钢的回火

回火是将淬火钢加热到 Ac_1 以下的某一温度保温后进行冷却的热处理工艺。

5.7.1　回火的目的

回火的目的有以下 4 点。

（1）降低脆性，减少或消除内应力，防止工件变形或开裂。

（2）获得工艺所要求的力学性能。淬火工件的硬度高且脆性大，通过适当回火可调整硬度，获得所需要的塑性、韧性。

（3）稳定工件尺寸。淬火马氏体和残余奥氏体都是非平衡组织，它们会自发地向稳定的平衡组织（铁素体和渗碳体）转变，从而引起工件尺寸和形状的改变。通过回火可使淬火马氏体和残余奥氏体转变为较稳定的组织，以保证工件在使用过程中不发生尺寸和形状的变化。

（4）对于某些高淬透性的合金钢，空冷便可淬成马氏体。如果采用退火软化，则周期很长，此时可采用高温回火，使碳化物聚集长大，降低硬度，以利于切削加工，同时可缩短软化周期。

对于未淬火的钢，回火一般是没有意义的，但淬火钢不经回火一般也不能直接使用。为了避免工件在放置过程中发生变形和开裂，淬火后应及时进行回火。

5.7.2　淬火钢在回火时的转变

1. 淬火钢在回火时的组织转变

淬火钢在回火时的组织转变主要发生在加热阶段，因而加热温度是关键因素。随回火时加热温度的升高，淬火钢的组织大致发生以下四个阶段的变化，如图 5-40 所示。

1）马氏体分解

在 <100 ℃ 回火时，钢的组织没有变化。马氏体分解主要发生在 100~200 ℃。此时，马氏体中的碳以 ε 碳化物（Fe_xC）的形式析出，使马氏体的过饱和度降低。析出的碳化物以极细小片状分布在马氏体基体上，这种组织称作回火马氏体，用 $M_回$ 表示。在显微镜下观察，如图 5-41 所示，回火马氏体为黑色，而残余奥氏体为白色。马氏

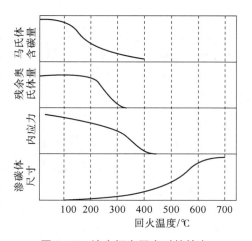

图 5-40　淬火钢在回火时的转变

体分解一直进行到 350 ℃，此时 α 相的含碳量接近平衡成分，但仍保持马氏体的形态。马氏体中的含碳量越高，析出的碳化物越多，对于 w_C<0.2% 的低碳马氏体，在这一阶段不析出碳化物，只发生碳原子在位错附近的偏聚。

2）残余奥氏体分解

残余奥氏体分解主要发生在 200～300 ℃。由于马氏体分解，正方度下降，减轻了对残余奥氏体的压力，因而残余奥氏体分解为 ε 碳化物和过饱和 α 相，其组织与同温度下马氏体的回火产物一样，同样是回火马氏体。应当指出的是，只有 $w_C > 0.5\%$ 的碳钢及合金钢才有显著量的残余奥氏体。

3）ε 碳化物转变为 Fe_3C

该转变主要发生在 250～400 ℃。此时，介稳定的 ε 碳化物与 α 相脱溶，析出渗碳体。到 350 ℃左右，马氏体中的含碳量已基本降到铁素体的平衡成分，同时内应力大量消除。此时，回火马氏体转变为在保持马氏体形态的铁素体基体上分布着细粒状渗碳体的组织，称作回火托氏体，用 $T_回$ 表示，如图 5-42 所示。

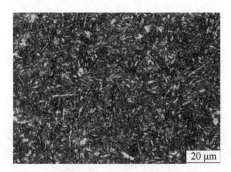

图 5-41　回火马氏体

图 5-42　回火托氏体

4）渗碳体聚集长大及 α 相再结晶

这一阶段的变化主要发生在 400 ℃以上。渗碳体通过聚集长大形成较大颗粒的渗碳体，同时在 450 ℃以上，铁素体开始发生再结晶，由针片状转变为多边形。这种由颗粒状渗碳体与多边形铁素体组成的组织称作回火索氏体，用 $S_回$ 表示，如图 5-43 所示。

2. 淬火钢在回火过程中的性能变化

在回火过程中，随着组织的变化，钢的力学性能也相应发生变化，总的规律是随回火温度升高，强度、硬度下降，塑性、韧性上升。图 5-44 为淬火钢的硬度与回火温度的关系。

图 5-43　回火索氏体

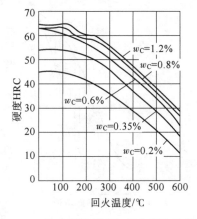

图 5-44　淬火钢的硬度与回火温度的关系

200 ℃以下，由于马氏体中大量 ε 碳化物弥散析出，钢的硬度并不下降，对于高碳钢甚至略有升高。

200~300 ℃，由于高碳钢中的残余奥氏体转变为回火马氏体，硬度会再次提高；而对于低碳钢、中碳钢，由于残余奥氏体量很少，硬度缓慢下降。

300 ℃以上，由于渗碳体粗化及马氏体转变为铁素体，钢的硬度呈直线下降。

回火得到的回火托氏体、回火索氏体和球状珠光体与由过冷奥氏体直接分解得到的片状托氏体、索氏体和珠光体的力学性能有着显著区别。当硬度相同时，两类组织的 R_m 相差无几，但回火组织的 A、Z 等都比片状组织高，这是由于回火组织中的渗碳体为球状，而片状组织中的渗碳体为片状。片状渗碳体受力时，会产生很大的应力集中，易使渗碳体片断裂或形成微裂纹，这就是重要的工件都要进行淬火和回火处理的根本原因。

5.7.3　回火的种类

淬火钢回火后的组织性能取决于回火温度，根据回火温度范围，可将回火分为以下3类。

1. 低温回火

低温回火的温度为 150~250 ℃，回火后的组织为回火马氏体。低温回火主要是为了降低钢的淬火内应力和脆性，同时保持钢在淬火后的高硬度（一般为 58~64 HRC）和耐磨性。常用于处理各种工具、模具、轴承、渗碳件及经表面淬火的工件。

2. 中温回火

中温回火的温度为 350~500 ℃，回火后的组织为回火托氏体。其具有较高的弹性极限和屈服极限，并具有一定的韧性，硬度一般为 35~45 HRC。主要用于各种弹簧的处理。

3. 高温回火

高温回火的温度为 500~650 ℃，回火后的组织为回火索氏体，硬度为 25~35 HRC。这种组织具有良好的综合力学性能，即在保持较高强度的同时，具有良好的塑性和韧性。习惯上将淬火加高温回火相结合的热处理称为调质处理，简称调质。调质广泛用于处理各种重要的结构零件，如轴、齿轮等；也可作为要求较高的精密零件、量具等的预先热处理。

值得注意的是，淬火钢的韧性不总是随回火温度上升而提高的。在某些温度范围内回火时，淬火钢会出现冲击韧性显著下降的现象，称为回火脆性，如图 5-45 所示。

淬火钢在 250~350 ℃ 回火时出现的脆性称为第一类回火脆性，也称低温回火脆性。几乎所有淬火后形成马氏体的钢在该温度范围内回火时，都不同程度地产生这种脆性。目前尚无有效办法完全消除这类回火脆性，所以一般不在 250~350 ℃ 进行回火。

淬火钢在 450~650 ℃ 回火后出现的脆性称为第二类回火脆性，又称高温回火脆性。这类回火脆性主要发生在含 Cr、Ni、Si、Mn 等合金元素的合金结构

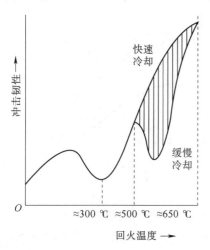

图 5-45　钢的冲击韧性与回火温度的关系

钢中，当淬火后在上述温度范围内长时间保温或以缓慢的速度冷却时，便发生明显的脆化现象。但快速冷却时，脆化现象消失或受到抑制。

关于回火脆性产生的原因，将在第 6 章中作进一步阐述。

5.8 钢的表面淬火

表面淬火是将工件快速加热到淬火温度，然后迅速冷却，仅使工件表层获得淬火马氏体组织的热处理方法。

齿轮、凸轮、曲轴及各种轴类零件在扭转、弯曲等交变载荷下工作，并承受摩擦和冲击，其表面要比心部承受更高的应力。因此，要求零件表面具有高的强度、硬度和耐磨性，要求心部具有一定的强度、足够的塑性和韧性。采用表面淬火工艺可以达到这种表硬心韧的性能要求。

根据工件表面加热热源的不同，钢的表面淬火有很多种，如感应加热、火焰加热、电接触加热、电解液加热及激光加热等表面淬火工艺。这里仅介绍感应加热表面淬火和火焰加热表面淬火。

5.8.1 感应加热表面淬火

1. 感应加热的原理及工艺

感应加热表面淬火是利用电磁感应原理，在工件表面产生密度很高的感应电流，并使之迅速加热至奥氏体状态，随后快速冷却获得马氏体组织的淬火方法，如图 5-46 所示。当感应线圈中通过一定频率交流电时，在其内外将产生与电流变化频率相同的交变磁场。若将工件放入感应线圈内，在交变磁场作用下，工件内就会产生与感应线圈频率相同而方向相反的感应电流。由于感应电流沿工件表面形成封闭回路，故通常称为涡流。此涡流将电能变成热能，使工件加热。涡流在被加热工件中的分布由表面至心部呈现指数规律衰减，因此，涡流主要分布于工件表面，工件内部几乎没有电流通过，这种现象叫作表面效应或集肤效应。感应加热就是利用集肤效应，依靠电流热效应把工件表面迅速加热到淬火温度的。感应线圈用纯铜管制作，内通冷却水。当工件表面在感应线圈内加热到相变温度时，立即喷水或浸水冷却，实现表面淬火工艺。

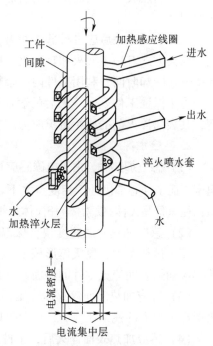

图 5-46 感应加热表面淬火示意图

感应加热电流透入工件表面的深度与感应电流的频率有关，如下式表示：

$$A = \frac{500 \sim 600}{\sqrt{f}}$$

式中，A——感应电流透入深度（mm）；

f——电流频率（Hz）。

可以看出，电流频率越高，感应电流透入深度越浅。根据零件尺寸及硬化层深度的要求，选择不同的电流频率。

根据不同的电流频率，感应加热可分为以下 3 类。

1）高频感应加热

常用电流频率范围为 250~300 kHz。电源设备为电子管式高频发生器。一般有效淬硬深度为 0.5~2.0 mm。适用于中小模数的齿轮及中小尺寸的轴类零件等。

2）中频感应加热

常用电流频率范围为 2 500~8 000 Hz。电源设备为中频发电机或晶体管硅中频发生器。一般有效淬硬深度为 2~10 mm。适用于较大尺寸的轴和大中模数的齿轮等。

3）工频感应加热

电流频率为 50 Hz，不需要变频设备。有效淬硬深度可达 10~15 mm。适用于较大直径零件的穿透加热及大直径零件如轧辊、火车车轮等的表面淬火。

感应加热速度快，一般不进行保温，为使先共析相充分溶解，感应加热表面淬火可采用较高的淬火加热温度。高频感应加热表面淬火比普通加热淬火温度高 30~200 ℃。

感应加热表面淬火通常采用喷射冷却法，冷却速度可通过调节液体压力、温度及喷射时间控制。

工件表面淬火后应进行低温回火，以降低残余应力和脆性，并保持表面高硬度和高耐磨性。回火方式有炉中回火和自回火。炉中回火温度为 150~180 ℃，时间为 1~2 h；自回火即控制喷射冷却时间，利用工件内部余热使表面进行回火。

为了保证工件表面淬火后的表面硬度和心部强度及韧性，一般选用中碳钢及中碳合金钢，其表面淬火前的原始组织应为调质态或正火态。

2. 感应加热的特点

（1）感应加热时，由于电磁感应和集肤效应，工件表面在极短时间内达到 Ac_3 以上很高的温度，而工件心部仍处于相变点之下。中碳钢高频感应加热淬火后，工件表面得到马氏体组织；往里是马氏体+铁素体+托氏体组织；心部为铁素体+珠光体或回火索氏体原始组织。

（2）感应加热升温速度快，保温时间极短。和一般淬火相比，感应加热表面淬火加热温度高，过热度大，奥氏体形核多，又不易长大，因此淬火后表面得到细小的隐晶马氏体，故感应加热表面淬火工件的表面硬度比一般淬火的高 2~3 HRC。

（3）感应加热表面淬火后，工件表层强度高，由于马氏体转变产生体积膨胀，在工件表层产生很大的残余压应力，因此可以显著提高其疲劳强度并降低缺口敏感性。

（4）感应加热表面淬火后，工件的耐磨性比普通淬火的高，这显然与奥氏体晶粒细化、表面硬度高及表面压应力状态等因素有关。

（5）感应加热表面淬火件的冲击韧性与有效淬硬深度和心部原始组织有关。同一钢种有效淬硬深度相同时，原始组织为调质态比正火态冲击韧性高；原始组织相同时，有效淬硬深度增加，冲击韧性降低。

（6）感应加热表面淬火时，由于加热速度快，无保温时间，工件一般不产生氧化和脱碳问题，又因工件内部未被加热，故工件淬火变形小。

（7）感应加热表面淬火的生产率高，便于实现机械化和自动化，淬火层深度又易于控制，适用于批量生产形状简单的机器零件，因此得到广泛应用。

上述特点，使感应加热表面淬火在工业上获得日益广泛的应用，对于大批量的流水生产极为有利，但由于设备较贵，不适用于单件生产。

5.8.2　火焰加热表面淬火

火焰加热表面淬火是用氧–乙炔或氧–煤气的混合气体燃烧的火焰，喷射在工件表面，使它快速加热，当达到淬火温度时立即喷水冷却，从而获得预期的硬度和有效淬硬深度的一种表面淬火方法，如图 5–47 所示。

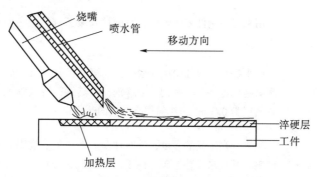

图 5–47　火焰加热表面淬火示意图

火焰加热表面淬火工件的材料，常用中碳钢，如 35 钢、45 钢，以及中碳合金结构钢（合金元素总的质量分数<3%），如 45Cr 钢等。如果含碳量太低，则淬火后硬度较低；碳和合金元素含量过高，则易淬裂。火焰加热表面淬火还可用于对铸铁件，如灰铸铁、合金铸铁进行表面淬火。火焰加热表面淬火的有效淬硬深度一般为 2~6 mm，若获得更深的淬硬层，往往会引起工件表面严重的过热，且易产生淬火裂纹。

火焰加热表面淬火后，工件表面不应出现过热、烧熔或裂纹，变形情况也要在规定的技术要求之内。

由于火焰加热表面淬火方法简便，无须特殊设备，适用于单件或小批量生产的大型工件和需要局部淬火的工具或工件，如大型轴类、大模数齿轮、锤子等。但火焰加热表面淬火较易过热，淬火质量往往不够稳定，因此限制了它在机械制造工业中的应用。目前采用火焰淬火机床能有效地保证工件的表面淬火质量。

5.9　钢的化学热处理

金属制件放在一定的化学介质中，使其表面与介质相互作用，吸收其中某些化学元素的原子（或离子），并能通过加热使该原子自表面向内部扩散的过程称为化学热处理。化学热处理的结果是改变了金属表面的化学成分和性能。简言之，金属的化学热处理就是改变金属表面层的化学成分和性能的一种热处理工艺。

金属化学热处理的目的是通过改变金属表面的化学成分及热处理的方法，获得单一材料难以获得的性能，或进一步提高金属制件的使用性能。例如，低碳钢经过表面渗碳淬火后，该钢种的工件表面就具有了普通高碳钢淬火后的高硬度、高耐磨性的性能特征，而心部仍保留低碳钢淬火后良好的塑性、韧性的性能特征。显然，这是单一的低碳钢或高碳钢所不能达到的。又如，高速钢刀具在进行一般热处理后，再进行氮碳共渗或离子渗氮，则可进一步提高耐磨性和耐腐蚀性，从而进一步提高刀具的使用寿命。

根据不同元素在金属中的作用，金属表面渗入不同元素后，可以获得不同的性能。因此，金属的化学热处理常以渗入不同的元素来命名。常用化学热处理方法及其使用范围如表 5-4 所示。

表 5-4　常用化学热处理方法及其使用范围

名称	渗入元素	使用范围
渗碳	C	用来提高钢件表面硬度、耐磨性及疲劳强度，一般用于低碳钢零件，渗碳层较深，一般为 1 mm
渗氮	N	用来提高金属的硬度、耐磨性、耐腐蚀性及疲劳强度，一般用于中碳钢耐磨结构零件，不锈钢、工具钢、模具钢，铸铁等也广泛采用渗氮。一般渗氮层为 0.3 mm，渗氮层有较高的热稳定性
碳氮共渗	C、N	用来提高工具的硬度、耐磨性及疲劳强度。高温碳氮共渗一般适用于渗碳钢，并用来代替渗碳，低于渗碳温度，变形小；低温碳氮共渗适用于中碳结构钢及工具、模具
渗硫	S	减磨，提高抗咬合磨损能力，适用钢种较广，可根据钢种不同，选用不同渗硫方法
硫氮共渗	S、N	兼有渗硫和渗氮的性能，适用范围及钢种与渗氮相同
硫氮碳共渗	S、N、C	兼有渗硫和碳氮共渗的性能，适用范围与碳氮共渗相同
碳氮硼共渗	C、N、B	高硬度、高耐磨性及一定的耐腐蚀性，适用于各种碳钢、合金钢及铸铁
渗铝	Al	提高工件抗氧化及抗含硫介质腐蚀的能力
渗铬	Cr	提高工件抗氧化、耐腐蚀性及耐磨性
渗硅	Si	提高工件耐各种酸腐蚀的能力
渗锌	Zn	提高工件耐腐蚀性

化学热处理时，要使碳、氮等原子渗入工件表层，必须具备以下条件。

（1）钢本身必须具有吸收这些渗入元素活性原子的能力，即对它具有一定的溶解度，或能与之化合，形成化合物，或既具有一定的溶解度，又能与之形成化合物。

（2）渗入元素的原子必须是具有化学活性的活性原子，即它是从某种化合物中分解出来的，或由离子转变而成的新生态原子，同时这些原子应具有较大的扩散能力。

因此，化学热处理的基本程序大致如下。

（1）将工件加热到一定温度，使之有利于吸收渗入元素的活性原子。

（2）由化合物分解或离子转变而得到渗入元素的活性原子。

（3）活性原子被吸附，并溶入工件表面，形成固溶体，在活性原子浓度很高时，还可形成化合物。

（4）渗入原子在一定温度下，由表层向内扩散，形成一定的扩散层。

5.9.1　钢的渗碳

钢的渗碳就是钢件在渗碳介质中加热和保温，使碳原子渗入表面，获得一定的表面含碳量和一定含碳量梯度的工艺。这是机器制造中应用最广泛的一种化学热处理工艺。

渗碳的目的是使机器零件获得高的表面硬度、耐磨性及高的接触强度和弯曲疲劳强度，同时使心部保持良好韧性。渗碳用钢为低碳钢和低碳合金钢，一般 $w_C = 0.1\% \sim 0.25\%$，含碳量增高，将降低工件心部的韧性。

根据所用渗碳剂在渗碳过程中聚集状态的不同，渗碳方法可以分为固体渗碳法、液体渗碳法及气体渗碳法 3 种。常用的是气体渗碳法，其次是固体渗碳法。

1. 气体渗碳法

如图 5-48 所示，气体渗碳法是将工件放入密封的渗碳炉内，使工件在高温（900 ~ 950 ℃）的渗碳气氛中进行渗碳。

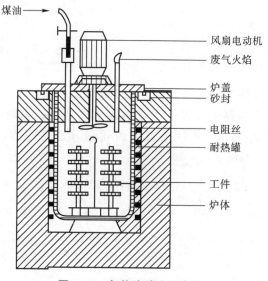

图 5-48　气体渗碳法示意图

炉内的渗碳气氛有两种供给方式：一种是将富碳气体（如煤油、液化石油气等）直接通入炉内；另一种是将易分解的有机物液体（如煤油、苯、丙酮、甲醇等）滴入炉内，使其在高温下裂解成渗碳气氛。

气体渗碳时，含碳气氛在钢表面进行以下的气相反应，生成活性碳原子。

$$CH_2 \longrightarrow [C] + H_2$$
$$2CO \longrightarrow [C] + CO_2$$

$$CO+H_2 \longrightarrow [C] +H_2O$$

活性碳原子溶入高温奥氏体中，而后向钢的内部扩散，实现渗碳。

渗碳时最主要的工艺因素是加热温度和保温时间。加热温度越高，渗碳速度就越快，且扩散层的厚度也越深。但温度过高会引起钢件中晶粒长大，使钢件变脆，故加热温度应选择适当，一般在900~950 ℃，即超过Ac_3以上50~80 ℃。保温时间主要取决于所需要的扩散层厚度，不过随保温时间延长，厚度增加的速度会逐渐减慢。

低碳钢渗碳后，其表面含碳量可达过共析钢的成分，由表向里碳浓度逐渐降低，直至钢的原始含碳量。渗碳钢渗碳缓冷后的组织如图5-49所示，其表层组织为P+网状Fe_3C_{II}；心部组织为P+F；中间为过渡区。一般规定，从表面到过渡层一半处的厚度为渗碳层厚度。表5-5为井式炉在920 ℃渗碳时渗碳时间与渗碳层厚度的关系。

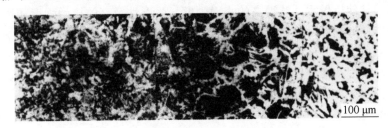

图5-49　低碳钢渗碳缓冷后的组织

表5-5　井式炉在920 ℃渗碳时渗碳时间与渗碳层厚度的关系

渗碳时间/h	3	4	5	6	7
渗碳层厚度/mm	0.4~0.6	0.6~0.8	0.8~1.2	1.0~1.4	1.2~1.6

渗碳工件所要求的渗碳层厚度随其具体尺寸及工作条件的不同而定。例如，齿轮的渗碳层厚度是根据齿轮的工作特点及模数大小等因素确定的，渗碳层厚度太薄易引起表面疲劳剥落，太厚则受不起冲击。不同模数的齿轮和其他零件的渗碳层厚度推荐数据如表5-6~表5-9所示。

表5-6　机床齿轮模数与渗碳层厚度的关系

齿轮模数 m/mm	1~1.25	1.5~1.75	2~2.5	3~3.5	4~4.5	5	5以上
渗碳层厚度/mm	0.3~0.5	0.4~0.6	0.5~0.8	0.6~1.0	0.8~1.1	1.1~1.5	1.3~2

表5-7　汽车、拖拉机齿轮模数与渗碳层厚度的关系

齿轮模数 m/mm	2.5	3.5~4	4~5	5
渗碳层厚度/mm	0.6~0.9	0.9~1.2	1.2~1.5	1.4~1.8

表5-8　汽车、拖拉机齿轮的渗碳层厚度

汽车、拖拉机齿轮	变速齿轮	差速器齿轮	减速器齿轮
渗碳层厚度/mm	0.8~1.2	0.9~1.3	1.1~1.5

表 5-9　机床渗碳工件及渗碳层厚度

渗碳层厚度/mm	应用举例
0.2~0.4	厚度小于 1.2 mm 的摩擦片、样板等
0.4~0.7	厚度小于 2 mm 的摩擦片、小轴、样板等
0.7~1.1	轴、套筒、活塞、支承销等
1.1~1.5	主轴、套筒等
1.5~2	镶钢导轨、大轴、模数较大的齿轮、大轴承环等

渗碳齿轮的渗碳层，一般是按齿廓均匀分布的，经淬火后，可发现其淬硬层的分布也是均匀的。实践证明：均匀的淬硬层有利于提高渗碳齿轮的性能，且延长其使用寿命。前述的感应加热表面淬火不易使形状比较复杂的工件获得均匀分布的淬硬层。例如，模数大于 4 mm、齿宽大于直径的重负荷圆柱齿轮和圆弧齿轮等，就是因为感应加热表面淬火不能获得均匀分布的淬硬层，而往往采用渗碳淬火。

工件渗碳的目的在于使表面获得高的硬度和耐磨性，因此，渗碳后的工件必须通过热处理使表面获得马氏体组织。渗碳件的热处理方法有以下 3 种。

1）直接淬火法

直接淬火法是将工件自渗碳温度预冷到略高于心部 Ac_3 的温度后立即淬火，然后在 160~180 ℃进行低温回火。这种方法无须重新加热后淬火，因而减小了热处理变形，节省了时间和费用。但由于渗碳温度高，加热时间长，因而奥氏体晶粒粗大，淬火后残余奥氏体量较多，使工件性能下降，所以直接淬火法只适用于本质细晶粒钢或性能要求较低的工件。

热处理后的表层组织为回火马氏体+部分二次渗碳体+少量残余奥氏体；心部淬透时组织为低碳回火马氏体，未淬透时为铁素体+索氏体。

2）一次淬火法

一次淬火法是将工件渗碳后缓冷，然后再重新加热进行淬火。对于要求心部有较高强度和较好韧性的零件，淬火温度应略高于心部 Ac_3，这样可以细化晶粒，心部不出现游离铁素体，表层不出现网状渗碳体。经低温回火后，表层组织为回火马氏体+少量残余奥氏体，心部在淬透情况下为低碳回火马氏体。对于要求表层有较高耐磨性的工件，淬火温度应选在 Ac_1~Ac_3，低温回火后，表层组织为回火马氏体+颗粒状渗碳体+少量残余奥氏体，心部淬透时为低碳回火马氏体+铁素体。

3）两次淬火法

两次淬火法是将工件渗碳后缓冷，再进行两次淬火。对于用本质粗晶粒钢制造的或使用性能要求很高的渗碳工件，经常采用两次淬火法。第一次淬火的目的是细化心部晶粒和消除表层网状渗碳体。淬火温度应高于心部 Ac_3 温度，这个温度远高于表层的正常淬火加热温度，所以表层晶粒粗大。为了细化表层晶粒，需采用第二次淬火，淬火温度选在表层的 Ac_1 以上，此加热温度不影响心部晶粒度。这种淬火的缺点是工艺复杂、生产周期长、工件容易变形，氧化和脱碳倾向较大。

渗碳工件表面含碳量最好在 0.85%~1.05%。表层含碳量过低，淬火加低温回火后得到含碳量较低的回火马氏体，硬度低、耐磨性差；表层含碳量过高，渗碳层出现大量块状或网状渗碳体，会引起脆性，造成剥落，同时残余奥氏体量的过度增加，也使表面硬度、耐磨性及疲劳强度降低。

一般渗碳工件的加工工艺路线如下：

锻造→正火→机械加工→渗碳→淬火+低温回火→精加工

去碳机械加工→淬火+低温回火

若渗碳工件有不允许高硬度的部位，如装配孔等，应在设计图样上予以注明。该部位可采取镀铜方法来防止渗碳，或者采取多留加工余量方法，待工件渗碳后，淬火前再去掉该部位的渗碳层。

2. 固体渗碳法

如图 5-50 所示，将工件置于四周填满固体渗碳剂的渗碳箱中，用盖和耐火泥将箱密封后，送入炉中，加热至渗碳温度（900~950 ℃），保温一定时间后出炉，取出渗碳工件，进行淬火+低温回火热处理。固体渗碳剂通常由碳粒与碳酸盐（$BaCO_3$ 或 Na_2CO_3）混合组成。在加热时，固体渗碳剂分解而形成 CO，其反应如下：

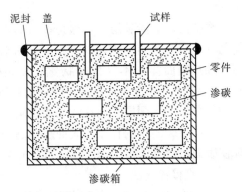

图 5-50　固体渗碳法示意图

$$BaCO_3 \longrightarrow BaO + CO_2$$
$$CO_2 + C（碳粒）\longrightarrow 2CO$$

在渗碳温度下，CO 是不稳定的，它在钢的表面发生 $2CO \longrightarrow [C] + CO_2$ 反应，提供活性碳原子溶解于高温奥氏体中，然后向钢的内部扩散而进行渗碳。

与气体渗碳法比较，固体渗碳法的渗碳速度慢、生产率低、劳动条件差、质量不易控制，但固体渗碳法的设备简单、容易操作，故在中、小型工厂中仍普遍采用。在大批量生产时则大多采用气体渗碳法。

5.9.2　钢的渗氮

渗氮是向钢的表面渗入氮原子的过程。其目的是提高表面硬度和耐磨性，并提高疲劳强度和耐蚀性。

1. 渗氮原理及工艺

目前工业中应用最广泛、比较成熟的是气体渗氮法。它是利用氨气在加热时分解出活性氮原子，被钢吸收后在其表面形成渗氮层，同时向心部扩散。氨的分解反应如下：

$$2NH_3 \longrightarrow 3H_2 + 2[N]$$

渗氮通常利用专门设备或井式渗氮炉来进行。渗氮前需将调质后的工件除油净化。入炉后应先用氨气排除炉内空气。

氨的分解在 200 ℃ 以上开始，同时因为铁素体对氮有一定的溶解能力，所以气体渗氮一般是在不超过钢的 A_1 温度（500~570 ℃）下进行的。渗氮结束后，随炉降温到 200 ℃ 以下，停止供氮，工件出炉。

2. 渗氮处理的特点

（1）渗氮往往是工件加工工艺路线中最后一道工序，渗氮后的工件最多再进行精磨或研磨。为了保证渗氮工件心部具有良好的综合力学性能，在渗氮之前有必要将工件进行调质处理，使获得回火索氏体组织。

（2）钢在渗氮后，无须进行淬火便具有很高的表层硬度（≥850 HV）及耐磨性。这是因为渗氮层形成了一层坚硬的氮化物。与渗碳层相比，渗氮后钢的硬度和耐磨性均较高，且渗氮层具有高热硬性（即在 600～650 ℃仍有较高的硬度）。

（3）渗氮显著提高钢的疲劳强度。这是因为渗氮层内具有较大的残余压应力，它能部分地抵消在疲劳载荷下产生的拉应力，延缓了疲劳破坏过程。

（4）渗氮后的钢具有很高的耐蚀能力。这是由于渗氮层表面是由连续分布的、致密的氮化物所组成的。

（5）渗氮处理温度低，故工件变形很小，与渗碳及感应加热表面淬火相比，变形要小得多。

综上所述，渗氮处理变形小、硬度高、耐磨性好、耐疲劳性能好，还有一定的耐蚀能力及热硬性等，因此它广泛用于各种高速传动精密齿轮、高精度机床主轴（如镗杆、磨床主轴）、在变向负荷工作条件下要求疲劳强度很高的零件（如高速柴油机曲轴），以及要求变形很小和具有一定抗热、耐蚀能力的耐磨零件。

3. 渗氮用钢与渗氮处理技术条件

渗氮用钢通常是含有 Al、Cr、Mo 等合金元素的钢，如 38CrMoAl 是一种比较典型的渗氮钢，还有 35CrMo、18CrNiW 等也经常作为渗氮钢。Al、Cr、Mo、V、Ti 等合金元素极容易与氮元素形成颗粒细密、分布均匀、硬度很高而且非常稳定的各种氮化物，如 AlN、CrN、MoN、VN、TiN 等，这些氮化物的存在，对渗氮钢的性能起着主要作用。

关于渗氮层厚度的选择，对不同工件应有所区别。表 5-10 是采用 38CrMoAl 钢制造工件时推荐的渗氮层厚度及应用举例。根据所要求的使用性能，渗氮层一般不超过 0.60 mm。

表 5-10　采用 38CrMoAl 钢制造工件时推荐的渗氮层厚度及应用举例

要求厚度/mm	渗氮层厚度/mm	应用举例
0.3	0.25～0.4	套环、小齿轮、模具、垫圈
0.5	0.45～0.6	镗杆、螺杆、主轴、套筒蜗杆、较大模数齿轮

渗氮工件的加工工艺路线如下：

锻造→退火→粗加工→调质→精加工→除应力→粗磨→渗氮→精磨或研磨。

由于渗氮层很薄且较脆，因此要求有较高强度的心部组织。为此，要先进行调质热处理，获得回火索氏体，提高心部力学性能和渗氮层质量。38CrMoAl 经调质处理后其力学性能可达：R_m≥1 000 MPa；A≥15%；K≥72 J；硬度 25～35 HRC。

为了减小工件在渗氮处理中的变形，切削加工后，一般需进行消除应力的高温回火（即高温时效），这对于重要复杂的工件如主轴、螺杆、镗杆等尤为重要。粗加工后放粗磨余量一般为 1 mm。渗氮处理放精磨余量在直径方向上不应超过 0.10 mm。因为渗氮层很薄，如放磨量过大，会磨掉渗氮层而使表面硬度大大降低。

渗氮处理时还应注意，工件无须渗氮的部分应镀铜或镀锡保护，亦可放 1 mm 余量，于渗氮处理后磨去。对轴肩或截面改变处，应采用 R≥0.5 mm 圆角，否则此处的渗氮层易产生脆性爆裂。

渗氮处理工件的技术要求，应注明渗氮层表面硬度、厚度、渗氮区域、心部硬度。重要零件还应提出对心部力学性能、金相组织及渗氮层脆性等方面的具体要求。

习　题

1. 名词解释：热处理、奥氏体的起始晶粒度、实际晶粒度、本质晶粒度、珠光体、索氏体、托氏体、珠光体片间距、贝氏体、马氏体、奥氏体、过冷奥氏体、残余奥氏体、退火、正火、淬火、回火、冷处理、临界淬火冷却速度、淬透性、淬硬性、调质处理、再结晶。

2. 简述钢的热处理分类。

3. 简述共析钢加热时奥氏体形成的几个阶段，并说明亚共析钢及过共析钢奥氏体形成的主要特点。

4. 影响奥氏体形成速度和奥氏体晶粒长大的因素有哪些？

5. 本质细晶粒钢的奥氏体晶粒是否一定比本质粗晶粒钢的细？为什么？

6. 珠光体类型组织有哪几种？它们在形成条件、组织形态和性能方面有何特点？

7. 描述片状珠光体横向长大的过程。

8. 贝氏体类型组织有哪几种？它们在形成条件、组织形态和性能方面有何特点？

9. 描述上、下贝氏体组织转变过程。

10. 马氏体组织有哪几种基本类型？它们的形成条件、晶体结构、组织形态和性能有何特点？

11. 指出马氏体硬度与含碳量及合金元素的关系。

12. 与钢的珠光体转变及贝氏体转变比较，马氏体转变有哪些特点？

13. 说明共析钢 C 曲线各个区、各条线的物理意义，并指出影响 C 曲线形状和位置的主要因素。

14. 指出共析钢过冷奥氏体等温转变曲线与连续冷却转变曲线的异同点。

15. 退火的主要目的是什么？生产上常用的退火操作有哪几种？指出退火操作的应用范围。

16. 什么是球化退火？为什么过共析钢必须采用球化退火？

17. 正火的目的有哪些？正火与退火的主要区别是什么？生产中应如何选择正火及退火？

18. 淬火的目的是什么？亚共析钢及过共析钢淬火加热温度应如何选择？试从获得的组织及性能等方面加以说明。

19. 常用的淬火介质有哪些？说明其冷却特性、优缺点及应用范围。

20. 常用的淬火方法有哪几种？说明它们的主要特点及其应用范围。

21. 淬透性与淬硬性深度两者有何联系与区别？简述测定钢淬透性最常用的末端淬火法。

22. 为什么工件经淬火后会产生变形，有的甚至开裂？

23. 简述常见的淬火缺陷及其产生的原因。

24. 说明 45 钢圆棒试样（φ10 mm）经下列温度加热、保温并在水中冷却后得到的室温组织：700 ℃、760 ℃、840 ℃、1 100 ℃。

25. 回火的目的有哪些？简述淬火钢在回火时的组织转变过程。

26. 常用的回火操作有哪几种？指出各种回火操作得到的组织、性能及其应用范围。

27. 指出下列组织的主要区别：

（1）索氏体与回火索氏体；

（2）托氏体与回火托氏体；

（3）马氏体与回火马氏体。

28. 表面淬火的目的是什么？常用的表面淬火方法有哪几种？

29. 简述感应加热表面淬火的工作原理。

30. 化学热处理包括哪几个基本过程？常用的化学热处理方法有哪几种？

31. 渗碳的主要目的是什么？渗碳层厚度一般是怎样规定的？渗碳件的热处理方法有哪几种？

32. 拟用 T10 钢制造形状简单的车刀，工艺路线如下：

锻造→热处理→机加工→热处理→磨加工

试写出各热处理工序的名称，并指出各热处理工序的作用。

第6章 工业用钢

【学习目标】

本章的学习目标是了解碳钢的分类方法、牌号、性能和用途；掌握合金元素在钢中的作用，以及其对钢的性能的影响；掌握合金结构钢、合金工具钢和特殊性能钢的基本知识。

【学习重点】

本章的学习重点是理解合金元素在钢中的作用，对钢的组织结构、力学性能和工艺性能的影响规律。

【学习导航】

工业用钢主要包括碳钢及合金钢两大类。碳钢具有价格低廉、便于获得、容易加工等优点，可以通过调节含碳量和热处理工艺，获得不同性能的碳钢。在碳钢中加入一些合金元素，获得合金钢，从而可以提高钢的力学性能、工艺性能或物理、化学性能。合金钢在机械制造中的应用日益广泛，在一些恶劣环境中使用的设备，以及承受复杂的交变应力、冲击载荷和在摩擦条件下工作的零部件，往往离不开合金钢。因此，学习工业用钢的基础知识，对合金钢设计、制备、选用等都有十分重要的意义。

6.1 概　　述

工业用钢主要包括两大类：碳钢及合金钢。

碳钢具有价格低廉、便于获得、容易加工等优点，通过含碳量的增减和不同的热处理，获得不同性能的碳钢，以满足不同的应用需求。但碳钢淬透性低、回火抗力差、力学性能差等缺点，在一定程度上限制了其应用。例如，碳钢制成的零件尺寸不能太大，因为尺寸越大，淬透层越浅，表面硬度也越低，同时其他力学性能也越差。为提高碳钢的力学性能、工艺性能或物理、化学性能，在冶金时特意向钢中加入一些合金元素，这种钢就称为合金钢。

随着现代工业和科学技术的迅速发展，合金钢在机械制造中的应用日益广泛。一些在恶劣环境中使用的设备，以及承受复杂的交变应力、冲击载荷和在摩擦条件下工作的零部件，往往离不开合金钢。例如，重型运输机械和矿山机械的轴类、汽轮机叶片、大型电站设备的转子、汽车和拖拉机的一些主要零件如活塞销、齿轮等，它们所要求的表层和心部的力学性能都很高，如果选用碳钢就会因淬不透而达不到要求，因而必须选用合金钢。

又如，碳素工具钢制成的刀具虽经淬火加低温回火后得到高硬度，但耐磨性较差，刃部受热超过200℃就会软化而丧失切削能力。因此，对于要求耐磨、切削速度又较高、刃部受热超过200℃的一些刀具，就不得不选用合金工具钢或硬质合金来制造。此外，碳钢还不能满足一些特殊的性能要求，如耐热、耐低温（低温下有高韧性）、耐蚀性、高磁性、无磁性、高耐磨性等，而合金钢则能具备这些性能。

合金钢中，经常加入的合金元素有锰、硅、铬、镍、钼、钨、钒、钛、铌、稀土元素等。合金元素在钢中的作用是非常复杂的，迄今对它们的认识还不是很全面，不仅对多种合金元素在钢中的综合作用认识不足，即使对单一合金元素在钢中的作用也仍未完全搞清楚。

6.2 碳钢及其牌号

碳钢又称碳素钢，其冶炼工艺简单，价格低廉，具有较好的力学性能和工艺性能，因而广泛应用于机械制造和工程构件。为了在生产上合理选择和正确使用各种碳钢，必须了解我国目前碳钢的分类、牌号及用途，以及碳钢中一些杂质、非金属夹杂物等对其性能的影响。

6.2.1 常见元素对碳钢性能的影响

碳钢中除铁和碳两个主加元素外，由于矿石及冶炼过程还会带入其他元素（如 Mn、Si、S、P、H、N、O 等）及非金属夹杂物，这些都会对碳钢的组织和性能产生较大影响。

1. 锰的影响

锰是炼钢时用锰铁脱氧而残留于钢中的杂质元素。锰的脱氧能力较好，可消除钢中的有害气体，能防止和消除钢中的 FeO，降低钢的脆性，改善钢的品质。锰与硫作用形成 MnS，可减轻硫的有害作用，改善钢的加工工艺性能。室温下，锰在铁素体中有一定的溶解度，形成置换固溶体，使钢得以强化。锰能增加珠光体的相对含量，使珠光体细化，使钢的强度提高。碳钢中的 w_{Mn} 通常小于 0.8%，高含锰量碳钢 w_{Mn} 一般控制在 1.0%~1.2%。当锰含量不高，仅作为少量杂质存在时，对碳钢的性能影响并不显著。总之，锰在碳钢中是一种有益的元素，碳钢中必须保证一定的含锰量，以提高和改善钢性能。

2. 硅的影响

硅也是作为脱氧剂加入钢中的，硅的脱氧能力比锰更强，能消除 FeO 夹杂，改善钢质。硅在钢中不能溶于铁素体，可提高钢的强度、硬度和弹性，但硅使钢的塑性、韧性降低。因此，碳钢中的 w_{Si} 通常小于 0.35%。当硅作为少量杂质存在时，对碳钢性能影响并不显著，也是一种有益元素。

3. 硫的影响

硫是由矿石和燃料带入钢中的杂质元素。硫不溶于铁，以 FeS 形式存在，Fe-FeS 相图如图 6-1 所示。Fe 与 FeS 形成低熔点共晶，共晶温度为 989 ℃，并分布于钢的奥氏体晶界上。当钢材加热到 1 000~1 200 ℃进行锻、轧等压力加工时，由于低熔点共晶熔化而使钢在热加工过程中沿着晶粒边界开裂，表现极大脆性，称为"热脆"。为了消除硫的有害作用，在炼钢中加入锰铁以提高钢的含锰量，使锰与硫化物形成高熔点的 MnS（1 620 ℃），且 MnS 在高温时具有一定塑性，从而避免了热脆现象。钢中硫的含量必须严格控制，普通钢的 w_S 应小于 0.050%，优质钢的 w_S 应小于 0.035%，高级优质钢的 w_S 应小于 0.030%，特级优质钢的 w_S 应小于 0.020%。

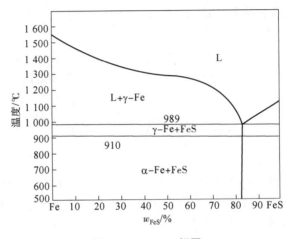

图 6-1　Fe-FeS 相图

4. 磷的影响

钢中的磷主要来自矿石。磷在钢中溶解于铁素体中，使钢的强度、硬度升高，但使钢在室温下的塑性、韧性急剧下降，并使钢的脆性转化温度升高，刚性变脆。这种现象低温时表现尤为突出，称为"冷脆"。磷的存在使钢的焊接性能变坏，同时，使钢在结晶过程中易于产生偏析，并难以用热处理方法消除。所以，磷在钢中通常是一种有害杂质，其含量也必须严格控制，普通钢的 w_P 应小于 0.045%，优质钢的 w_P 应小于 0.035%，高级优质钢的 w_P 应小于 0.030%，特级优质钢的 w_P 应小于 0.025%。

5. 非金属夹杂物的影响

炼钢中，炉渣、耐火材料及冶炼中反应产物的少部分可能残留于钢液中，形成非金属夹杂物，如氧化物、硫化物、氮化物、硅酸盐等。非金属夹杂物在钢中会降低钢的力学性能，特别是降低塑性、韧性和疲劳强度，严重时，使钢在热加工时产生裂纹或使用时突然发生脆断。非金属夹杂物能促使钢形成纤维组织与带状组织，使材料表现各向异性，降低冲击韧性。对于重要用途的钢，如滚动轴承钢、弹簧钢等，要检查非金属夹杂物的数量、大小、分布情况等，并按相应的等级标准进行评级检验。

此外，钢在冶炼过程中会吸收一些气体如氧、氮、氢等，也会对钢的质量产生不良影响。例如，钢中的氧量增加，会使钢的强度、韧性降低；钢中溶氢，会引起氢脆，也可使钢中产生白点（微裂纹），使钢易于产生脆断。

6.2.2　碳钢的分类

碳钢的分类方法很多，比较常用的有以下 4 种。

1. 按钢的含碳量分类

根据钢的含碳量，将钢分为以下三类。

低碳钢——$w_C \leq 0.25\%$；中碳钢——$w_C = 0.30 \sim 0.55\%$；高碳钢——$w_C \geq 0.65\%$。

2. 按冶炼方法分类

根据冶炼浇铸的脱氧剂及脱氧程度，将钢分为以下三类。

沸腾钢——在冶炼末期和浇注前，仅用弱脱氧剂（锰铁）轻微脱氧，使大量 FeO 存于钢液，钢锭凝固时，碳和 FeO 产生反应，钢液中不断溢出 CO 气泡而引起钢液表面剧烈沸腾，所以称为沸腾钢。沸腾钢成材率高，碳、硅含量低（$w_C < 0.27\%$，$w_{Si} \leq 0.03\%$），塑性好，但成分偏析大，组织致密性差。

镇静钢——钢液在浇铸前已经完全脱碳（相继用硅铁、锰铁和铝等），凝固时不沸腾，锭模内钢液平静，所以称为镇静钢。镇静钢的成材率较低，成本高，但成分偏析小，钢质均匀，组织致密，强度较高。

半镇静钢——钢液脱氧程度介于沸腾钢和镇静钢之间，浇铸时产生轻微沸腾，其组织和性能介于两者之间。

3. 按质量等级分类

根据钢中有害杂质硫和磷的含量划分质量等级：普通钢中 $w_S \leq 0.050\%$，$w_P \leq 0.045\%$；优质钢中 $w_S \leq 0.035\%$，$w_P \leq 0.035\%$；高级优质钢中 $w_S \leq 0.030\%$，$w_P \leq 0.030\%$；特级优质钢中 $w_S \leq 0.020\%$，$w_P \leq 0.020\%$。

4. 按钢的用途分类

根据碳钢的不同用途，将碳钢分为以下两种。

碳素结构钢——主要用于制造各种工程构件（如桥梁、船舶、建筑构件等）和机器零件（如齿轮、轴、曲轴、连杆等）。这类钢通常属于低碳钢和中碳钢。

碳素工具钢——主要用于制造各种加工工具，如刀具、模具、量具等。这类钢含碳量较高，通常属于高碳钢。

6.2.3　碳钢的牌号、性能和用途

1. 碳素结构钢

（1）普通碳素结构钢。普通碳素结构钢简称普碳钢，其冶炼容易、工艺性好、价廉，在力学性能上能满足一般工程结构及普通机器零件的性能要求，应用很广。这类钢的 S、P 含量较高，塑性、韧性相对较低，加工成型后一般不进行热处理，大部分在热轧退火或正火态下直接使用，通常以板材、带材及各种型材来供应。国家标准中，其钢的牌号由代表屈服强度的字母、屈服强度数值、质量等级符号、脱氧方法符号等四个部分按顺序组成。

例如 Q235AF，其中：

Q——钢材屈服强度"屈"字汉语拼音首字母；

235——屈服强度数值（不小于）；

A（A、B、C、D）——质量等级；

F——沸腾钢"沸"字汉语拼音首字母。

同理，b 表示半镇静钢，Z 表示镇静钢，TZ 表示特殊镇静钢；Z 与 TZ 在牌号中予以省略。

表 6-1 列出了普通碳素结构钢的牌号和化学成分。普通碳素结构钢 Q195、Q215、Q235 的塑性好，焊接性能好，强度较低，一般轧制成型材或带材供给，主要用于工程结构，如桥梁、高压线塔、建筑构架、金属构件和受力不大的机器零部件，如铆钉、螺钉、螺母、轴套及农机零件等。Q255、Q275 的强度高，可用于制造受力中等的普通机器零件，如链轮、拉杆、小轴、活塞销等。表 6-2 是普通碳素结构钢的主要力学性能指标。

表 6-1 普通碳素结构钢的牌号和化学成分

牌号	统一数字代号[a]	等级	厚度（或直径）/mm	脱氧方法	化学成分（质量分数）/%，不大于				
					C	Si	Mn	P	S
Q195	U11952	—	—	F、Z	0.12	0.30	0.50	0.035	0.040
Q215	U12152	A	—	F、Z	0.15	0.35	1.20	0.045	0.050
	U12155	B		F、Z					0.045
Q235	U12352	A	—	F、Z	0.22	0.35	1.40	0.045	0.050
	U12355	B		F、Z	0.20[b]				0.045
	U12358	C		Z	0.17			0.040	0.040
	U12359	D		TZ				0.035	0.035
Q275	U12752	A	—	F、Z	0.24	0.35	1.50	0.045	0.050
	U12755	B	≤40	Z	0.21			0.045	0.045
			≥40		0.22				
	U12758	C	—	Z	0.20			0.040	0.040
	U12759	D		TZ				0.035	0.035

a. 表中为镇静钢、特殊镇静钢牌号的统一数字代号，沸腾钢牌号的统一数字代号如下：
Q195F—U1195；
Q215AF—U12150，Q215BF—U12153；
Q235AF—U12350，Q235BF—U12353；
Q275AF—U12750。
b. 经需方同意，Q235B 的含碳量可不大于 0.22%。

（2）优质碳素结构钢。这类钢的品质高，S、P 含量低，非金属夹杂物少，出厂要求既保证钢的化学成分，又保证钢的力学性能，主要用于制造比较重要的机械零件。

优质碳素结构钢的牌号是用两位数字表示钢中平均含碳量的万分之几，如 08 钢表示钢的平均 $w_C = 0.08\%$，30 钢表示钢的平均 $w_C = 0.30\%$，45 钢表示钢的平均 $w_C = 0.45\%$。

优质碳素结构钢按钢中含锰量的不同，分为普通含锰量和较高含锰量两组：普通含锰量的 $w_{Mn} = 0.35\% \sim 0.8\%$，牌号中锰不标出；较高含锰量的 $w_{Mn} = 0.7\% \sim 1.2\%$，在数字后附加

表 6-2　普通碳素结构钢的主要力学性能指标

牌号	等级	屈服强度[a] R_{eL}/MPa，不小于						抗拉强度[b] R_m/MPa	断后伸长率 A/%，不小于						冲击试验（V形缺口）		
		厚度（或直径）/mm							厚度（或直径）/mm						温度/℃	冲击功（纵向）/J，不小于
		≤16	>16~40	>40~60	>60~100	>100~150	>150~200		≤40	>40~60	>60~100	>100~150	>150~200			
Q195	—	195	185	—	—	—	—	315~430	33	—	—	—	—	—	—
Q215	A	215	205	195	185	175	165	335~450	31	30	29	27	26	—	—
	B													+20	27
Q235	A	235	225	215	215	195	185	370~500	26	25	24	22	21	—	—
	B													+20	27[c]
	C													0	
	D													-20	
Q275	A	275	265	255	245	225	215	410~540	22	21	20	18	17	—	—
	B													+20	27
	C													0	
	D													-20	

a. Q195 的屈服强度仅供参考，不作为交货条件。

b. 厚度大于 100 mm 的钢材，抗拉强度下限允许降低 20 MPa。宽带钢（包括剪切钢板）抗拉强度上限不作为交货条件。

c. 厚度小于 25 mm 的 Q235B 级钢材，如供方能保证冲击功合格，经需方同意，可不做检验。

"Mn"，如 20Mn、40Mn、60Mn 等。如钢属沸腾钢，则在后面附加字母 "F"。

表 6-3 列出了优质碳素结构钢的牌号和化学成分。由表可知，08F～25 钢属于低碳钢，其特点是强度低而塑性、韧性高，焊接性能和冷冲压性能良好。08F 钢的含碳量很低，含硅量极少，属于沸腾钢，具有最低的强度，最好的塑性，一般轧成薄板带供应，主要用来制造冷冲压件。08、10F、15F 钢等，具有类似的性能与用途。10、15、20、25 钢，塑性好，具有良好的焊接性能和冷冲压性能，已用于制造各种冷冲压件、焊接件及承载较小、尺寸不大的渗碳件，如轴套、齿轮、轴、链轮等。通过渗碳和热处理，使工件心部具有一定的强度和较高的韧性，而表面获得高的硬度和耐磨性。

表 6-3 优质碳素结构钢的牌号和化学成分

序号	牌号	化学成分（质量分数/%）				
		C	Mn	Si	S	P
					不大于	
1	08F	0.05～0.11	0.25～0.50	≤0.03	0.035	0.035
2	10F	0.07～0.13	0.25～0.50	≤0.07	0.035	0.035
3	15F	0.12～0.18	0.25～0.50	≤0.07	0.035	0.035
4	08	0.05～0.11	0.35～0.65	0.17～0.37	0.035	0.035
5	10	0.07～0.13	0.35～0.65	0.17～0.37	0.035	0.035
6	15	0.12～0.18	0.35～0.65	0.17～0.37	0.035	0.035
7	20	0.17～0.23	0.35～0.65	0.17～0.37	0.035	0.035
8	25	0.22～0.29	0.50～0.80	0.17～0.37	0.035	0.035
9	30	0.27～0.34	0.50～0.80	0.17～0.37	0.035	0.035
10	35	0.32～0.39	0.50～0.80	0.17～0.37	0.035	0.035
11	40	0.37～0.44	0.50～0.80	0.17～0.37	0.035	0.035
12	45	0.42～0.50	0.50～0.80	0.17～0.37	0.035	0.035
13	50	0.47～0.55	0.50～0.80	0.17～0.37	0.035	0.035
14	55	0.52～0.60	0.50～0.80	0.17～0.37	0.035	0.035
15	60	0.57～0.65	0.50～0.80	0.17～0.37	0.035	0.035
16	65	0.62～0.70	0.50～0.80	0.17～0.37	0.035	0.035
17	70	0.67～0.75	0.50～0.80	0.17～0.37	0.035	0.035
18	75	0.72～0.80	0.50～0.80	0.17～0.37	0.035	0.035
19	80	0.77～0.85	0.50～0.80	0.17～0.37	0.035	0.035
20	85	0.82～0.90	0.50～0.80	0.17～0.37	0.035	0.035
21	15Mn	0.12～0.18	0.70～1.00	0.17～0.37	0.035	0.035
22	20Mn	0.17～0.23	0.70～1.00	0.17～0.37	0.035	0.035
23	25Mn	0.22～0.29	0.70～1.00	0.17～0.37	0.035	0.035
24	30Mn	0.27～0.34	0.70～1.00	0.17～0.37	0.035	0.035
25	35Mn	0.32～0.39	0.70～1.00	0.17～0.37	0.035	0.035

续表

序号	牌号	化学成分（质量分数/%）				
		C	Mn	Si	S	P
					不大于	
26	40Mn	0.37~0.44	0.70~1.00	0.17~0.37	0.035	0.035
27	45Mn	0.42~0.50	0.70~1.00	0.17~0.37	0.035	0.035
28	50Mn	0.48~0.56	0.70~1.00	0.17~0.37	0.035	0.035
29	60Mn	0.57~0.65	0.70~1.00	0.17~0.37	0.035	0.035
30	65Mn	0.62~0.70	0.90~1.20	0.17~0.37	0.035	0.035
31	70Mn	0.67~0.75	0.90~1.20	0.17~0.37	0.035	0.035

　　30~55 钢属于中碳钢，可在正火或调质态下使用。这些钢经调质处理后，具有较高的强度，较好的塑性和韧性，即良好的综合力学性能，是碳钢中应用最广的一类。主要用于制造载荷较小、受力复杂的齿轮、轴、连杆、套筒等，如汽车和拖拉机的曲轴、机车的低速齿轮和轴。60~85 钢属于高碳钢，可在淬火+中温回火态下使用。这类钢经淬火+中温回火处理后，具有高的弹性极限和屈服强度，高的强度比（R/R_m），适合用来制造各种弹簧，如汽车和拖拉机的板弹簧、螺旋弹簧、弹簧发条等。表 6-4 列出了优质碳素结构钢的力学性能、推荐热处理工艺和主要用途。

表 6-4　优质碳素结构钢的性能、推荐热处理工艺和主要用途

牌号	力学性能					推荐热处理工艺/℃			主要用途
	R_m/MPa	R_{eL}/MPa	A/%	Z/%	K/J	正火	淬火	回火	
	不小于								
08F	295	175	35	60	—	930	—	—	好的塑性和焊接性，宜作为冷冲压件、焊接件，以及一般受力螺钉、螺母、铆钉、小型渗碳齿轮、轴等
10F	315	185	33	55	—	930	—	—	
15F	355	205	29	55	—	920	—	—	
08	325	195	33	60	—	930	—	—	
10	335	205	31	55	—	930	—	—	
15	375	225	27	55	—	920	—	—	
20	410	245	25	55	—	910	—	—	
25	450	275	23	50	71	900	870	600	
30	490	295	21	50	63	880	860	600	较高的综合性能，可用作承载较大的零件，如连杆、曲轴、齿轮等
35	530	315	20	45	55	870	850	600	
40	570	335	19	45	47	860	840	600	
45	600	355	16	40	39	850	840	600	
50	630	375	14	40	31	830	830	600	
55	645	380	13	35	—	820	820	600	

牌号	力学性能					推荐热处理工艺/℃			主要用途
	$R_m/$ MPa	$R_{eL}/$ MPa	$A/\%$	$Z/\%$	K/J	正火	淬火	回火	
	不小于								
60	675	400	12	35	—	810	—	—	高硬度、高屈服强度，宜作为弹性及耐磨零件，如板簧、弹簧垫、轧辊等
65	695	410	10	30	—	810	—	—	
70	715	420	9	30	—	790	—	—	
75	1080	880	7	30	—	—	820	480	
80	1080	930	6	30	—	—	820	480	
85	1130	980	6	30	—	—	820	480	
15Mn	410	245	26	55	—	920	—	—	用来制造渗碳零件、受磨损零件，以及尺寸较大的弹性元件，或要求较高强度的零件等
20Mn	450	275	24	50	—	910	—	—	
25Mn	490	295	22	50	71	900	870	600	
30Mn	540	315	20	45	63	880	860	600	
35Mn	560	335	18	45	55	870	850	600	
40Mn	590	355	17	45	47	860	840	600	
45Mn	620	375	15	40	39	850	840	600	
50Mn	645	390	13	40	31	830	830	600	
60Mn	695	410	11	35	—	810	—	—	
65Mn	735	430	9	30	—	830	—	—	
70Mn	785	450	8	30	—	790	—	—	

2. 碳素工具钢

碳素工具钢的牌号是在汉字碳拼音首字母 T 后附以平均含碳量的千分之几，如 T8 钢表示钢的平均 w_C 为 0.8%，T12 钢表示钢的平均 w_C 为 1.2%。若为高级优质碳素工具钢，则在牌号后加字母 A，如 T8A、T10A、T12A 等。

表 6-5 列出了碳素工具钢的牌号和化学成分。碳素工具钢的成分特点是高碳、硫磷及杂质含量低且限制较严格。碳素工具钢的使用状态为淬火+低温回火，以保证足够的硬度和耐磨性。碳素工具钢的含碳量越高，硬度及耐磨性越高，但韧性越差。一般来说，T7、T8 钢适宜制作耐磨性要求较低、承受冲击和要求韧性较高的工具，如木工工具、剪刀、手锤等。T10、T11 钢适宜制作承受冲击振动较小而切削力较大的工具，如丝锥、拉丝模、手工锯条等。T12、T13 钢则适宜制作不承受冲击而要求耐磨性高的工具，如铰刀、刮刀、冲模孔等。

表 6-5　碳素工具钢的牌号和化学成分

序号	牌号	化学成分（质量分数）/%				
		C	Mn	Si	S	P
					不大于	
1	T7	0.65~0.74	≤0.40	≤0.35	0.030	0.035
2	T8	0.75~0.84	≤0.40	≤0.35	0.030	0.035
3	T8Mn	0.80~0.90	0.40~0.60	≤0.35	0.030	0.035
4	T9	0.85~0.94	≤0.40	≤0.35	0.030	0.035
5	T10	0.95~1.04	≤0.40	≤0.35	0.030	0.035
6	T11	1.05~1.14	≤0.40	≤0.35	0.030	0.035
7	T12	1.15~1.24	≤0.40	≤0.35	0.030	0.035
8	T13	1.25~1.35	≤0.40	≤0.35	0.030	0.035

6.3　钢中合金元素的作用

碳钢中加入合金元素后，可以改善钢的使用性能和工艺性能，使合金钢得到许多碳钢所不具备的优良或特殊的性能。例如，合金钢具有较高的硬度和强度，良好的工艺性能，如冷变形性、淬透性、回火稳定性和焊接性等。合金钢之所以具备这些性能，主要是因为合金元素与铁、碳之间的相互作用改变了钢的内部组织结构。

6.3.1　合金元素在钢中的分布

钢中经常加入的合金元素有 Si、Mn、Cr、Ni、Mo、W、V、Ti、Nb、Zr、Al、Co、B、RE 等，某种情况下 P、S、N 等也可以起合金元素的作用。这些元素加入钢中之后究竟以什么形式存在呢？一般来说，它们或是溶于碳钢原有的相（如铁素体、奥氏体、渗碳体等）中，或是形成碳钢中原来没有的新相。概括来讲，它们有以下几种存在形式。

（1）镍、硅、钴只溶于铁素体，不形成碳化物。

（2）钒、钛、铌是强烈碳化物形成元素，它们在钢中不论含量多少，都是以碳化物形式存在。至于钼和钨，如果钢中存在足够多的碳，且钢中不含钒、钛、铌，或者这些已优先与钢中的碳结合后尚有多余的碳量时，钼和钨也可以和钢中的碳形成碳化物。

（3）锰和铬是既溶于铁素体，又可以形成碳化物的元素。锰是形成碳化物倾向最小的元素，其形成碳化物的能力仅比铁稍强，故通常以 $(Fe,Mn)_3C$ 形式存在。铬形成碳化物的能力比锰强，根据 Cr/C 比值的不同，铬可形成 $(Fe,Cr)_3C$、$Cr_{23}C_6$、Cr_7C_3 几种形式的碳化物。

（4）合金元素除了溶于基体或形成碳化物外，也可形成金属间化合物，如 Ni_3Al、Ni_3Ti 是镍基高温合金的强化相，Ni_3Mo、FeTi 是超高强度马氏体时效钢的主要强化相，FeCr 化合物，也称 σ 相，是造成不锈钢脆性的原因之一。

最后，还有微量元素如 As、Sb、Sn 等偏聚于晶界，会造成第二类回火脆性。

6.3.2　合金元素在钢中的作用

碳钢中的基本相，在退火、正火及调质态时均为铁素体和渗碳体。当钢中加入少量合金元素时，有可能一部分溶于铁素体内形成合金铁素体，而另一部分溶于渗碳体内形成合金渗碳体。与碳亲和力很弱的非碳化物形成元素如 Ni、Si、Al、Co 等，基本上都溶于铁素体内，以合金铁素体形式存在；而与碳亲和力较强的碳化物形成元素如 Cr、W、Mo、V、Nb 等，基本上置换渗碳体内的铁原子而形成合金渗碳体，如（Fe,Cr)$_3$C、（Fe,W)$_3$C 等。Mn 是与碳亲和力较弱的碳化物形成元素，它的一小部分溶于渗碳体内，而大部分则溶于铁素体内。当钢中碳化物形成元素含量增加时，除形成合金渗碳体外，还形成合金碳化物。

凡溶于铁素体的元素都使其性能如硬度、韧性发生变化，但各元素的影响程度是不同的，如图 6-2 所示。

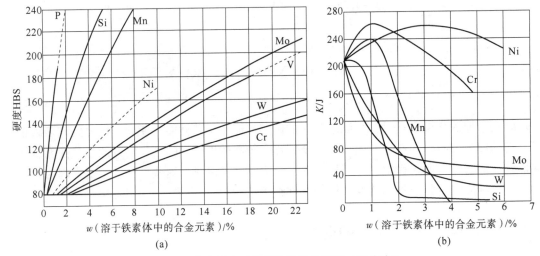

图 6-2　合金元素对铁素体性能的影响（退火态）

（a）对硬度的影响；（b）对韧性的影响

一般来说，凡合金元素的原子半径与铁的原子半径相比相差越大，以及合金元素的晶格形式与铁素体不相同时，则该元素对铁素体的强化效果也越显著。由图 6-2（a）可知，Mn、Si、Ni 等强化铁素体的作用比 Cr、W、Mo 等要大，其原因即在于此。合金元素对铁素体韧性的影响如图 6-2（b）所示。由图可知，w_{Si}<0.6%，w_{Mn}<1.5% 时，其 K 不降低，当超过此值时则有下降趋势；Cr、Ni 在适当的含量范围内（w_{Cr}<2%，w_{Ni}<5%）尚能提高铁素体的韧性。据此，通常使用的合金结构钢中合金元素的含量范围都有一定限度。图 6-2 所列数据是指退火态的，在正火、调质态下，含有 Mn、Cr、Ni 等的铁素体，其硬度一般较退火态高。

渗碳体是一种稳定性最低的碳化物，因为渗碳体中 Fe 与 C 的亲和力最弱。合金元素溶于渗碳体内，增强了 Fe 与 C 的亲和力，从而提高了其稳定性。稳定性较高的合金渗碳体较难溶于奥氏体，也较难聚集长大。

在高碳高合金钢中，除渗碳体型碳化物外，还经常出现各种稳定性更高的合金碳化物（如 Mn$_3$C、Cr$_7$C$_3$、Fe$_4$W$_2$C 等）和稳定性特高的特殊碳化物（如 WC、MoC、W$_2$C、VC、TiC 等）。稳定性越高的碳化物越难溶于奥氏体，也越难聚集长大，耐磨性增加，但塑性和韧性会下降。

6.3.3　合金元素对 Fe-Fe₃C 相图的影响

为了阐明合金元素对 Fe-Fe₃C 相图的影响规律，有必要先了解一下合金元素与铁的相互作用。

图 6-3 ~ 图 6-7 为铁与一些合金元素所构成的二元相图。由图可见，Ni、Mn、Co、C、N、Cu 等元素与 Fe 相互作用能扩大 γ 区，而 Cr、Mo、W、V、Ti、Nb、Zr、Al、Ge、B、Ta、Si 等元素与 Fe 相互作用能缩小 γ 区。因此，合金元素对 Fe-Fe₃C 相图的影响也大致有两种情况：扩大 γ 区的元素与缩小 γ 区的元素。扩大 γ 区的元素，它们可使 A_4 点升高而 A_3 点下降，相应地使 A_1 点也降低。这些元素阻止了 $\gamma \longrightarrow \alpha$ 的转变（见图 6-8），也常称稳定奥氏体的元素。当这些元素含量很高时，可在室温下保持奥氏体组织，形成奥氏体钢，如奥氏体不锈钢。而缩小 γ 区的元素及形成碳化物的元素，则使 A_4 点降低而 A_3 点升高，A_1 点也相应升高。当添加这类元素的含量足够多时，可使 γ 区封闭，形成单一的铁素体组织（见图 6-9），所以这类元素也叫稳定铁素体的元素，如 Cr17 即为铁素体不锈钢。

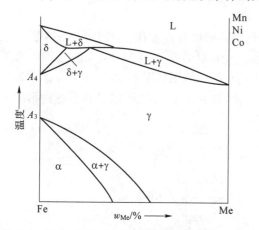

图 6-3　扩大 γ 区并与 γ-Fe 无限互溶的 Fe-Me 相图

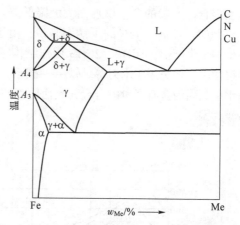

图 6-4　扩大 γ 区并与 γ-Fe 有限互溶的 Fe-Me 相图

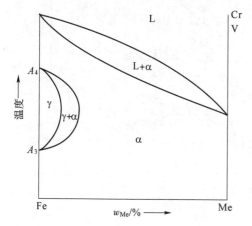

图 6-5　缩小并封闭 γ 区与
α-Fe 无限互溶的 Fe-Me 相图

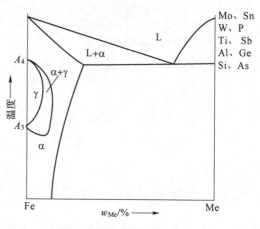

图 6-6　缩小并封闭 γ 区与
α-Fe 有限互溶的 Fe-Me 相图

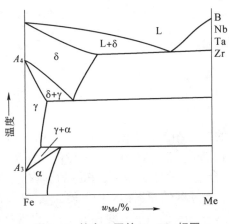

图 6-7　缩小 γ 区的 Fe-Me 相图

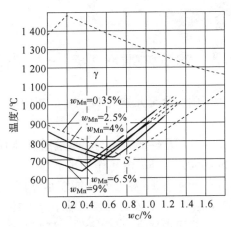

图 6-8　Mn 对 Fe-Fe₃C 相图的影响

合金元素不仅改变了 Fe-Fe₃C 相图中的相区和相变温度，也改变了相图中的主要成分点，所在的合金元素均使 E 点和 S 点向左移动。这就是说，合金钢中共析成分不再是 $w_C = 0.77\%$，而钢与铁的分界线原先是以出现莱氏体为标志的 E 点成分（$w_C = 2.11\%$），现可能因合金元素的含量增加而大大降低。

例如，对 $w_{Cr} = 13\%$ 的不锈钢来说，由于铬使钢的共析成分点左移，1Cr13、2Cr13 属于亚共析钢。生产上，1Cr13、2Cr13 用作结构零件，如汽轮机叶片等；而 3Cr13、4Cr13 则作为工具钢使用，如医用手术刀等。铁-铬-碳系合金（铬钢）的组织图如图 6-10 所示。高速钢和高铬钢中都因为含有大量的合金元素而使 E 点左移，因而钢中含有一定量的莱氏体，这使钢的锻造较为困难。

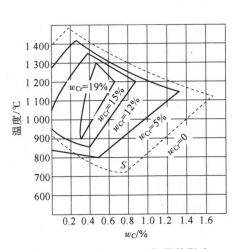

图 6-9　Cr 对 Fe-Fe₃C 相图的影响

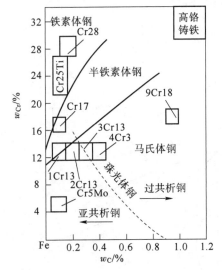

图 6-10　铁-铬-碳系合金（铬钢）的组织图

6.3.4　合金元素对热处理工艺的影响

1. 合金元素对钢在加热时奥氏体化的影响

合金钢的奥氏体化过程基本上是由碳的扩散来控制的。合金元素的加入对碳的扩散及碳化物的稳定性有直接影响，某些非碳化物形成元素（如 Co、Ni 等）能增加碳的扩散速度，加速奥氏体的形成；而大部分合金元素使碳的扩散速度降低，特别是强碳化物形成元素。对含有这类元素的合金，通常采用升高加热温度或延长保温时间的方法来促进奥氏体成分的均匀化。

合金元素对钢在热处理时奥氏体晶粒度也有不同程度的影响，例如：P、Mn 等促进奥氏体晶粒长大；Ti、Nb、N 等可强烈阻止奥氏体晶粒长大；W、Mo、Cr 等对奥氏体晶粒长大起到一定的阻碍作用；Si、Co、Cu 等影响不大。

2. 合金元素对钢的淬透性的影响

实践证明，除 Co、Al 外，能溶入奥氏体中的合金元素都可减缓奥氏体的分解速度，使 C 曲线右移并降低 M_s（见图 6-11），因此，能提高钢的淬透性。合金元素减缓奥氏体转变速度的原因主要是合金元素溶入奥氏体后阻止了碳的析出和扩散。

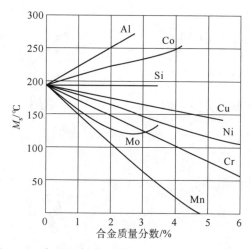

图 6-11　合金元素对马氏体开始转变温度 M_s 的影响

3. 合金元素对回火转变的影响

（1）提高钢的回火稳定性。回火稳定性是指钢对回火时发生软化过程的抵抗能力。合金元素能使铁、碳原子扩散速度减慢，使淬火钢回火加热时马氏体不易分解，析出的碳化物也不易聚集长大，保持一种较细小、分散的组织状态，从而使钢的硬度随回火温度的升高而下降的程度减弱。因此，与碳钢相比，在同一温度回火时，合金钢的硬度和强度高，这有利于提高结构钢的强度、韧性和工具钢的热硬性。

（2）产生二次硬化。当含较多碳化物形成元素的高合金钢在 500~600 ℃ 回火时，其硬度并不降低，反而升高，这种现象称为二次硬化。产生二次硬化的原因是这类钢在该温度范围内回火时，将析出细小、弥散的特殊化合物，如 Mo_2C、W_2C、VC 等，这类碳化物硬度很高，在高温下也非常稳定，难以聚集长大，因此具有热强性。例如，具有高温热硬性的高速钢就是靠 W、Mo、V 的这种特性来实现的。

（3）回火脆性。合金元素对淬火钢回火后力学性能的不利影响主要是回火脆性。

①第一类回火脆性及特征：几乎所有淬火后形成马氏体组织的碳钢和合金钢，在 250~350 ℃ 回火时出现的脆性，都称为第一类回火脆性或低温回火脆性。

第一类回火脆性的主要特征是在脆化温度区回火时，无论采用何种回火方法或何种冷却速度,都难以避免脆性。如果将已经脆化的钢件重新加热到高于脆化温度回火,脆性可消失;若将脆化消失的钢件再次置于脆化温度区间回火,脆性也不会重复出现,因此第一类回火脆性又叫不可逆回火脆性。虽然出现脆性时并不发生塑性降低和强度升高,但韧性降低将影响钢强韧性的配合。对于那些强韧性要求较高又必须在低温区间回火的钢种,第一类回火脆性的影响就显得更为重要。

图 6-12 表示了含碳量对 Cr-Mn 钢($w_{Cr} = 1.4\%$、$w_{Mn} = 1.1\%$、$w_{Si} = 0.2\%$、$w_{Ni} = 0.2\%$)第一类回火脆性的影响。从图中可知,随回火温度升高,钢的硬度降低,而冲击韧性在 $300 \sim 350$ ℃最低,并且含碳量越低,冲击韧性下降越显著。

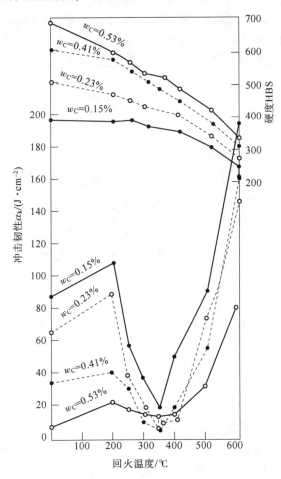

图 6-12 含碳量对 Cr-Mn 钢($w_{Cr} = 1.4\%$、$w_{Mn} = 1.1\%$、$w_{Si} = 0.2\%$、$w_{Ni} = 0.2\%$)
第一类回火脆性的影响

一般认为,第一类回火脆性是在马氏体分解时,沿马氏体板条或马氏体片之间的界面析出了断续分布的薄壳状的碳化物,像 ε 碳化物等,降低了晶界的断裂强度,而导致脆性断裂。如果提高回火温度,所析出碳化物聚集和球化,使脆界面的状态得到改善,从而使钢的韧性又重新恢复或提高。

合金钢中的元素并不能抑制第一类回火脆性,但钢中的 Si、Cr、Mo 等能使回火脆化温度升至更高温度,如含 $w_{Si} = 1.0\% \sim 1.5\%$ 的钢的低温脆化温度可提高至 $300 \sim 320$ ℃;而含 $w_{Si} = 1.0\% \sim 1.5\%$、$w_{Cr} = 1.5\% \sim 2.0\%$ 的钢的低温脆化温度可提高至 $350 \sim 370$ ℃。目前,防止第一类回火脆性的唯一有效办法就是避免在钢的脆化温度范围内进行回火。

②第二类回火脆性及特征：淬火钢在 450~550 ℃ 或更高至 650 ℃ 左右回火后缓冷，出现的韧性降低，称为第二类回火脆性或高温回火脆性。

第二类回火脆性的主要特征是除了在 450~650 ℃ 回火会引起脆性外，在较高温度回火后，缓慢通过脆性区也会引起脆性，而快冷通过脆性区则不引起脆性。

第二类回火脆性的另一个重要特征是已脆化的钢件，重新加热到原回火温度以上回火，然后快冷至室温，可消除脆性。脆性消除后，再次加热到脆化温度而后缓冷，脆性再次出现。因此，这类回火脆性又叫可逆回火脆性。

图 6-13 所示为含铬镍合金钢（$w_C = 0.35\%$、$w_{Mn} = 0.52\%$、$w_{Ni} = 3.44\%$、$w_{Cr} = 1.05\%$）的冲击韧性与回火温度及保温时间的关系。由图可以看出，脆性区回火时间短时，慢冷产生脆性，而快冷不产生脆性；脆性区回火时间长时，无论慢冷还是快冷都会产生脆性。

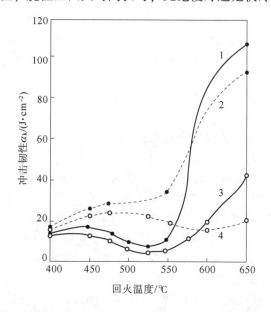

1—脆性区回火保温时间短，慢冷；2—脆性区回火保温时间短，快冷；
3—脆性区回火保温时间长，慢冷；4—脆性区回火保温时间长，快冷。

图 6-13　含铬镍合金钢（$w_C = 0.35\%$、$w_{Mn} = 0.52\%$、$w_{Ni} = 3.44\%$、$w_{Cr} = 1.05\%$）
的冲击韧性与回火温度及保温时间的关系

碳钢一般不产生第二类回火脆性，含有 Cr、Ni、Mn 等的合金钢第二类回火脆性倾向较大，而 W、Mo 等合金元素可有效地减弱第二类回火脆性的倾向。关于第二类回火脆性产生的原因，一般认为与 P、Sn、Sb、As 等杂质元素在原奥氏体晶界上偏聚有关，Cr、Ni、Mn 等合金元素促进杂质元素的偏聚，且这些元素本身也易于在晶界上偏聚。偏聚的结果是减弱了晶界上原子间的结合力，使晶界的断裂强度降低，产生第二类回火脆性。W 和 Mo 等元素可抑制 P、Sn、Sb、As 等杂质元素向晶界偏聚，从而抑制第二类回火脆性。对于不能快冷的大型结构件，常加入足量的 W 或 Mo 来防止第二类回火脆性的发生。

此外，纯化钢材、减小钢中杂质元素含量，也是显著减弱第二类回火脆性的有效方法。

合金钢种类繁多，为了便于生产、使用、外贸、科研、统计等工作，常按用途将合金钢分为三类：合金结构钢、合金工具钢、特殊性能钢。这对我们现在学习和将来合理选用钢材也具有重要的意义。

6.4　合金结构钢

工业上凡是用于制造各种机械零件及用于建筑工程结构的钢都称为结构钢。

碳素结构钢的冶炼及加工工艺均比较简单，成本低，所以这类钢的生产量在全部结构钢中占有很大比例。但在形状复杂、截面较大、要求淬透性较好及力学性能较高的情况下，就必须采用合金结构钢。

合金结构钢的特点是在碳素结构钢的基础上适当地加入一种或数种合金元素，常加入元素有 Cr、Mn、Si、Ni、Mo、W、V、Ti 等。

采用合金结构钢来制造各类机械零件，除了因为它们有较高的强度或较好的韧性，另一个重要的原因是合金元素的加入增加了钢的淬透性，有可能使工件在整个截面上得到均匀一致的良好的综合力学性能，即具有高强度的同时具有足够的韧性，从而保证零件的长期安全使用。

由于合金结构钢是机械制造、交通运输、石油化工及工程建筑等方面应用最广、用量最大的金属材料，因此合理选用合金结构钢对节约钢材具有重要的意义。

合金结构钢主要包括低合金高强度结构钢、易切削钢、渗碳钢、渗氮钢、调质钢、弹簧钢、滚动轴承钢等几类。

合金结构钢的编号原则是依据国家标准的规定，采用数字+化学元素+数字的方法。前面的数字表示碳的平均含量，以万分之几表示，如平均 w_C 为 0.25% 则以 25 表示。合金元素直接用化学符号（或汉字）表示，后面的数字表示合金元素的含量，以平均含量的百分之几表示。合金元素的质量分数少于 1.5% 时，编号中只标明元素，一般不标明含量，如果平均 w_C 大于或等于 1.5%、2.5%、3.5% 则相应地用 2、3、4 表示，例如：$w_C = 0.37\% \sim 0.45\%$、$w_{Cr} = 0.8\% \sim 1.1\%$ 的铬钢，以 40Cr 或（40 铬）表示；$w_C = 0.57\% \sim 0.65\%$，$w_{Si} = 1.5\% \sim 2.0\%$、$w_{Mn} = 0.6\% \sim 0.9\%$ 的硅锰钢，以 60Si2Mn（或 60 硅 2 锰）来表示。若为含 S、P 量较低的高级优质合金钢，则在牌号的最后加 A（或"高"字），如 20Cr2Ni4A（或 20 铬 2 镍 4 高）。

此外，为了表示钢的用途，往往在牌号的前面再附加字母，例如：滚动轴承钢在前面加 G，后面的数字表示铬的含量，以平均含量的千分之几表示，如 GCr9（滚铬 9）。

6.4.1　低合金高强度结构钢

1. 用途

低合金高强度结构钢是在低碳钢的基础上加入少量合金元素（合金元素总的质量分数一般在 3% 以下）而得到的，主要用于制造桥梁、船舶、车辆、锅炉、高压容器、输油输气管道和大型钢结构等。

2. 性能要求

（1）高强度。一般低合金高强度结构钢屈服强度在 295 MPa 以上，强度高才能减轻结构自重。

（2）足够的塑性和韧性。大型工程结构一旦发生断裂，往往会带来灾难性的后果，尤其是低温下工作的构件，必须有良好的韧性。

（3）良好的焊接性能。大型结构多数都要采用焊接结构，所以具有良好的焊接性能是这种钢的重要性能特点。

3. 成分特点

（1）低碳。碳的质量分数一般不超过 0.20%，以满足韧性、焊接性和冷成型性要求。

（2）加入以锰为主的合金元素。以资源丰富的锰为主要合金元素，节省贵重的镍、铬元素。

（3）加入铌、钛、钡等附加元素。加入此类元素可以形成微细碳化物，从而提高钢的屈服极限、强度极限及低温冲击韧性。

（4）加入铜、磷及稀土元素。加入少量铜和磷等，可提高耐腐蚀能力。加入少量稀土元素，可以脱硫、去气。

4. 热处理特点

这类钢一般在热轧空冷状态下使用，无须专门的处理。若改善焊接性能，可进行正火。

5. 常用钢种

低合金高强度结构钢力学性能和加工性能良好，日益受到重视。GB/T 1591—2018 中规定了低合金高强度结构钢类，其牌号中 Q 表示屈服强度。热轧低合金高强度结构钢的牌号、化学成分、力学性能及用途列在表 6-6 中，它们按屈服强度 355~460 MPa 分为四档九等级。

表 6-6　热轧低合金高强度结构钢的牌号、化学成分、力学性能及用途

牌号	质量等级	化学成分（质量分数）/%，不大于						力学性能			用途
		C	Si	Mn	Nb	V	Ti	厚度≤16mm	厚度≤40mm		
								R_{eL}/MPa	R_m/MPa	A/%	
Q355	B	0.24		1.6	—	—	—	355	470~630		桥梁、船舶、车辆、压力容器、建筑结构等
	C	0.20									
	D										
Q390	B		0.55					390	490~650	≥20	桥梁、高压容器、大型船舶、电站设备等
	C			1.7							
	D										
Q420	B	0.20			0.05	0.13	0.05	420	520~680		大型焊接结构、船舶、大桥、管道等
	C										
Q460	C			1.8				460	550~720	18	中温（400~500 ℃）高压容器

这类钢的特点如下。

（1）通过合金化和热处理改变基体组织以提高强度，即加入较多种合金元素，如 Cr、Mn、Mo、Ni、Si、B 等。通过淬火和高温回火，使钢获得低碳索氏体组织，得到良好的综合力学性能和焊接性能。这类钢发展很快，强度已达到 800 MPa 级，低温韧性非常好，已用于重型车辆、桥梁及舰艇。

（2）超低碳化。为了充分保证韧性和焊接性，需进一步降低含碳量，碳的质量分数甚

至降到 0.02%~0.04%，不过此时需要采用真空冶炼或真空去气冶炼工艺。

（3）控制轧制。把细化晶粒与合理轧制结合起来，实际控制轧制。Nb、V 等轧制温度下溶入奥氏体中，能抑制或延缓奥氏体的再结晶过程，使钢获得小于 5 μm 的超细晶粒，从而保证得到高强度和高韧性。

6.4.2 渗碳钢

渗碳钢通常是指经渗碳淬火、低温回火后使用的钢。它一般为低碳的优质碳素结构钢与合金结构钢。

1. 用途

主要用于制造要求高耐磨性并承受动载荷的零件，如汽车和拖拉机的变速齿轮、内燃机上的凸轮轴、活塞销等机器零件。工作中它们承受强烈的摩擦和动载荷。

2. 性能要求

（1）渗碳层具有高硬度。

（2）渗碳体工件心部要有高韧性和足够高的强度，具有一定的抗冲击能力。

（3）有良好的热处理工艺性能。例如，在高的渗碳温度下，奥氏体晶体长大倾向小，并且具有良好的淬透性。

3. 成分特点

（1）低碳。碳的质量分数一般在 0.10%~0.25%，以保证工件心部有足够的塑性和韧性。

（2）加入 $Cr(w_{Cr}<2\%)$、$Ni(w_{Ni}<4\%)$、$Mn(w_{Mn}<2\%)$ 和微量的 B 等。这些元素的加入，既可改善渗碳零件心部组织和性能，又可提高渗碳层的性能。其中 Ni 的作用最好。

（3）加入 $V(w_V<0.4\%)$、$Ti(w_{Ti}<0.1\%)$、$W(w_W<1.2\%)$ 和 $Mo(w_{Mo}<0.6\%)$ 等碳化物形成元素，可以细化晶粒，抑制钢件在渗碳时发生过热现象。

4. 常用渗碳钢

（1）碳素渗碳钢。一般用优质碳素结构钢中 15、20 钢，用于制造承受载荷较低、形状简单、不太重要但要求耐磨的小型零件。

（2）合金渗碳钢。按淬透性大小分为以下三类。

①低淬透性合金渗碳钢。这类钢水淬临界直径为 20~35 mm，如 20Cr、20MnV 等渗碳时，心部晶粒易长大（特别是锰钢），淬透性低，心部强度低，只适用于制造受冲击载荷较小的耐磨件，如小轴、活塞销、小齿轮等。

②中淬透性合金渗碳钢。这类钢油淬临界直径为 25~60 mm，如典型钢种 20CrMnTi，它具有良好的力学性能和工艺性能，淬透性较高，渗碳层比较均匀，热处理变形较小，因此大量用于制造承受高速重载、要求抗冲击和耐磨损的零件，特别是汽车、拖拉机上的重要齿轮。

③高淬透性合金渗碳钢。这类钢油淬临界直径一般在 100 mm 以上，典型钢种为 12Cr2Ni4A、18Cr2Ni4WA，因其含有较多的 Cr、Ni 等元素，不但淬透性高，而且具有很好

的韧性，特别是低温冲击韧性，主要用于制造大截面、高载荷的重要耐磨件，如飞机、坦克中的曲轴及重要齿轮等。常用渗碳钢的牌号、化学成分、热处理、力学性能及用途举例如表6-7所示。

近年来，生产中采用渗碳钢直接进行淬火和低温回火，以获得低碳马氏体组织，制造某些要求综合力学性能较高的零件，如传递动力的轴、重要的螺栓等，在某些场合下，还可以代替中碳钢的调质处理。

下面以20CrMnTi钢制造汽车变速箱齿轮为例，来分析其热处理工艺和工艺路线的安排。

例6-1：分析讨论20CrMnTi钢制造汽车变速箱齿轮的热处理工艺和工艺路线的安排。

解：（1）技术要求：渗碳层厚度 1.2～1.6 mm，$w_C = 1.0\%$；齿顶硬度 58～60 HRC，心部硬度 30～50 HRC。照此要求，如选用 20Cr 是不能满足要求的，故选用中淬透性的20CrMnTi。

（2）根据技术要求，确定其热处理工艺曲线如图6-14所示。

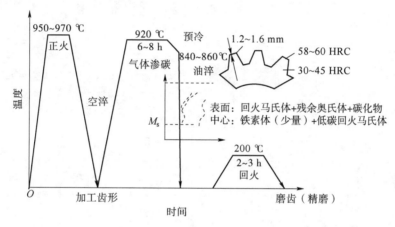

图6-14 20CrMnTi制造汽车变速箱齿轮的热处理工艺曲线

（3）20CrMnTi钢制造汽车变速箱齿轮的整个生产过程的工艺路线如下：

锻造→正火→加工齿形→局部镀铜→渗碳→预冷淬火、低温回火→喷丸→磨齿（精磨）。

齿轮毛坯在锻造后，先做正火处理，目的是消除锻造状态的不正常组织，以利于切削加工，保证齿形合格。正火后硬度为170～210 HBS，切削加工性能良好。

20CrMnTi钢的渗碳温度定为920 ℃左右，渗碳时间根据所要求的渗碳层厚度（1.2～1.6 mm），然后查有关表确定为6～8 h。经渗碳后，自渗碳温度预冷到840～860 ℃再直接油淬，这是20Cr钢和18CrNi4V钢无法实现的。20Cr钢直接淬火淬层获得很多的马氏体。18CrNi4V钢直接淬火后获得很多的残余奥氏体，还要经过高温回火予以去除。20CrMnTi钢预冷的目的是减小淬火时残余奥氏体和淬火后的变形。在预冷过程中渗碳层要析出部分碳化物，但预冷温度不能降至840 ℃以下，否则心部有铁素体析出。预冷淬火后表层为细针状马氏体+残余奥氏体+碳化物，心部组织上为低碳马氏体和允许有少量铁素体。

淬火之后经200 ℃低温回火2～3 h后，其表面层具有很高的硬度（58～60 HRC）和耐磨性，其心部具有高强度和足够的冲击韧性的良好配合。

表 6-7　常用渗碳钢的牌号、化学成分、热处理、力学性能及用途举例

种类	牌号	化学成分（质量分数）/% C	Mn	Si	Cr	Ni	Mo	V	Ti	其他	试样毛坯尺寸/mm	热处理温度/℃ 渗碳	第一次淬火	第二次淬火	回火	力学性能（不小于） ReL/MPa	Rm/MPa	A/%	Z/%	K/J	用途举例
碳钢	15	0.12~0.19	0.35~0.65	0.17~0.37	—	—	—	—	—	P、S≤0.035	25	900~950	~920 空气	—	—	225	375	27	55	—	形状简单、受力小的小型渗碳件
	20	0.17~0.24	0.35~0.65	0.17~0.37	—	—	—	—	—	P、S≤0.035	25		~900 空气	—	—	245	410	25	65	—	形状简单、受力小的小型渗碳件
低淬透性合金渗碳钢	20Mn2	0.17~0.24	1.40~1.80	0.17~0.37	—	—	—	—	—	—	15		850 水/油	—	200 水/油	590	785	10	40	47	代替20Cr钢
	15Cr	0.12~0.18	0.40~0.70	0.17~0.37	0.70~1.00	—	—	—	—	—	15		880 水/油	780~820 水/油	180 油	490	685	12	45	55	船舶主机螺钉、活塞销机车小零件及心部韧性高的渗碳零件
	20Cr	0.18~0.24	0.50~0.80	0.17~0.37	0.70~1.00	—	—	—	—	—	15		880 水/油	780~820 水/油	200 水/空气	540	835	10	40	47	机床齿轮、齿轮轴、蜗杆、活塞销及门顶杆等
	20MnV	0.17~0.24	1.30~1.60	0.17~0.37	—	—	—	0.07~0.12	—	—	15		880 水/油	—	200 水/空气	590	785	10	40	55	代替Cr钢
中淬透性合金渗碳钢	20CrMnTi	0.17~0.23	0.80~1.10	0.17~0.37	1.00~1.30	—	—	—	0.04~0.10	—	15		880 油	870 油	200 水/空气	853	1 080	10	45	55	工艺性优良，作为汽车、拖拉机的齿轮、凸轮，是Cr-Ni钢代用品
	20Mn2B	0.17~0.24	1.50~1.80	0.17~0.37	—	—	—	—	—	B0.000 5~0.003 5	15		880 油	—	200 水/空气	785	980	10	45	55	代替20Cr钢、20CrMnTi钢
	12CrNi3	0.10~0.17	0.30~0.60	0.17~0.37	0.60~0.90	2.75~3.15	—	—	—	—	15		860 油	780 油	200 水/空气	685	930	11	50	71	大齿轮、轴
	20CrMnMo	0.17~0.23	0.90~1.20	0.17~0.37	1.10~1.40	—	0.20~0.30	—	—	—	15		850 油	—	200 水/空气	885	1 175	10	45	55	代替含镍较高的渗碳钢，作为大型拖拉机齿轮、活塞销等大截面渗碳件
	20MnVB	0.17~0.23	1.20~1.60	0.17~0.37	—	—	—	0.07~0.12	—	B0.000 5~0.003 5	15		860 油	—	200 水/空气	885	1 080	10	45	55	代替20CrMnTi钢、20CrNi钢
高淬透性合金渗碳钢	12Cr2Ni4	0.10~0.16	0.30~0.60	0.17~0.37	1.25~1.75	3.25~3.65	—	—	—	—	15		860 油	780 油	200 水/空气	835	1 080	10	50	71	大齿轮、轴
	20Cr2Ni4	0.17~0.23	0.30~0.60	0.17~0.37	1.25~1.75	3.25~3.65	—	—	—	—	15		880 油	780 油	200 水/空气	1 080	1 175	10	45	63	大型渗碳齿轮、轴及飞机发动机齿轮
	18Cr2Ni4WA	0.13~0.19	0.30~0.60	0.17~0.37	1.35~1.65	4.00~4.50	—	—	—	W0.80~1.20	15		950 空气	850 空气	200 水/空气	835	1 175	10	45	78	同12Cr2Ni4钢，作为高级渗碳零件

淬火回火后通常经过喷丸处理，提高表面的疲劳强度，喷丸后进行磨削加工。

5. 钢种应用（选材）

以渗碳齿轮钢为例，其通常必须满足工艺性方面及使用性方面的基本要求。工艺性要求包括切削加工性、锻轧性能、热处理工艺的适应性，使用性指齿轮在载荷下有满意的使用性能。

就材质而言，普遍性的选材判据有三条：淬透性的硬度应窄（≤6 HRC）；纯净度应高（突出的是氧的体积分数应小于 $20×10^{-4}$）；晶粒度应细（细于6级）。

就齿轮钢的使用而言，齿轮的失效大部分是由疲劳引起的。疲劳失效主要包括弯曲疲劳失效和接触失效。从材料的角度考虑，弯曲疲劳性能主要取决于基体材料的强韧性和渗碳层性能，而接触疲劳性能主要由钢的纯净度、渗碳层的含碳量及其相应的组织状态决定。例如，当钢中氧的体积分数降至 $20×10^{-4}$ 以下时，接触疲劳性能可成倍提高。当渗碳层的含碳量适当时（不同的牌号有相对应的最佳渗碳层含碳量），碳化物呈细小粒状均匀分布，有利于提高接触疲劳性能和耐磨性。如果含碳量偏高，碳化物呈大块或网状，且不能均匀分布，将使接触疲劳性能严重下降。

各种类型齿轮（以渗碳齿轮为例），由于工作条件不同，选材标准也相应不同，综合分析，具体归纳如下。

（1）轻载齿轮的选材原则。对于工作应力不高（如接触应力小于 1 509 MPa，弯曲应力小于 652 MPa）的齿轮，可采用低淬透性牌号薄层渗碳。工件淬火后从表面到心部不要求淬成全马氏体，而是淬到一定浓度的高碳马氏体，接着是马氏体+珠光体、铁素体+珠光体的金相组织即可，使它们在低温回火后，工件表面具有高硬度和高耐磨性，心部具有适当的硬度和较好的韧性，以满足使用性能要求。

（2）中载齿轮的选材原则。对于工作应力较高（如接触应力达到 1 509 MPa 以上，弯曲应力达到 652 MPa 以上）的齿轮，其选材原则是在考虑心部材料淬透性的基础上，同时考虑渗碳层的淬透性，渗碳层组织中允许有上贝氏体、珠光体、网状碳化物的黑色网状组织等出现。

（3）重载齿轮的选材原则。重载并带有冲击载荷的齿轮，其选材的依据是在考虑心部淬透性和渗碳层淬透性的同时，还应考虑渗碳层的韧性，以抵御渗碳层被压溃。对于受载大的工件，采用高淬透性的钢种进行渗碳，以便使它们在淬火后，获得表面形成高碳马氏体和合金碳化物、心部形成低碳马氏体的金相组织。低温回火后，工件表层具有高硬度、高耐磨性，心部具有足够的强度和韧性，在这种情况下，牌号的含碳量不宜过大，以免渗碳层内的残余压应力偏低，对疲劳性能不利。

6.4.3 渗氮钢

渗氮是化学热处理中重要工艺之一。适用于渗氮工艺的钢种，叫渗氮钢。其典型代表如38CrMoAl 钢，用其制造机器零件，经渗氮处理后，能获得极高的表面硬度（可达 67~72 HRC）、良好的耐磨性（尤其是抗黏着磨损和抗擦伤能力）、高疲劳强度、较低的缺口敏感性、一定的耐腐蚀能力和高热稳定性。这些优良的性能采用其他钢种和热处理方法是难以达到的。

1. 用途与分类

渗氮钢主要用于制造机电产品的重要精密零件，要求有较高的强韧性，渗氮后表层有高硬度及良好的硬度分布、耐磨性、疲劳强度和一定的耐热性、耐蚀性。

我国渗氮钢的品种很少，列入国标的只有一种，即 38CrMoAl 钢。38CrMoAlA 是该牌号的高级优质钢品种；38CrMoAlE 是特级优质钢品种。我国的 38CrMoAl 钢有两种标准，即 GB/T 3077—2015 和 YB674。后者专供制造航空航天及军工产品零件，质量较高。

2. 成分特点

渗氮钢的化学成分特点是在中碳钢的基础上添加某些合金元素，以提高或改善其渗氮性能及其他力学性能，常加入的元素有 Al、Cr、V、Mo、Mn、W 等。图 6-15 为常用合金元素对渗氮层表面硬度的影响。由图可知，铝的效果是最显著的，因此传统的渗氮钢中铝是首选元素。

图 6-16 是合金元素对渗氮层厚度的影响，此处渗氮层厚度是指用金相法观察的渗氮层总厚度。由图可知，所有合金元素都降低氮的扩散系数，降低渗氮速度，从而降低渗氮层的总厚度。图中没有铝元素的数据，但据有关研究表明，铝也使渗氮层的总厚度减小，合金的 $w_{Al}=1.9\%$ 时，渗氮层厚度大约比不含铝时低 50%。典型的含铝渗氮钢 38CrMoAl 中，铝含量对渗氮钢表面硬度及其在渗氮层分布的影响如图 6-17 及图 6-18 所示。由此可知，在 $w_{Al}<1.3\%$ 的情况下，随着钢中铝含量的增加而硬度提高。

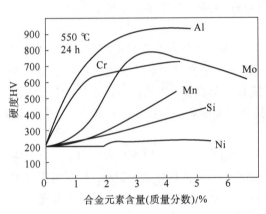

图 6-15 常用合金元素对渗氮层表面硬度的影响

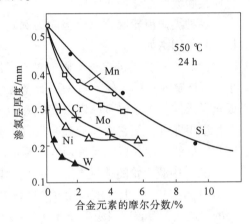

图 6-16 合金元素对渗氮层厚度的影响

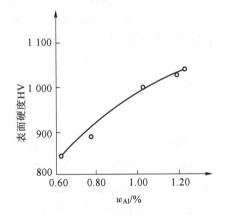

图 6-17 铝含量对渗氮钢表面硬度的影响

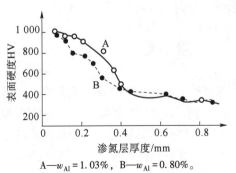

A—$w_{Al}=1.03\%$，B—$w_{Al}=0.80\%$。

图 6-18 铝含量对渗氮钢表面硬度在渗氮层分布的影响

铬是优良的氮化物促进元素。尤其是在不含铝的渗氮钢中，铬为主要元素，平均 $w_{Cr} \leqslant$ 3.0%，再与钒或钛或钼相配合，形成的 Cr-Mo-V 系钢，是不含铝渗氮钢的代表性钢种。铬还可以提高钢的淬透性、强度和表面硬度。

锰形成的氮化物稳定性很差。

钒可形成稳定的氮化物，也属于不含铝渗氮钢中的常用元素，虽含量不高，但能起到提高渗氮层硬度的作用，韧性也好。

碳是不利于渗氮的元素，它降低氮的扩散系数，使渗氮速度减慢。

6.4.4　调质钢

调质钢一般指经过调质处理后使用的碳素结构钢和合金结构钢。大多数调质钢属于中碳钢。调质处理后，钢的组织为回火索氏体。调质钢具有良好的综合力学性能。

1. 用途

调质钢是机械制造业中应用十分广泛的重要材料之一，主要用于制造汽车、拖拉机、机床和其他机器上的各种零件，如齿轮、轴类杆、连杆、高强度螺栓等。

2. 成分特点

（1）中碳。碳的质量分数一般在 0.25%~0.50%，以 0.40%居多。含碳量过低，则不易淬硬，回火后硬度不足；含碳量过高，则韧性不够。合金调质钢含碳量可偏低些。

（2）合金调质钢中，主加元素为 Cr、Mn、Si、Ni、B 等，它们所起的作用是增加合金调质钢的淬透性，并且使淬火和高温回火后的回火索氏体得到强化。

（3）Mo、V、Al、B、W 等元素在合金调质钢中的含量一般很少，特别是 B 的含量极微，它们的作用分别是：Mo、W 主要是防止合金调质钢中高温回火时发生第二类回火脆性现象；V 的作用是阻碍高温奥氏体长大；Al 的作用是加速合金调质钢的渗氮过程；微量 B 能强烈地使等温转变曲线右移，从而显著地增加合金调质钢的淬透性。

3. 调质钢的热处理特点

调质钢热处理的第一步工序是淬火，即将钢件加热到 850 ℃左右（$\geqslant A_3$）进行淬火，具体加热温度的高低需根据钢的成分来定。含硼的钢，其淬透性对淬火温度十分敏感，故必须严格按照所规定的温度加热，温度过高或过低都会使淬透性降低，淬火介质可以根据钢件尺寸大小和该钢淬透性高低加以选择。实际上，除碳钢外，一般合金调质钢零件都在油中淬火，对于合金元素含量较高、淬透性特别大的钢件，甚至空冷也能获得马氏体组织。

淬火只是调质钢热处理的第一步。处于淬火状态的钢，内应力大且很脆，不能直接使用，必须进行第二步热处理工序——回火，以便消除应力，增加冲击韧性，调整强度。回火是调质钢的力学性能定型化的最主要工序。为了使调质钢具有良好的综合力学性能，调质钢工件一般采用500~600 ℃的高温回火。回火的具体温度则根据钢的成分及对性能的要求而定。通过调节不同的回火温度可以得到不同的力学性能，如图 6-19 所示。

调质钢在高温回火后能获得优良的综合力学性能，但对某些合金钢（如 Cr-Ni、Cr-Mn 等钢）来说，当从高温回火温度缓慢冷却时，往往会出现第二类回火脆性现象。调质钢一般制成大截面的零件，难以采取快速冷却方法抑制回火脆性发生，因此，经常采用加入 Mo

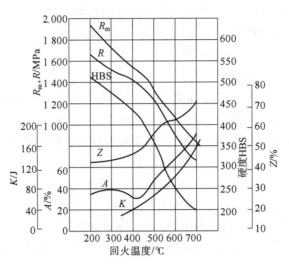

图 6-19　40Cr 钢在不同回火温度的力学性能

(直径 $D = 12$ mm，油淬)

和 W 合金元素的方法，其适宜含量分别为 $w_{Mo} = 0.15\% \sim 0.30\%$，$w_W = 0.8\% \sim 1.2\%$。

调质钢的零件，往往还要求表面具有良好的耐磨性能。为此，经过调质处理的工件往往还要进行感应加热表面淬火。调质钢也可以在中、低温回火状态下使用，其金相组织为回火托氏体、回火马氏体，它们比回火索氏体组织具有较高的强度，但冲击韧性较低。例如，模锻锤杆、套轴等采用中温回火，凿岩机活塞、球头销等采用低温回火。为了保证必需的韧性和减小残余应力，一般使用 $w_C \leqslant 0.3\%$ 的合金调质钢进行低温回火。

4. 常用调质钢

常用调质钢牌号、化学成分、热处理、力学性能与用途举例如表 6-8 所示。

合金调质钢按淬透性分为以下三类。

(1) 低淬透性合金调质钢。油淬临界直径为 20 ~ 40 mm，最典型的钢种是 40Cr 钢，用于制造一般尺寸的重要零件。40MnVB 钢是为了节约 Cr 而发展的代用钢，淬透性稳定性较差，切削加工性能也差一些。下面就以 40Cr 钢制造拖拉机的连杆螺栓为例，说明其热处理工艺和生产工艺路线的安排。

因为连杆螺栓在工作时要承受冲击性的周期变化的拉应力和装配时的预应力，所以要求它应具有足够的强度、冲击韧性和抗疲劳能力。为了满足上述综合力学性能的要求，确定 40Cr 钢制造连杆螺栓的热处理工艺，如图 6-20 所示。

连杆螺栓的生产工艺路线如下：

下料→锻造→退火（或正火）→机械加工（粗加工）→调质→机械加工（精加工）→装配。

退火（或正火）作为预先热处理，其主要目的是改善锻造组织，细化晶粒，有利于切削加工，并为随后调质做准备。

调质热处理：淬火，加热温度 840±10 ℃，油冷，获得马氏体组织；回火，加热温度 520±10 ℃，水冷（防止第二类回火脆性）。

表6-8　常用调质钢牌号、化学成分、热处理、力学性能与用途举例

种类	牌号	化学成分（质量分数）/%									热处理		力学性能（不小于）					用途举例
		C	Si	Mn	Cr	Ni	W	V	Mo	其他	淬火温度/℃	回火温度/℃	R_{eL}/MPa	R_m/MPa	A/%	Z/%	K/J	
碳钢	40	0.37~0.44	0.17~0.37	0.50~0.80	—	—	—	—	—	—	840 水	600 水/油	335	570	19	45	47	同45钢
	45	0.42~0.50	0.17~0.37	0.50~0.80	—	—	—	—	—	—	840 水	600 水/油	335	600	16	40	39	机床中形状较简单、中等强度、韧性的零件，如轴、齿轮、螺栓、螺母
	40Mn	0.37~0.44	0.17~0.37	0.70~1.00	—	—	—	—	—	—	840 水	600 水/油	355	590	15	—	47	直径60 mm以下时，性能与40Cr钢相当，用于万向接头轴、齿轮、连杆、摩擦盘
低淬透性合金调质钢	45Mn2	0.42~0.49	0.17~0.37	1.40~1.80	—	—	—	—	—	—	840 油	550 水/油	735	885	10	45	47	重要调质零件，如齿轮、轴、连杆螺栓
	40Cr	0.37~0.44	0.17~0.37	0.50~0.80	0.80~1.10	—	—	—	—	—	850 油	520 水/油	785	980	9	45	47	除要求低温（-20 ℃以下）、韧性很高的情况外，可全面代替45Mn2钢作调质零件
	35SiMn	0.32~0.40	1.10~1.40	1.10~1.40	—	—	—	—	—	—	900 水	570 水/油	735	885	15	45	47	同35SiMn钢，并可作为表面淬火零件
	42SiMn	0.39~0.45	1.10~1.40	1.10~1.40	—	—	—	—	—	—	880 水	590 水	735	885	15	40	47	代替40Cr钢
	40MnB	0.37~0.44	0.17~0.37	1.10~1.40	—	—	—	—	—	B0.000 5~0.003 5	850 油	500 水/油	785	980	10	45	47	机车连杆、强力双头螺栓、高压锅炉给水泵轴
	40Cr V	0.37~0.44	0.17~0.37	0.50~0.80	0.80~1.10	—	—	0.10~0.20	—	—	880 油	650 水/油	735	885	10	50	71(90)	代替40CrNi钢、42CrMo钢，作为高速高载荷而冲击载荷不大的零件

续表

种类	牌号	化学成分（质量分数）/%									热处理		力学性能（不小于）					用途举例
		C	Si	Mn	Cr	Ni	W	V	Mo	其他	淬火温度/℃	回火温度/℃	R_{eL}/MPa	R_m/MPa	A/%	Z/%	K/J	
中淬透性合金调质钢	40CrMn	0.37~0.45	0.17~0.37	0.90~1.20	0.90~1.20	—	—	—	—	—	840 油	550 水/油	835	980	9	45	47	汽车、拖拉机、机床、柴油机的轴、齿轮、连接机件螺栓、电动机轴
	40CrNi	0.37~0.44	0.17~0.37	0.50~0.80	0.45~0.75	1.00~1.40	—	—	—	—	820 油	500 水/油	785	980	10	45	55	代替含Ni较高的调质钢，也作为重要大锻件用钢，以及机车牵引大齿轮
	42CrMo	0.38~0.45	0.17~0.37	0.50~0.80	0.90~1.20	—	—	—	0.15~0.25	—	850 油	560 水/油	930	1 080	12	45	63	高强度，高速重荷砂轮轴、齿轮、轴、联轴器、离合器等重要调质件
	30CrMnSi	0.28~0.34	0.90~1.20	0.80~1.10	0.80~1.10	—	—	—	—	—	880 油	540 水/油	835	1 080	10	45	39	代替40CrNi钢制造大截面齿轮与轴、汽轮发电机转子，480 ℃以下工作的紧固件
	35CrMo	0.32~0.40	0.17~0.37	0.40~0.70	0.80~1.10	—	—	—	0.15~0.25	—	850 油	550 水/油	835	980	12	45	63	高强度、韧性的重要零件，如活塞销、凸轮轴、齿轮、重要螺栓、拉杆
	38CrMoAl	0.35~0.42	0.20~0.45	0.30~0.60	1.35~1.65	—	—	—	0.15~0.25	Al 0.70~1.10	940 水/油	640 水/油	835	980	14	50	71	代替40CrNi钢制造大截面齿轮与轴、汽轮发电机转子，480 ℃以下工作的紧固件
高淬透性合金调质钢	37CrNi3	0.34~0.41	0.17~0.37	0.30~0.60	1.20~1.60	3.00~3.50	—	—	—	—	820 油	500 水/油	980	1 130	10	50	47	高级渗氮钢，制造大于900 HV 渗氮件，如镗床镗杆、蜗杆
	40CrNiMo	0.37~0.44	0.17~0.37	0.50~0.80	0.60~0.90	1.25~1.65	—	—	0.15~0.25	—	850 油	600 水/油	835	980	12	55	78	受冲击载荷的高强度零件，如锻压机床的传动偏心轴、压力机曲轴等大截面零件
	25Cr2Ni4W	0.21~0.28	0.17~0.37	0.30~0.60	1.35~1.65	4.00~4.50	0.80~1.20	—	—	—	850 油	550 水/油	930	1 080	11	45	71	截面200 mm以下，要求淬透的大截面零件，面重要零件，也与12Cr2Ni4钢相同，可作为高级渗透零件
	40CrMnMo	0.37~0.45	0.17~0.37	0.90~1.20	0.90~1.20	—	—	—	0.20~0.30	—	850 油	600 水/油	785	980	10	45	63	代替40CrNiMo钢

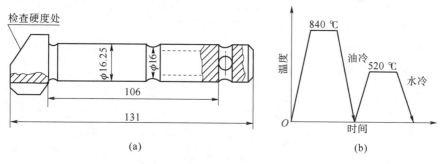

图 6-20　连杆螺栓及其热处理工艺

（a）连杆螺栓；（b）连杆螺栓热处理工艺

经调质热处理后，金相组织应为回火索氏体，不允许有块状铁素体出现，否则会降低强度和韧性，其硬度为 263～322 HBS。

（2）中淬透性合金调质钢。油淬临界直径为 40～60 mm，含有较多合金元素，典型牌号有 35CrMo 等，常用于制造截面较大、承受较高载荷的零件，如曲轴、连杆等。

（3）高淬透性合金调质钢。油淬临界直径为 60～100 mm，主要用于制造大截面、重载荷的重要零件，如汽轮机、叶轮、航空发动机曲轴等。常用的牌号为 40CrNiMoA 等。

现举例简要说明如何根据淬透性来选择钢材。

例 6-2：某发动机轴的直径为 45 mm，长为 192 mm。在交变的弯曲及扭转应力下工作，为了具有较好的综合力学性能，该轴经热处理后的硬度应不低于 36 HRC，试问，现用 40CrMnMo 钢能不能满足要求？

解：（1）36 HRC 是发动机轴淬火回火后的硬度。由图 6-21（a）可知，要获得此硬度，钢在淬火后的硬度应不低于 45 HRC，而淬火钢的硬度取决于马氏体含量及钢中含碳量。合金元素对马氏体的硬度几乎没有影响。

（2）钢的淬硬层深度一般是以达到半马氏体为标准，但根据零件的工件条件，淬硬层深度可规定为体积分数 100% 马氏体、80% 马氏体或 50% 马氏体。对于承受拉-拉或拉-压交变压力的零件，如连杆、连杆螺栓等，则要求心部也要得到体积分数 95% 以上马氏体。而对于承受弯曲或扭转载荷的轴类零件，因表面应力最大中心应力近于零，所以没有必要全部淬透，淬硬层深度规定为体积分数 80% 马氏体或体积分数 50% 马氏体，应根据零件安全可靠的程度而定。由图 6-21（b）可知，当钢中含碳量确定后，要达到淬火后硬度 45 HRC，马氏体体积分数应为 80%。经验表明，只要离表面 $R/4$ 处能保持此马氏体含量即可。

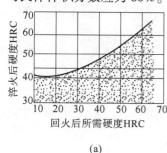

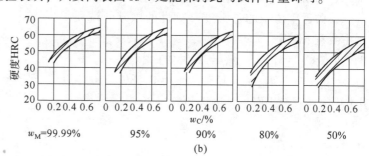

图 6-21　根据淬透性选择钢材

（a）回火后所需硬度与淬火后硬度的关系；（b）马氏体含量与钢中含碳量的关系

（3）现在的任务就是审查40CrMnMo钢油淬后能否保证轴的淬透性达到要求。利用端淬试样上的各点和不同截面的圆棒试样（水冷或油冷）上各点冷却速度的对应关系（见图6-22），可知直径45 mm的轴在油中淬火时，其距中心3R/4处的冷却速度和淬火试样至冷却端11 mm处的冷却速度相同。

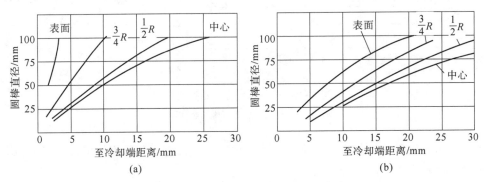

图6-22 端淬试样上的各点和不同截面的圆棒试样上各点冷却速度的对应关系
（a）水冷；（b）油冷

（4）40CrMnMo钢的端淬曲线（见图6-23），距冷却端11 mm处的硬度为49 HRC，大于45 HRC，故该钢能满足要求。

近年来，世界各国正在积极研究非调质钢，以取代需要淬火、回火的调质钢。非调质钢（GB/T 15712—2016）是通过锻造时控制终锻温度及锻后的冷却速度来获得具有很高强韧性能的钢材。它的化学成分特点是在中碳钢的基础上添加少量（<2%）钒、铌、钛元素，所以俗称合金非调质钢。该类钢按加工方法不同分为两类：易切削非调质机械结构钢，牌号以 YF 为首；热锻用非调质结构钢，牌号以 F 为首。例如，用YF35MnV 钢制造汽车发动机连杆，性能已达到或超过 55 钢连杆，而可加工性远远优于 55 钢。非调质钢大多属于低合金钢。这类钢具有较满意的综合力学性能，能显著降低能耗和生产成本。

我国近年研制的高强度高韧性的中碳非调质钢主要有 Nb 钢（$w_C = 0.42\%$，$w_{Mn} = 1.12\%$，$w_{Si} = 0.52\%$，$w_{Mo} = 13\%$，$w_{Ni} = 1.06\%$）和 V-Ti 钢（$w_C = 0.34\%$，$w_{Mn} = 1.15\%$，$w_{Si} = 0.68\%$，$w_{Cr} = 0.69\%$，$w_{Ti} = 0.18\%$，$w_V = 0.17\%$）。

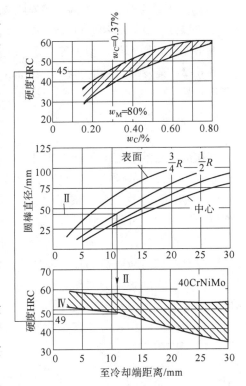

图6-23　40CrMnMo钢的端淬曲线

6.4.5　弹簧钢

弹簧钢指的是制造各类弹簧及其他弹性元件的专用合金钢。

1. 用途

弹簧钢是专用钢，主要制造各种弹簧和弹性元件，其经常在冲击、振动和周期性扭转、弯曲等交变应力下工作。

2. 性能要求

由于弹簧钢在动载荷的条件下使用，因此应具有如下性能：

（1）高弹性极限，高屈强比；

（2）高疲劳极限；

（3）足够的塑性和韧性。

此外，弹簧钢还应有较好的热处理和加工工艺性。

3. 成分特点

为了获得弹簧所要求的性能，弹簧钢的化学成分有以下特点。

（1）中、高碳碳素弹簧钢碳的质量分数一般在 0.6%~0.9%，合金弹簧钢碳的质量分数一般在 0.45%~0.7%，过高则导致塑性、韧性下降，疲劳抗力也下降。

（2）加入以 Si、Mn 为主的合金元素以提高淬透性，同时提高屈强比，对于重要用途的弹簧钢，还必须加入 Cr、V、W 等元素。

此外，弹簧钢的净化对疲劳强度有很大的影响，所以弹簧钢均为优质钢或高级优质钢。

4. 常用弹簧钢

常用弹簧钢的牌号、化学成分、热处理、力学性能及用途举例如表 6-9 所示。

（1）碳素弹簧钢。这类钢主要承受静载荷及有限次数的循环载荷，宜制作直径较小、不太重要的弹簧。

65Mn 钢属于碳素弹簧钢，目前应用最广泛，该钢的碳质量分数一般为 0.62%~0.70%，其淬透性和屈服极限比其他碳素弹簧钢高，ϕ15 mm 的钢材在油中可以淬透，脱碳倾向比硅钢小；缺点是有过热敏感性和回火脆性倾向，淬火时开裂倾向较大。65Mn 钢可制作一般截面尺寸为 8~12 mm 的小型弹簧，如各种小尺寸、圆弹簧和坐垫弹簧、弹簧发条，也适宜制作弹簧环、气门簧、刹车弹簧等。

（2）合金弹簧钢。以 Si、Mn 元素合金化的弹簧钢，如 60Si2Mn 钢等。合金元素的主要作用是增加钢的淬透性，并使淬火中温回火后得到的回火托氏体得以强化，从而提高工件的强度和硬度。此类钢主要用作截面尺寸较大的板簧和螺旋弹簧等。

以 Cr、V、W 等元素合金化的弹簧钢，如 50CrVA 钢等，合金元素的主要作用是减轻钢的脱碳倾向，防止钢的过热。Cr 可以提高钢的淬透性，W、V 可以细化晶粒，从而保证钢在高温下的强度和耐腐蚀能力。此类钢主要用作承受重载、较大型的耐热弹簧。

5. 热处理特点

弹簧钢按加工和热处理分为以下两类。

（1）热成型弹簧。在热轧、冷拉或退火状态下制成弹簧的工艺路线大致如下（以板簧为例）：

扁钢剪断→加热压弯成型后淬火、中温回火→喷丸→装配。

弹簧钢的淬火温度一般为 830~880 ℃，温度过高易发生晶粒粗大和脱碳现象。弹簧钢最忌脱碳，它会使其疲劳强度大为降低。因此在淬火加热时，炉气要严格控制，并尽量缩短

表6-9　常用弹簧钢的牌号、化学成分、热处理、力学性能及用途

种类	牌号	化学成分（质量分数）/%						热处理		力学性能（不小于）				用途举例
		C	Si	Mn	Cr	V	其他	淬火温度/℃	回火温度/℃	R_{eL}/MPa	R_m/MPa	A/%	Z/%	
碳素弹簧钢	65	0.62~0.70	0.17~0.37	0.50~0.80	—	—	—	840 油	500	980	785	9	35	用于φ<12 mm的一般机器上的弹簧，或拉成钢丝成用作小型机械弹簧
	85	0.82~0.90	0.17~0.37	0.50~0.80	—	—	—	820 油	480	1 130	980	6	30	用于φ<12 mm的汽车、拖拉机和机车等机械上承受振动的螺旋弹簧
	65Mn	0.62~0.70	0.17~0.37	0.90~1.20	—	—	—	830 油	540	980	785	8	30	用于φ<12 mm的各种弹簧，如弹簧发条，刹车弹簧等
合金弹簧钢	55SiMnVB	0.52~0.60	0.70~1.00	1.00~1.30	—	—	B0.000 5~0.003 5	860 油	460	1 375	1 225	5	30	用于φ25~30 mm减振板簧与螺旋弹簧，工作温度低于230℃
	60Si2Mn	0.56~0.64	1.50~2.00	0.70~1.00	≤0.35	—	—	870 油	440	1 570	1 375	5	20	同55SiMnVB钢
	50CrVA	0.46~0.54	0.17~0.37	0.50~0.80	0.80~1.10	0.10~0.20	—	850 油	500	1 275	1 130	10	40	用于φ30~50 mm承受大应力的各种重要的螺旋弹簧，也可用作大截面，工作温度低于400℃的气阀弹簧，喷油嘴弹簧等
	60Si2CrVA	0.56~0.64	1.40~1.80	0.40~0.70	0.90~1.20	0.10~0.20	—	850 油	410	1 860	1 665	6	20	用于φ<50 mm，工作温度低于250℃的极重要的，重载荷下工作的板簧与螺旋弹簧
	30W4Cr2VA	0.26~0.34	0.17~0.37	≤0.40	2.00~2.50	0.50~0.80	W4~4.5	1 075 油	600	1 470	1 325	7	40	用于高温（500℃以下）工作的弹簧，如锅炉安全阀用弹簧等

弹簧钢在炉中的停留时间，也可在脱碳较好的盐浴炉中加热。淬火加热后在 50~80 ℃ 油中冷却，冷至 100~150 ℃ 时即可取出进行中温回火。回火后的硬度大约在 39~52 HRC，如螺旋弹簧回火后硬度为 45~50 HRC，受剪切应力较大的弹簧回火后硬度为 48~52 HRC，板簧回火后硬度为 39~47 HRC。

弹簧的表面质量对使用寿命影响较大，因为微小的表面缺陷（如脱碳、裂纹、杂质和斑疤等）即可造成应力集中，使钢的疲劳强度降低。试验表明，采用 60Si2Mn 钢制作的汽车板簧，经喷丸处理后，使用寿命可提高 5~6 倍。

目前在弹簧钢热处理方面应用等温淬火、形变热处理等一些新工艺，对其性能的进一步提高，取得了一定的成效。

（2）冷成型弹簧。小尺寸弹簧一般用冷拔弹簧钢丝卷成，按工艺不同可分为以下三类。

①铅淬冷拔钢丝。在熔铅中等温淬火后的铅淬钢丝具有适于冷拔的索氏体组织，经冷拔后弹簧钢得到很大程度上的强化。例如 T9A 钢，先将正火酸洗后的钢丝拉拔三次，使总拉拔量为 50%，然后钢丝以 3.5 m/min 的速度经过连续加热炉，加热到 900~950 ℃ 奥氏体化温度，接着就通过 500~550 ℃ 铅浴进行等温冷却。在此温度区域中，过冷奥氏体等温转变为索氏体（细珠光体）组织，然后再经过清理烘干，拉拔到成品要求的尺寸。

②油淬回火钢丝。油淬和中温回火强化后的钢丝冷绕成弹簧，并进行去应力回火。这类弹簧钢的抗拉强度虽不如上一种，但它的性能比较均匀，常用于制作各种动力机械阀门弹簧等。

③退火钢丝。冷拔钢丝退火后，冷绕成弹簧，再进行淬火和回火强化处理。这类钢丝有 50CrVA 钢丝、60Si2Mn 钢丝等。此种弹簧应用较少。

6.4.6　轴承钢

用于制造滚动轴承的钢称为滚动轴承钢，简称轴承钢。

1. 用途

轴承钢主要用来制造滚动轴承的滚动体、内外圈套等，也用于制造精密量具、冷冲模、机床丝杠等耐磨件，属专用结构钢。

2. 性能要求

轴承零件的工件复杂而苛刻，因此对轴承钢的性能要求很严，主要有三个方面：

（1）高的接触疲劳强度；

（2）高的硬度和耐磨性；

（3）足够的韧性和淬透性。

此外，还要求在大气和润滑介质中有一定的耐蚀能力和良好的尺寸稳定性。

3. 成分特点

（1）高碳。通常所说的轴承钢都是指高碳铬钢，其碳的质量分数一般为 0.95%~1.15%。

（2）铬为基本合金元素。铬的加入量为 0.40%~1.65%。铬的主要作用是增加钢的淬透性。例如厚度 25 mm 以下的工件，$w_{Cr} = 1.5\%$ 时，在油中可淬透。但铬含量过高会增加淬火时的残余奥氏体量和碳化物分布的不均匀性，使钢的硬度和疲劳强度反而降低。

机械工程材料基础

（3）加入硅、锰、钒等。在 GCr15 钢基础上加入适量的 Si（$w_{Si}=0.40\%\sim0.65\%$）和 Mn（$w_{Mn}=0.90\%\sim1.20\%$）等，可以进一步改善淬透性，提高钢的强度和弹性极限而不降低韧性，也便于制造大型轴承钢零件。

4. 热处理特点

（1）球化退火。目的不仅是利于切削加工，更重要的是获得细的球状珠光体和均匀过剩的细粒状碳化物，为零件的最终热处理做组织准备。

（2）淬火和低温回火。淬火、低温回火后的组织应为极细的回火马氏体、细小而均匀分布的碳化物及少量残余奥氏体，硬度为 61~65 HRC。

精密轴承必须保证尺寸稳定性。可以淬火后进行冷处理（−80~−60 ℃），然后再进行低温回火，并在磨削加工后，再予以稳定化时效处理。

5. 常用钢种

常用轴承钢的牌号、化学成分、热处理及用途举例如表 6-10 所示。

表 6-10 常用轴承钢牌号、化学成分、热处理及用途举例

牌号	化学成分（质量分数）/%				热处理		回火后硬度 HRC	用途举例
	C	Cr	Si	Mn	淬火温度/℃	回火温度/℃		
GCr9	1.00~1.10	0.90~1.20	0.15~0.35	0.25~0.45	810~830 水/油	150~170	62~64	直径小于 20 mm 的球、滚子及滚针
GCr9SiMn	1.00~1.10	0.90~1.20	0.45~0.75	0.95~1.25	810~830 水/油	150~160	62~64	壁厚小于 12 mm、外径小于 250 mm 的套圈，直径小于 22 mm 的滚子
GCr15	0.95~1.05	1.40~1.65	0.15~0.35	0.25~0.45	820~846 油	150~160	62~64	与 GCr9SiMn 相同
GCr15SiMn	0.95~1.05	1.40~1.65	0.45~0.75	0.95~1.25	820~840 油	150~170	62~64	壁厚大于等于 12 mm、外径大于 250 mm 的套圈，直径大于 50 mm 的球，直径大于 22 mm 的滚子

（1）铬轴承钢。最具有代表性的是 GCr15 钢，多用于制造中、小型轴承，也常用来制造冷冲模、量具、丝锥等。

GCr15 钢的淬火温度要求十分严格，如果淬火加热温度过高（>850 ℃），将会增多残余奥氏体量，并会由于过热而淬得粗片状马氏体，以致急剧降低钢的冲击韧性和疲劳强度，如图 6-24 所示。

淬火后应立即回火，回火温度为 150~160 ℃，保温 2~3 h。经热处理后的金相组织为极细的回火马氏体、分布均匀的细粒状碳化物及少量的残余奥氏体，回火后硬度为 61~65 HRC。铬轴承钢各种零件回火后的硬度如表 6-11 所示。

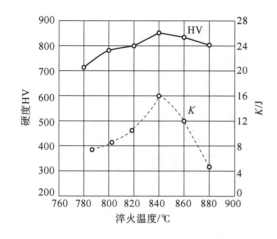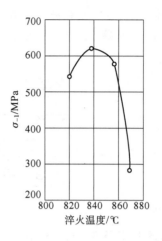

图 6-24 淬火温度对 GCr15 钢的冲击韧性和疲劳强度的影响

表 6-11 铬轴承钢各种零件回火后的硬度

牌号	零件类别	回火后的硬度 HRC
GCr15	套圈	61~65
	关节轴承套圈	58~64
	滚针、滚子	61~65
	直径小于 45 mm 的球	62-66
	直径大于或等于 45 mm 的球	60~66
GCr15SiMn	套圈	60~64
	球	60~66
	滚子	61~65

低温回火后进行磨削加工，然后再进行一次消除磨削应力，进一步稳定组织，提高零件尺寸稳定性的更低温的长时间回火，这种回火称为附加回火或补充回火，又称为稳定化处理或时效处理。

（2）添加 Mn、Si、Mo、V 元素的轴承钢，如 GCr15SiMn 钢等，常用于制造大型轴承。

为了节约铬，加入 Mo、V 可得到无铬轴承钢，如 GSiMnMoV 钢等，与含铬轴承钢相比，它们具有较好的淬透性、物理性能和锻造性能，但易脱碳且耐蚀性能较差。

对于承受很大冲击载荷的轴承，常用渗碳轴承钢制造，如 G20Cr2Ni4 钢等。对于要求耐蚀的不锈钢轴承，常采用 9Cr18 钢，但其磨削性和导热性差。

综上所述，铬轴承钢制造轴承的生产工艺路线一般如下：

轧制、锻造→预先热处理（球化退火）→机械加工→淬火和低温回火→磨削加工→成品。

轴承钢的应用举例如下。

零件名称：针阀体+针阀偶件。

针阀体与针阀是内燃机油泵中一对精密偶件，针阀体固定在气缸头上，在不断喷油的情况下，针阀体顶端与底端有强烈的摩擦作用，而且针阀体底端工作温度在 260 ℃左右。针阀体与针阀要求尺寸精密和稳定，稍有变形就会引起漏油或出现卡孔现象。因此，要求针阀体有高的硬度和耐磨性，高的尺寸稳定性。针阀体结构如图 6-25 所示。

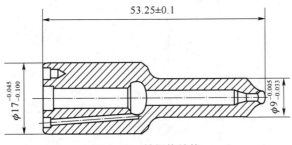

图 6-25　针阀体结构

热处理技术条件：62~64 HRC，热处理形变小于 0.04 mm。

用钢选择：一般选用 GCr15 钢。

针阀体的加工路线如下：

下料（冷拉圆钢）→机械加工→去应力退火→机械加工→淬火、冷处理、回火、时效→机械加工→时效→机械加工。

去应力处理是在 400 ℃下进行的，以消除加工应力，为减小变形创造条件。GCr15 钢制针阀体+针阀偶件的热处理工艺曲线如图 6-26 所示。

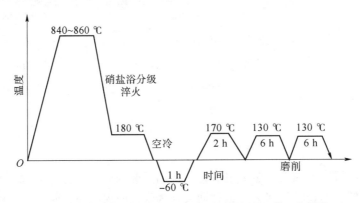

图 6-26　GCr15 钢制针阀体+针阀偶件的热处理工艺曲线

采用硝盐浴分级淬火，以减小变形。冷处理在略低于-60 ℃进行，目的是减少残余奥氏体量，起到稳定尺寸的作用。

回火温度为 170 ℃，以降低淬火及冷处理后产生的应力。

第一次时效在回火后进行，加热温度为 130 ℃，保温 6 h。利用较低温度、较长时间的保温，使应力进一步降低，组织更加趋向稳定。

第二次时效在精磨后进行，采用同上工艺，以便更进一步降低应力，稳定组织和尺寸。

6.5　合金工具钢

用于制造刃具、模具、量具等工具的钢称为工具钢。

工具钢按成分可分为两类：

（1）碳素工具钢，简称碳工钢，它属于高碳成分的铁碳合金。

（2）合金工具钢，包括低合金工具钢、中合金工具钢、高合金工具钢。钢中合金元素总的质量分数为 4%～5% 的为低合金工具钢，5%～10% 的为中合金工具钢，大于 10% 的为高合金工具钢。

工具钢按用途可分为三类：刃具钢、模具钢、量具钢。

其中按用途分类是最常用的。

工具钢的编号方法如下。

含碳量：平均 $w_C \geqslant 1.0\%$ 时不标出；平均 $w_C < 1.0\%$ 时以千分之几表示。高速钢有例外，有时平均 $w_C < 1.0\%$ 也不标出。

合金元素含量：表示方法与合金结构钢相同。

6.5.1　刃具钢

1. 用途

主要用于制造车刀、铣刀、钻头等金属切削工具，也用于制造一些手动工具、木工工具等。

2. 性能要求

（1）高强度（尤其抗压强度、抗弯强度）。

（2）高硬度。一般在 60 HRC 以上。刃具钢的硬度主要取决于马氏体中的含碳量，一般 $w_C > 0.6\%$。

（3）高耐磨性。一种抵抗磨损的能力，硬度、碳化物与耐磨性之间通常有密切的关系。硬度越高，其耐磨性越好，如硬度由 62～63 HRC 降至 60 HRC 时，其耐磨性减弱 25%～30%。实践证明，一定数量的硬而细小的碳化物均匀分布在强而韧的金属基体中，可获得较为良好的耐磨性。

（4）高热硬性。一般是指刃部受热升温时，刃具钢仍能维持高硬度（≥60 HRC）的一种特性。热硬性的高低与回火稳定性的碳化物弥散沉淀等有关。常加入 W、V、Nb 等合金元素，这样既能使刃具钢增加回火稳定性，又能形成弥散沉淀的碳化物，提高钢的热硬性。

（5）足够的塑性和韧性。防止在冲击、振动载荷作用下发生折断或剥落。

3. 成分特点

（1）碳素刃具钢。碳的质量分数一般为 0.65%～1.30%，属于高碳钢，常用的碳素工具钢有 T7A、T8A、T10A、T12A 等。

（2）合金刃具钢。碳的质量分数一般为 0.9%～1.1%；通常加入的合金元素有 Cr、Mn、Si、W、V 等；常用的合金刃具钢有 9SiCr、9Mn2V、CrWMn 等，工作温度不超过 300 ℃。

（3）高速钢。高速钢是一种高合金工具钢。碳的质量分数一般在 0.7% 以上，最高可达 1.5% 左右；加入质量分数为 4% 的 Cr，实践证明，此时钢具有很好的切削加工性能，因此又称为锋钢。钢中加入 W、Mo 等能保证高热硬性，加入 V 可提高耐磨性。

4. 热处理特点

碳素刃具钢和合金刃具钢的主要热处理工艺是退火、机械加工后淬火加低温回火。

碳素刃具钢热处理后，能达到 60 HRC 以上的硬度和较高的耐磨性，但回火稳定性、热硬性差（刃部受热至 200~250 ℃时，其硬度和耐磨性已迅速下降）。因此，碳素刃具钢只能用于制造刃部受热程度较低的手动工具，低速及小走刀的机用工具。当对刃具有较高要求时，低合金刃具钢很多，我们以 9SiCr 钢为例，说明合金元素的作用及热处理特点。

9SiCr 钢是一种常用的合金刃具钢，但目前已经作为冷冲模具钢使用。

9SiCr 钢相当于在 T9 钢的基础上加入 1.2%~1.6%的 Si 和 0.95%~1.25%的 Cr，钢中含少量硅和铬，使钢的临界点有所升高。

硅属于非碳化物形成元素，在加热时能溶于奥氏体中，显著提高过冷奥氏体在珠光体特别是在贝氏体转变区域的稳定性。铬属于碳化物形成元素，由于 9SiCr 中 Cr 含量小于 3%，因而只能形成合金渗碳体 $(Fe,Cr)_3C$，在正常退火或淬火加热时，它能部分溶于奥氏体中，使过冷奥氏体稳定性增加。因此，9SiCr 钢与碳素工具钢相比具有较高的淬透性，如直径 25~40 mm 的 9SiCr 钢在油中或 160~180 ℃硝盐浴中淬火冷却就能淬透，表面硬度可达60~62 HRC。合金渗碳体 $(Fe,Cr)_3C$ 比一般渗碳体 (Fe_3C) 来得稳定，它在退火、正火或淬火加热时不易聚集、溶解，并阻碍奥氏体晶粒长大，使退火、正火或淬火之后获得良好的组织和性能。例如，球化退火后的球化组织比较均匀细致，淬火后不易造成粗大片状马氏体。硅、铬的加入，提高了钢的回火稳定性，因而经 230~250 ℃回火后，9SiCr 钢的硬度仍不低于 60 HRC，而一般碳素工具钢要维持 60 HRC，其回火温度一般不允许超过 200 ℃，如图 6-27 所示。9SiCr 钢的第一类回火脆性区在 250 ℃左右。硅是石墨化元素，它使钢在加热时容易脱碳，并且在退火状态硬度较高，加工性较差。

下面以 9SiCr 钢制造的圆板牙为例，说明其热处理工艺方法的选定和工艺路线的安排。

圆板牙（见图 6-28）通常是用来切削外螺纹的刀具。它要求刃具钢碳化物分布均匀，不然使用时易崩刃；圆板牙的螺距要求精密，要求热处理后齿形变形小，以保证加工质量。使用时螺纹直径和齿形部位容易磨损，因此还要求高硬度和良好的耐磨性，以延长它的使用寿命。为了满足上述性能要求，选用 9SiCr 钢是比较合适的，同时根据圆板牙产品和 9SiCr 钢成分特点来选定热处理工艺方法和安排工艺路线。

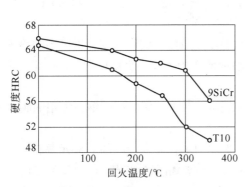

图 6-27　硬度随回火温度的变化

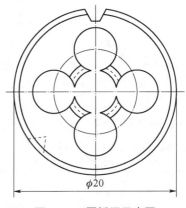

图 6-28　圆板牙示意图

圆板牙生产过程的工艺路线如下：

下料→球化退火→机械加工→淬火+低温回火→磨平面→刨槽→开口。

9SiCr 球化退火，一般采用等温球化退火工艺，如图 6-29 所示。其退火后硬度在 20~24 HRC，适宜机械加工。

9SiCr 钢圆板牙淬火+低温回火的热处理工艺如图 6-30 所示。首先在 600~650 ℃ 预热，以减少高温停留时间，从而降低圆板牙的氧化脱碳倾向。关于淬火加热温度的确定，除考虑控制未溶碳化物数量外，还要考虑原材料的球化级别、工具尺寸及变形等。若原材料球化级别为 1 级（即球化不良）和 6 级（即有片状珠光体出现）时，

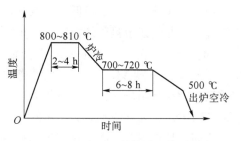

图 6-29　9SiCr 钢等温球化退火工艺

淬火加热温度应低些，以免使马氏体粗化。大直径的钢材中心组织比小直径钢材中心组织要差些（球化组织不良或碳化物不均匀），所以尺寸大的圆板牙，宜采用较低的淬火加热温度。有时为了控制圆板牙尺寸变化，也要调整淬火加热温度，加热后在 160~200 ℃ 的硝盐浴中进行分级淬火，可减小变形。淬火后在 190~200 ℃ 进行低温回火，使其达到所要求的硬度（60~63 HRC）并降低残余应力。

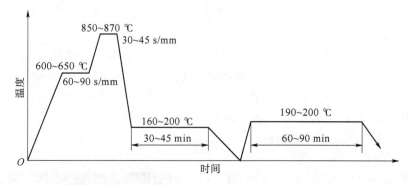

图 6-30　9SiCr 钢圆板牙淬火+低温回火的热处理工艺

高速钢的加工及热处理工艺较为复杂，现以应用较广泛的 W18Cr4V 钢为例，说明合金元素的作用及热处理特点。

W18Cr4V 简称 18-4-1，其中主要合金元素的作用如下。

（1）碳。它一方面要保证能与钨、铬、钒形成足够数量的碳化物，另一方面又要有一定的碳量溶于高温奥氏体中，使淬火后获得含碳量较饱和的马氏体，以保证高硬度和高耐磨性，以及良好的热硬性。W18Cr4V 钢的 $w_C = 0.70\% \sim 0.80\%$，若含碳量过低，不能保证形成足够数量的合金碳化物，以致降低钢的硬度、耐磨性及热硬性；若含碳量过高，则碳化物数量增加，同时碳化物不均匀性也增加，以致钢的塑性降低、脆性增加、工艺性变坏。

（2）钨。钨是使高速钢具有热硬性的主要元素，它与钢中的碳形成钨的碳化物。W18Cr4V 钢在退火状态下，钨以 Fe_4W_2C 的形式存在。淬火加热时，一部分 Fe_4W_2C 溶入奥氏体，淬火后存在于马氏体中，提高了钢的回火稳定性，同时在 560 ℃ 左右回火过程中，有一部分钨以 W_2C 弥散沉淀析出，造成二次硬化。由此可见，钨量增加，可提高钢的热硬性，并减少其过热敏感性。但当 $w_W > 20\%$ 时，钢中碳化物不均匀性增加，钢的强度及塑性降低。

（3）铬。铬使高速钢具有良好的淬透性，并能改善钢的耐磨性和提高硬度。高速钢中 $w_{Cr} \approx 4\%$ 时，淬火加热时这部分铬量全部溶入奥氏体中，可使钢具有很高的淬透性，冷却时

就可得到马氏体，若铬量过低，钢的淬透性达不到要求；而 $w_{Cr}>4\%$ 时，则会增加钢的残余奥氏体量，并使残余奥氏体稳定性增加，以致使钢的回火次数增加。

（4）钒。钒能显著提高钢的耐磨性。钒与碳的结合力比钨、钼与碳的结合力都大，它所形成的 V_4C_3（或 VC）碳化物比钨碳化物更稳定。淬火加热时，超过 1 200 ℃它才开始明显溶解，能显著阻碍奥氏体晶粒长大。V_4C_3 硬度可达 83 HRC 以上，超过钨、钼碳化物硬度（73~77 HRC），并且颗粒细小、分布均匀。因此，可改善钢的硬度、耐磨性和韧性。560 ℃左右回火时，也可引起二次硬化现象。在 W18Cr4V 钢中，$w_V=1.00\%~1.40\%$，在正常淬火状态基体中，$w_V\approx0.8\%$。

下面就以 W18Cr4V 钢制造盘形齿轮铣刀为例，说明其热处理工艺方法的选定和工艺路线的安排。

盘形齿轮铣刀（见图 6-31）主要用途是铣削齿轮。在工作过程中，齿轮铣刀往往会磨损变钝而失去切削能力，因此要求齿轮铣刀经淬火回火后，应保证具有高硬度（刃部硬度要求为 63~65 HRC）、高耐磨性及高热硬性。为了满足上述要求，根据盘形齿轮铣刀规格（模数 $m=3$）和 W18Cr4V 钢成分的特点来选定热处理工艺和安排工艺路线。

盘形齿轮铣刀生产过程的工艺路线如下：

下料→锻造→退火→机械加工→淬火+回火→喷砂→磨削加工→成品。

高速钢的铸态组织中具有鱼骨骼状碳化物，这些粗大的碳化物不能用热处理的方法来消除，而只能用锻造的方法将其击碎，并使它分布均匀。如果碳化物分布不均匀，则会使刀具的强度、硬度、耐磨性、韧性、热硬性均降低，从而使刀具在使用过程中容易崩刃和磨损变钝，导致早期失效。图 6-32 为 W18Cr4V 钢的铸态组织。

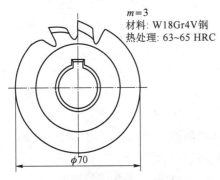

$m=3$
材料：W18Gr4V钢
热处理：63~65 HRC

$\phi70$

图 6-31　盘形齿轮铣刀示意图

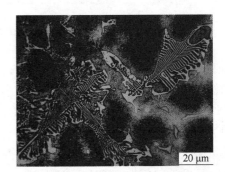

20 μm

图 6-32　W18Cr4V 钢的铸态组织

高速锻造后进行球化退火，目的是便于加工，并为淬火做好组织准备，球化退火后的组织为索氏体基体和均匀分布的细小粒状碳化物。图 6-33 为 W18Cr4V 钢球化退火后的组织。

高速钢的导热性很差，淬火温度又很高，所以淬火加热时必须进行预热（800~840 ℃），以防变形和产生裂纹。高速钢的热硬性主要取决于马氏体中合金元素的含量，即加热时溶于奥氏体中合金元素的含量，淬火温度对奥氏体成分的影响很大。图 6-34 为 W18Cr4V 钢淬火温度对奥氏体成分的影响。

由图 6-34 可知，对 W18Cr4V 钢热硬性影响最大的两个元素是 W 和 V，在奥氏体中的溶解只有在 1 000 ℃以上时才有明显的增加，在 1 270~1 280 ℃时，奥氏体中含有质量分数

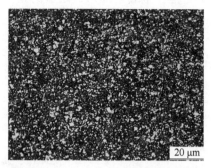

图 6-33 W18Cr4V 钢球化退火后的组织

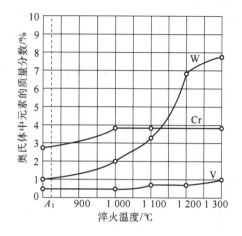

图 6-34 W18Cr4V 钢淬火温度对奥氏体成分的影响

为 7%~8% 的钨、约 4% 的铬、约 1% 的钒。温度再升高，奥氏体晶粒就会迅速长大变粗，淬火状态残余奥氏体也会迅速增多，从而降低 W18Cr4V 钢性能。这就是淬火温度一般定为1 270~1 280 ℃ 的主要原因。高速钢刀具淬火加热时间一般按每单位厚度 8~15 s 计算，其淬火后的组织为马氏体、剩余合金碳化物和大量残余奥氏体。图 6-35 为 W18Cr4V 钢淬火后的组织。

高速钢通常在二次硬化峰值温度和稍高一些的温度（550~570 ℃）下回火三次。W18Cr4V钢淬火后约有体积分数为 30% 的残余奥氏体，经一次回火后残余奥氏体的体积分数为15%~18%，第二次回火后体积分数为 3%~5%，第三次回火后仅剩体积分数为 1%~2%。

高速钢回火的组织为回火马氏体、碳化物及少量残余奥氏体，正常回火后的硬度为 63~66 HRC。

由图 6-36 可见，W18Cr4V 钢盘形齿轮铣刀在淬火加热过程中进行了一次预热，对于大型或形状复杂的工具，还要采用两次预热。近年来，高速钢的等温淬火也广泛应用于形状复杂的大型刃具和冲击韧性要求高的刃具中。

图 6-35 W18Cr4V 钢淬火后的组织

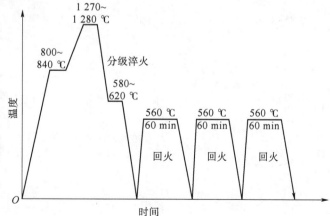

图 6-36 W18Cr4V 钢盘形齿轮铣刀淬火回火工艺

高速钢的表面强化是为改善刃具的切削效率和提高耐用度，生产上经常采用表面强化处理，处理方法主要有化学热处理和表面涂层处理两大类。前者包括蒸气处理、气体氮碳共渗、离子渗氮、氧氮共渗、多元共渗等；后者处理方法也很多，发展也很快，如PVD（物理气相沉积）、CVD（化学气相沉积）、激光重熔等，主要是在金属表面形成耐磨的碳化钛、氧化钛等覆层。

5. 常用钢种及牌号

（1）碳素刃具钢。常用碳素刃具钢的牌号、化学成分、热处理及用途举例如表6-12所示。

表6-12　常用碳素刃具钢的牌号、化学成分、热处理及用途举例

牌号	化学成分（质量分数）/%			退火	退火后冷拉	淬火温度/℃ 冷却剂	洛氏硬度 HRC	用途举例
	C	Mn	Si	布氏硬度 HBW，不大于				
T7 T7A	0.65~0.74	≤0.40	≤0.35	187	241	800~820 水	62	承受冲击、韧性较好、硬度适中的工具，如扁铲、手钳、大锤、螺钉旋具、土木工具
T8 T8A	0.75~0.84					780~800 水		受到冲击且要求较高硬度的工具，如冲头、土木工具
T8Mn T8MnA	0.80~0.90	0.40~0.60						同T8、T8A，但是淬透性较大，可制断面较大工具
T9 T9A	0.85~0.94			192				韧性中等、硬度高的工具，如冲头、土木工具、凿岩工具
T10 T10A	0.95~1.04			197		760~780 水		不受强烈冲击且要求高硬度的耐磨工具，如车刀、刨刀、冲头、丝锥、钻头、手锯条
T11 T11A	1.05~1.14	≤0.40						同T10、T10A
T12 T12A	1.15~1.24			207				不受冲击且要求高硬度的耐磨工具，如锉刀、刮刀、精车刀、丝锥、量具
T13 T13A	1.25~1.35			217				同T12、T12A，要求更耐磨的工具，如刮刀、剃齿刀

（2）低合金刃具钢。常用低合金刃具钢的牌号、化学成分、热处理及用途举例如表6-13所示。

表6-13　常用低合金刃具钢的牌号、化学成分、热处理及用途举例

牌号	化学成分（质量分数）/%					试样淬火		退火状态硬度 HBS	用途举例
	C	Mn	Si	Cr	其他	淬火温度/℃	硬度 HRC		
Cr06	1.30~1.45	≤0.40	≤0.40	0.50~0.70	—	780~810 水	64	187~241	锉刀、刮刀、刻刀、刀片、剃齿刀
Cr2	0.95~1.65	≤0.40	≤0.40	1.30~1.65	—	830~860 油	62	179~229	车刀、插刀、铰刀、冷轧辊等
9SiCr	0.85~0.95	0.30~0.60	1.20~1.60	0.95~1.25	—	830~860 油	62	197~241	丝锥、钻头、铰刀、冷冲工具等
8MnSi	0.75~0.85	0.80~1.10	0.30~0.60	—	—	800~820 油	62	≤229	长铰刀、长丝锥
9Cr2	0.85~0.95	≤0.40	≤0.40	1.30~1.70	—	820~850 油	62	179~217	尺寸较大的铰刀、车刀等
W	1.05~1.25	≤0.40	≤0.40	0.10~0.30	W0.80~1.20	800~830 水	62	187~229	低速切削硬金属刀具，如麻花钻、车刀和特殊切削工具

（3）高速钢。常用高速钢的牌号、化学成分、热处理、硬度及热硬性如表6-14所示。

钨系 W18Cr4V 钢是发展最早、应用最广泛的高速钢。钨钼系 W6Mo5Cr4V2 钢（简称6-5-4-2)用钼代替了部分钨，钼的碳化物细小，韧性较好，耐磨性也较好，但热硬性稍差，过热与脱碳倾向较大。

近年来我国研制的含钴、铝等高速钢已开始生产，其淬火回火后硬度可达 60~70 HRC，热硬性高，但脆性大、易脱碳，不适宜制造薄刃刀具。

6.5.2　模具钢

1. 用途

模具钢分为冷作模具钢和热作模具钢。冷作模具钢用于制造各种冷冲模、冷锻模、冷挤压模和拉丝模等，是属于接近室温的冷状态下对金属进行变形加工的一种模具。工作温度一般为 200~300 ℃。

热作模具钢用于制造各种热锻模、热挤压模和压铸模等，是属于在受热状态下对金属进行变形加工的一种模具。工作时型腔表面温度可达 600 ℃以上。

2. 性能要求

冷作模具钢工作时承受很大的压力、弯曲力、冲击载荷和摩擦，主要损坏形式是磨损，也常出现崩刃、断裂和变形等失效现象。因此冷作模具钢应具有以下基本性能：

（1）高硬度；

机械工程材料基础

表6-14 常用高速钢的牌号、化学成分、热处理、硬度及热硬性

类型	牌号	化学成分（质量分数）/%						热处理温度/℃			退火态 HBW，不大于	硬度 HRC，不小于
		C	W	Mo	Cr	V	其他	退火	淬火	回火		
通用高速钢	W18Cr4V	0.73~0.83	17.20~18.70	≤0.03	3.80~4.50	1.00~1.20	Mn0.10~0.40	860~880	1 260~1 280	550~570	255	63
	9W18Cr4V	0.90~1.00	17.5~19.0	≤0.30	3.80~4.40	1.00~1.40	Mn≤0.40	860~880	1 260~1 280	570~580	269	64
	W14Cr4MnRE	0.80~0.90	13.2~15.0	≤0.30	3.50~4.00	1.40~1.70	Mn0.35~0.55	860~880	1 230~1 250	550~570	207	61.5
	W12Cr4V4Mo	1.20~1.40	11.5~13.00	0.90~1.20	3.80~4.40	3.80~4.40	Mn≤0.40	840~860	1 240~1 270	550~570	262	64
高生产率高速钢	W6Mo5Cr4V2	0.80~0.90	5.50~6.75	4.50~5.50	3.80~4.40	1.75~2.20	Mn0.15~0.40	840~860	1 210~1 230	540~560	255	64
	W6Mo5Cr4V3	1.15~1.25	5.90~6.70	4.70~5.20	3.80~4.50	2.70~3.20	Mn0.15~0.40	840~885	1 200~1 220	540~560	262	64
	W6Mo5Cr4V2Co5	0.87~0.95	5.90~6.70	4.70~5.20	3.80~4.50	1.70~2.10	Co4.50~5.00	870~900	1 200~1 220	540~560	269	64
	W6Mo5Cr4V2Al	1.05~1.15	5.50~6.75	4.50~5.50	3.80~4.40	1.75~2.20	Al0.80~1.20	850~870	1 230~1 240	550~570	269	65
	W7Mo4Cr4V2Co5	1.05~1.15	6.25~7.00	3.25~4.25	3.75~4.50	1.75~2.25	Co4.75~5.75	845~855	1 190~1 210	530~550	285	66

（2）高耐磨性；

（3）足够的韧性与疲劳抗力；

（4）热处理变形小。

热作模具钢工作时承受很大的冲击载荷、强烈的塑性摩擦、剧烈的冷热循环所引起的不均匀热硬应变和热应力以及高温氧化，常会出现崩裂、塌陷、磨损、龟裂等失效现象。因此热作模具钢的主要性能要求如下：

（1）高热硬性和高耐磨性；

（2）高抗氧化能力；

（3）高热强性和足够高的韧性，尤其是受冲击较大的热锻模；

（4）高热疲劳抗力，以防止龟裂破坏。此外，由于热模具一般较大，还要求有较高的淬透性和导热性。

3. 成分特点

（1）冷作模具钢。高碳，碳的质量分数多在 1.0% 以上，有时高达 2.0%。常加入 Cr、Mo、W、V 等合金元素，强化基体，形成碳化物，提高硬度和耐磨性等。

（2）热作模具钢。

①中碳，碳的质量分数一般为 0.3%~0.6%；

②加入 Cr、Ni、Mn 等元素，提高钢的淬透性和强度等；

③加入 W、Mo 等元素，防止回火脆性，以提高热稳定性及热硬性；

④适当提高 Cr、Mn、W 在钢中的含量，可提高钢的抗热疲劳性。

4. 热处理特点

（1）冷作模具钢。热处理特点与低合金刃具钢类似。现以 Cr12MoV 钢为例，说明合金元素的作用及热处理特点。

①碳。它既要保证能与铬、钼、钒形成足够数量的碳化物，又要有一定的量溶于高温奥氏体中，以便获得含碳量过饱和的马氏体，保证高硬度、高耐磨性和一定的热硬性。

②铬。它是 Cr12MoV 钢的主要元素，与碳所形成的 Cr12MoV 钢成为一种具有独特的高耐磨性的钢。铬在 Cr12MoV 钢中，可以大大改善钢的淬透性，使截面厚度为 300~400 mm 的模具，在油中淬火时，能全部淬透，以使 Cr12MoV 钢获得高强度。此外，铬还能提高回火稳定性及产生二次硬化现象。

③钼、钒。它们除能改善 Cr12MoV 钢的淬透性和回火稳定性外，还可细化晶粒，改善碳化物不均匀性，从而提高钢的强度和韧性。

图 6-37 为冲孔落料模，因其工作繁重，凸模［见图 6-37（a）］和凹模［见图 6-37（b）］均要求有高硬度（58~60 HRC）和高耐磨性，以及足够的强度和韧性，并要求根据冲孔落料模规格和 Cr12MoV 钢成分的特点来选定热处理工艺和安排工艺路线。

Cr12MoV 钢制冲孔落料模生产过程的工艺路线如下：

锻造→退火→机械加工→淬火、回火→精磨或电火花加工→成品。

Cr12MoV 钢类似于高速钢，在锻造空冷后会出现淬火马氏体组织，因此锻后应缓冷，以免出现裂纹。锻后退火工艺也类似于高速钢（850~870 ℃加热 2~3 h），然后 720~750 ℃等温退火 6~8 h。经机械加工后进行淬火回火处理，其工艺如图 6-38 所示。

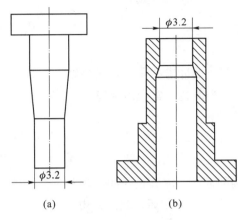

图 6-37　冲孔落料模

（a）凸模；（b）凹模

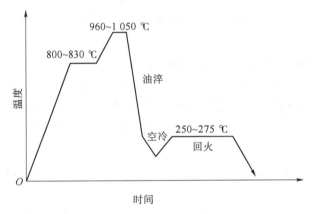

图 6-38　Cr12MoV 钢制冲孔落料模淬火回火工艺

必须提出，如果对 Cr12MoV 钢还要求有良好的热硬性，一般可将淬火温度适当提高至
1 115~1 130 ℃，但会因组织粗化而使钢的强度和韧性有所降低。淬火后，组织中存在大量
残余奥氏体（体积分数>80%）使淬火硬度降低为 42~50 HRC，但在 510~520 ℃ 回火时会
出现二次硬化现象，使钢的硬度回升至 60~61 HRC（二次硬化型）。

（2）热作模具钢。根据热作模具的性能要求，目前一般中、小型热锻模（高度小于
250 mm 为小型热锻模，高度在 250~400 mm 为中型热锻模）都采用 5CrMnMo 钢来制造；而
大型热锻模采用 5CrNiMo 钢来制造，因为它淬透性较好，强度和韧性都较高。5CrMnMo、
5CrNiMo 钢中各元素的作用如下。

①碳。碳的质量分数一般为 0.50%~0.60%。若含碳量过高，将降低导热性和韧性；若
含碳量过低，将不能保证必要的强度、硬度和耐磨性。

②铬。既可提高钢的淬透性，又可提高钢的回火稳定性。

③镍。在 5CrNiMo 钢中，镍和铬共存显著提高钢的淬透性；镍固溶于铁素体中，在强化
铁素体的同时，还能增加韧性，同时镍还能使 5CrNiMo 钢获得良好的综合力学性能。

④锰。在 5CrMnMo 钢中，锰的含量对钢淬透性的影响并不亚于镍，但是对钢综合力学

性能的影响却较为逊色。因为锰固溶于铁素体中，在强化铁素体的同时，使韧性有所降低。因此 5CrMnMo 钢比较适用于中、小型热锻模。

⑤钼。中、小型热锻模钢中质量分数均为 0.15%～0.30%，其主要作用在于防止产生第二类回火脆性。另外，钼还可以细化晶粒，增加淬透性，提高回火稳定性等。

现以 5CrMnMo 钢制作扳手热锻模为例，说明其热处理工艺方法的选定和工艺路线的安排。

扳手热锻模的高度约为 250 mm，属于小型模具。热锻模钢的力学性能一般要求为：当硬度为 351～387 HBS 时，$R_m \geqslant 1\ 200$～$1\ 400$ MPa，$K \geqslant 32$～56 J。热锻模钢还必须具有高的淬透性、回火稳定性、耐热疲劳性和导热性，以及足够的耐磨性。为了满足上述性能要求，同时根据扳手热锻模规格，选用 5CrMnMo 钢是比较合适的。

热锻模生产过程的工艺路线如下：

锻造→退火→粗加工→成型加工→淬火、自然回火→精加工（修型、抛光）。

锻造时必须消除轧制状态所存在的纤维组织，以免钢的性能呈现异向性，这对热锻模是特别要注意的。锻造后的冷却应缓慢，以防产生裂纹。锻造后退火的主要目的在于消除锻造应力、降低硬度、改善切削加工性、改善组织及细化晶粒等，以适应随后的机械加工及热处理的要求。常用的退火工艺为加热至 780～800 ℃（Ac_3 以上），保温 4～5 h 后炉冷。5CrMnMo 钢制造热锻模淬火回火工艺如图 6-39 所示。

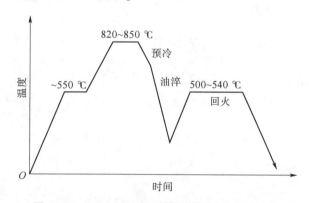

图 6-39　5CrMnMo 钢制造热锻模淬火回火工艺

5CrMnMo 钢的常用淬火加热温度比 5CrNiMo 钢低 10 ℃，为 820～850 ℃。为了防止淬火开裂，一般先预冷到 M_s 点（约为 210 ℃，大致是油冒烟而不着火的温度），取出尽快回火，不允许冷至室温，以防开裂。回火的目的在于消除淬火残余应力，获得均匀的回火托氏体或回火索氏体，硬度在 40 HRC 左右，以保证赋予所要求的性能。

5. 常用钢种

要求不高的冷作模具可用低合金刃具钢制造；大型冷作模具用 Cr12 钢制造；冷挤压模工作时受力很大，可用马氏体时效钢来制造。

热锻模对韧性要求较高而热硬性要求不太高，典型钢种有 5CrMnMo 钢等。热挤压模受的冲击载荷较小，但对热强性要求较高，常用钢种有 3Cr2W8V 钢等。目前国内许多厂家用 H13（4Cr5MoSiV1）钢代替 3Cr2W8V 钢制造热作模具，效果很好。

各类常用模具钢的牌号、化学成分、热处理及应用举例如表 6-15 所示。

表 6-15　各类常用模具钢的牌号、化学成分、热处理及应用举例

类别	牌号	化学成分（质量分数）/%							热处理					应用举例
		C	Si	Mn	Cr	W	Mo	V	淬火			回火		
									淬火温度/℃	淬火介质	洛氏硬度HRC,不小于	回火温度/℃	洛氏硬度HRC,不小于	
冷作模具钢	Cr12	2.00~2.33	≤0.40	≤0.40	11.50~13.00	—	—	—	980	油	62	180~220	60	冷冲模冲头、冷剪切刀（硬薄的金属拉丝模、木工切削工具等）
									1 080	油	45	500~520 三次	58	
	Cr12MoV	1.45~1.70	≤0.40	≤0.40	11.00~12.50	—	0.40~0.60	0.15~0.30	1 030	油	62	160~180	61	冷切剪刀、圆锯、切边模、滚边模、标准工具与量规、拉丝模等
									1 120	油	41	510 三次	60	
热作工具钢	5CrNiMo	0.50~0.60	≤0.40	0.50~0.80	0.50~0.80	—	0.15~0.30	—	830~860	油	47	530~550	364~402 HBS	冲模、大型热锻模等
	5CrMnMo	0.50~0.60	0.25~0.60	1.2~1.60	0.60~0.90	—	0.15~0.30	—	820~850	油	50	560~580	324~364 HBS	中、小型热锻模等
	6SiMnV	0.55~0.65	0.90~1.20	0.80~1.10	—	—	—	0.15~0.30	820~860	油	56	490~510	374~444 HBS	中、小型热锻模等
	3Cr2W8V	0.30~0.40	≤0.40	≤0.40	2.20~2.70	7.50~9.00	—	0.20~0.50	1 050~1 100	油	50	560~580	44	高应力压制模、螺钉或铆钉热压模、热剪切刀、压铸模等

6.5.3 量具钢

量具钢是指用以制造各种度量工具的钢种。

1. 用途

量具钢主要用于制造各种测量工具，如卡尺、千分尺、螺旋测微仪、块规和塞规等。

2. 性能要求

量具在使用中主要受磨损，因此对量具钢的要求如下：

（1）具有高的硬度（≥56 HRC）和耐磨性；

（2）热处理变形小，尺寸稳定性高。

3. 成分特点

量具钢的成分与低合金刃具钢相似，为高碳（$w_C = 0.9\% \sim 1.5\%$），并且常加入 Cr、W、Mn 等元素，以减小尺寸变化。

4. 热处理特点

量具钢的热处理关键在于保证量具的尺寸稳定性，因此，常采用下列措施：

（1）尽量降低淬火温度，以减少残余奥氏体量；

（2）淬火后立即进行冷处理，使残余奥氏体尽可能地转变为马氏体，然后进行低温回火；

（3）精度要求高的量具，在淬火、冷处理和低温回火后，还需要进行时效处理。

现以 CrWMn 钢为例，说明其元素作用及热处理特点。

钢中含有较高的碳量（$w_C = 0.90\% \sim 1.05\%$），主要是为了形成足够数量的合金渗碳体和获得含碳过饱和的马氏体，以保持高硬度及高耐磨性。在 CrWMn 钢中，$w_{Cr} = 0.90\% \sim 1.20\%$、$w_W = 1.20\% \sim 1.60\%$、$w_{Mn} = 0.80\% \sim 1.0\%$，目的是增加钢的淬透性，操作时可采用缓冷介质淬火，从而减少钢的淬火变形。另外，Cr、W、Mn 等溶入渗碳体，形成合金渗碳体而提高钢的硬度和耐磨性。

如以 CrWMn 钢制造块规，其热处理工艺的选定和工艺路线的安排如下。

块规是机械制造工业中的标准量块，常用它测量及标定线性尺寸。因此，要求块规硬度达到 62~65 HRC，淬火直线度不大于 0.05 mm，并且要求块规在长期使用中保证尺寸不发生变化。

根据上述要求，选用 CrWMn 钢制造是比较合适的，并需合理选定热处理工艺和妥善安排工艺路线。CrWMn 钢制造块规生产过程的工艺路线如下：

锻造→球化退火→机械加工→淬火→冷处理→低温回火→粗磨→低温人工时效处理→精磨→去应力回火→研磨。

CrWMn 钢制造块规淬火、回火工艺如图 6-40 所示。

CrWMn 钢制造块规的热处理特点，主要是增加了冷处理和低温人工时效处理，其目的是保证块规具有高硬度 62~65 HRC 和长期的尺寸稳定性。

量具在保存和使用过程中的尺寸变化，主要是由以下几方面原因引起的：残余奥氏体继续变为马氏体而引起尺寸的膨胀；马氏体继续分解，它的正方度减小而引起尺寸的收缩；残余应力松弛。残余应力造成的弹性变形，部分地转变为塑性变形而引起尺寸的变化。采用冷处理方法可以大大减少残余奥氏体量，再进行低温人工时效处理，更有利于冷处理后尚存的

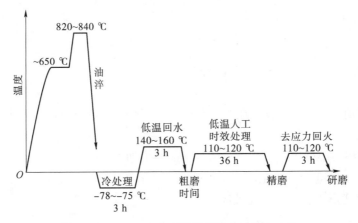

图 6-40　CrWMn 钢制造块规淬火、回火工艺

极少量残余奥氏体稳定，同时还可以使马氏体正方度和残余应力降低至最小程度，从而使 CrWMn 钢制造块规获得高硬度和尺寸的长期稳定。

冷处理后的低温回火（140~160 ℃，保温 3 h）是为了减小应力，并使冷处理后过高硬度（66 HRC 左右）降低至所要求的硬度 62~65 HRC。

低温人工时效处理后的去应力回火（110~120 ℃，保温 3 h）是为了消除新生的磨削应力，使量具残余应力保持在最小程度。

6.6　特殊性能钢

所谓特殊性能钢是指不锈钢、耐热钢、耐磨钢、易切削钢等一些具有特殊的化学性能和物理性能的钢，现分述如下。

6.6.1　不锈钢

不锈钢是指在大气、水、碱和盐溶液或其他腐蚀性介质中具有高度化学稳定性的合金钢的总称。在酸、碱和盐等浸蚀性较强的介质中能抵抗腐蚀作用的钢，又进一步称耐蚀钢或耐酸钢。在空气中不易生锈的钢，不一定耐酸、耐蚀，而耐酸、耐蚀的钢一般有良好的耐大气腐蚀性能。

1. 金属腐蚀的概念

腐蚀是由外部介质引起金属破坏的过程。腐蚀分两类：一类是金属与介质发生化学反应而破坏的化学腐蚀，如钢的高温氧化、脱碳、石油中的腐蚀等；另一类是金属与介质发生电化学过程而破坏的电化学腐蚀，如大气腐蚀（生锈）、在各种电解液中的腐蚀等。对于钢铁材料，最重要的是电化学腐蚀。

金属发生电化学腐蚀的情况与原电池过程十分相似。两种金属接触时，它们会在大气、水、土壤及其电解液中发生一种金属被腐蚀，而另一种金属受到保护的反应，如铁与铜接触，铁易受腐蚀；铁与锌接触，锌易受腐蚀。受腐蚀的总是电极电位较低的金属。

那么，只有一种金属是否就会免遭电化学腐蚀呢？事实上，即使是一种金属，由于材料内部成分不均匀、组织不均匀，或者冷加工造成的内应力等，也会在局部地区构成微电池，同样会产生电化学腐蚀。例如：珠光体中有电极电位不同的两个相——铁素体及渗碳体，若将它置于硝酸酒精溶液中，则铁素体相的电极电位较负，成为阳极而被腐蚀；渗碳体电极电位较正，成为阴极而不被腐蚀。这样就使原来已被抛光的磨面变得凹凸不平，如图6-41所示。图中凸出部分是渗碳体，凹陷部分为铁素体，二者相比，电极电位较高的渗碳体具有较好的耐蚀性。由两相组成的组织越细，所能形成的原电池数目就越多，在相同条件下发生电化学腐蚀时就越容易被腐蚀，它的耐蚀性就越差；反之则耐蚀性就越好。

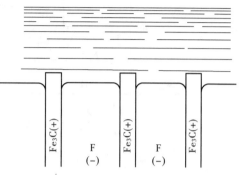

图6-41 珠光体电化学腐蚀示意图

由此可见，产生电化学腐蚀必须具备三个条件：构成阳极和阴极；有电解质存在；阳极和阴极形成通路。

2. 用途

不锈钢主要用于制造在各种腐蚀介质中工作的零件或构件。例如，化工装置中的各种管道、阀门和泵、医疗手术器械、防锈刃具、量具、装潢用品等。

3. 性能要求

不锈钢的性能要求主要是耐蚀性。此外，还要求具有高硬度、高耐蚀性等。

4. 成分特点

（1）含碳量。耐蚀性要求越高，碳的含量应越低。大多数不锈钢的含碳量只有$0.1\% \sim 0.2\%$，但用于制造刃具和滚动轴承等的不锈钢，含碳量应较高（$0.8\% \sim 0.95\%$），此时必须相应地提高铬含量。

（2）加入主合金元素铬。不锈钢中，铬能提高基体的电极电位。基体铬含量超过12.7%（摩尔分数）时，可使钢呈单一的铁素体组织，铬在氧化性介质（如大气、海水、氧化性酸等）中极易氧化，生成致密的氧化膜，使钢的耐蚀性大大提高。

（3）加入钼、铜等。可提高不锈钢在稀盐酸、稀硫酸中的耐蚀性。

（4）加入钛、铌等。它们能同碳形成稳定的碳化物，使Cr保留在基体中，从而减轻钢的晶间腐蚀倾向。

（5）加入镍、锰等。获得奥氏体组织，并能提高铬不锈钢在有机酸中的耐蚀性。

5. 不锈钢的脆性

无论是铁素体铬不锈钢还是奥氏体铬镍不锈钢，都会产生以下脆性，要设法避免。

（1）由σ相引起的脆性。由Fe-Cr合金相图（见图6-42）可知，对含铬在$15\% \sim 70\%$的Fe-Cr合金，在$500 \sim 800\ ℃$，当非常缓慢冷却或者在该温度下长期时效时，都会析出金属间化合物FeCr，也就是σ相。σ相具有正方结构，每一个晶胞中有30个原子，是硬而脆的相。σ相形成后，可通过加热到$800\ ℃$以上快速冷却得以消除。

冷加工也可促使σ相的形成；稳定铁素体的元素，如Mo、Si、Ti和P都能增加σ相的形成速率；增加铬的含量，使σ相的形成速度和温度范围都增加。

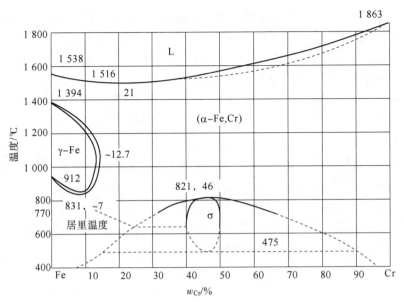

图 6-42　Fe-Cr 合金相图

（2）475 ℃脆性。不锈钢在 400~520 ℃长期加热，会引起所谓 475 ℃脆性。铁铬合金的 α 固溶体在 400~520 ℃可分解为富铁的 α 相和富铬的 α′相。475 ℃脆性实际就是 α′相的脆性。475 ℃脆性是很严重的，如 w_{Cr} = 18%的不锈钢在 482 ℃经 250 h 脆化后，用夏比试样进行试验，其冲击功由 135 J 降低到 2.7 J。α′相造成的脆性，即使在单晶中也会出现，而且断裂是穿晶的。

475 ℃脆性可以通过加热到 550 ℃以上，使 α′相重新溶解，然后较快冷却予以消除。需要指出的是，一般的焊接工艺和热处理操作通常不会导致 α 相的脆性和 475 ℃脆性。

（3）由晶间腐蚀造成的脆性。不锈钢在高温加热和冷却时，在某一温度范围（视钢的成分而定），最易沿着奥氏体晶界析出 $Cr_{23}C_6$（在含氮的不锈钢中也可析出铬的氮化物）。由于在此温度范围内，碳与铬的扩散速度不同，碳的间隙原子扩散速度较快，能迅速地从晶粒内部移至表面；而铬的扩散速度慢得多，只有靠晶界附近区域的铬量，因为扩散距离短，所以能与碳结合成 $Cr_{23}C_6$，致使晶界附近区域贫铬。当铬量低于铁钝化所必须的下限 11.7%时，就会发生晶间腐蚀。贫铬区的宽度可达 0.05~0.7 mm。晶间腐蚀严重，进而会造成沿晶断裂，使材料的韧性降低。

对于奥氏体不锈钢，为了避免晶间腐蚀，常对各化学成分的钢作容易出现晶间腐蚀的温度-时间曲线，但这种方法有时也不是有效的。

晶间腐蚀造成的脆性比 σ 相和 α′相的脆性危害更大，因为高温各种热加工作业（铸造、焊接和热处理）都会对晶间腐蚀产生影响。为了从根本上避免晶间腐蚀，必须从钢的化学成分上加以改进：普遍采用低碳或超低碳不锈钢，以减少 $Cr_{23}C_6$ 的析出；加入 Nb 和 Ti 以固定碳，因为 Nb、Ti 与 C 的亲和力比铬更强，它们与碳结合成 NbC、TiC，使铬没有机会形成 $Cr_{23}C_6$，因而可以避免晶间腐蚀。

6. 常用不锈钢

不锈钢按其组织类型分为四种：铁素体不锈钢、马氏体不锈钢、奥氏体不锈钢、沉淀硬化不锈钢。就化学成分而言，前两种主要是铬不锈钢，后两种主要是铬镍不锈钢。常用不锈钢的牌号、化学成分、热处理、力学性能及应用举例如表 6-16 所示。

表6-16 常用不锈钢的牌号、化学成分、热处理、力学性能及应用举例

类别	牌号	化学成分（质量分数）/%							热处理温度/℃	力学性能					应用举例
		C	Si	Mn	Ni	Cr	Ti	其他		$R_m/$ MPa	$R_{eL}/$ MPa	$A/\%$	$Z/\%$	硬度	
马氏体不锈钢	1Cr13	≤0.15	≤1.00	≤1.00	≤0.60	11.50~ 13.50	—	—	1 000~1 050 油/水淬 700~790 回火	≥540	≥345	≥25	≥55	≥159 HB	制造能抗弱腐蚀性介质，能承受冲击载荷的零件，如汽轮机叶片，水压机阀、结构架、螺栓、螺母等
	2Cr13	0.16~ 0.25	≤1.00	≤1.00	≤0.60	12.00~ 14.00	—	—	1 000~1 050 油/水淬 700~790 回火	≥636	≥440	≥20	≥50	≥192 HB	
	3Cr13	0.26~ 0.35	≤1.00	≤1.00	≤0.60	12.00~ 14.00	—	—	1 000~1 050 油淬 200~300 回火	≥735	≥540	≥12	≥40	48~53 HBC	制造具有较高硬度的医疗工具、量具、滚珠轴承等
	4Cr13	0.36~ 0.45	≤0.60	≤1.00	≤0.60	12.00~ 14.00	—	—	950~1 050 油淬 200~300 回火	—	—	—	—	50 HV	制造不锈切片机械刀具、剪切刀具、手术刀片、高耐磨件、腐蚀件等
	9Cr18	0.90~ 1.00	≤0.80	≤0.80	≤0.60	17.00~ 19.00	—	—	950~1050 油淬 200~300 回火	—	—	—	—	55 HV	
铁素体不锈钢	1Cr17	≤0.12	≤1.00	≤1.00	≤0.60	16.00~ 18.00	—	—	750~800 空淬	≥450	≥205	≥22	≥50	183 HB	制造硝酸工厂设备，如吸收塔、热交换器、酸槽、输送管道，以及食品工厂设备等

机械工程材料基础

续表

类别	牌号	化学成分（质量分数）/%							热处理温度/℃	力学性能					应用举例
		C	Si	Mn	Ni	Cr	Ti	其他		R_m/MPa	R_{eL}/MPa	A/%	Z/%	硬度	
奥氏体不锈钢	0Cr18Ni9	≤0.08	≤1.00	≤2.00	8.0~11.0	18.00~20.00	—	—	1 050~1 100 水淬（固溶处理）	≥520	≥205	≥40	≥60	≤200 HV	具有良好的耐蚀及耐晶间腐蚀性能，是化学工业用良好耐蚀材料
	1Cr18Ni9	≤0.15	≤1.00	≤2.00	8.0~10.0	17.00~19.00	—	—	1 100~1 150 水淬（固溶处理）	≥520	≥205	≥45	≥50	≤200 HV	制造耐硝酸、冷磷酸及盐、碱溶液腐蚀的设备零件
	0Cr18Ni9Ti	≤0.07	≤1.00	≤2.00	8.0~11.0	18.00~20.00	5×(w_C−0.02%)~0.70%	—	1 100~1 150 水淬（固溶处理）	≥520	≥205	≥40	≥60	≤200 HV	制造深冲成型零件、输酸管道、储罐和储酸容器等，也可用作铬镍和铬不锈钢焊条总丝，以及非磁性部件和低温环境下的部件及输酸管道、容器等
	1Cr18Ni9Ti	≤0.12	≤1.00	≤2.00	8.00~11.00	16.00~18.00	5×(w_C−0.02%)~0.80%	—	920~1 150 水淬（固溶处理）	≥520	≥205	≥40	≥50	≤187 HV	制造耐酸容器及设备衬里、输送管道等设备和零件、医疗器械、抗磁仪表，具有较好的耐晶间腐蚀性能
铁素体－奥氏体双相不锈钢	1Cr21Ni5Ti3	0.09~0.14	≤0.80	≤0.80	4.80~5.80	20.00~22.00	5×(w_C−0.02%)~0.80%	—	950~1 100 水/空淬	600	350	20	40	—	制造硝酸及硝铵工业设备及管道、尿素液蒸发部分及管道
	1Cr18Mn10Ni5Mo3N	≤0.10	≤0.80	8.50~12.00	4.0~6.0	17.00~19.00	—	Mo2.80~3.50 N0.20~0.30	1100~1150 水淬	685	345	45	65	—	制造尼龙生产设备及零件、化工、化肥等部门的设备及零件

（1）铁素体不锈钢。铁素体不锈钢的主要钢种是 Cr17、Cr27，其 w_C 被限制在 0.12% 以下，通常不产生奥氏体-铁素体转变，因此被认为是不热处理的钢种。铁素体不锈钢从耐蚀性来说，与奥氏体不锈钢大致相同，但成本较低，而且对应力腐蚀不敏感，这是此类钢种的优点，但它的塑性低，缺口敏感性高和可焊性差，因此不宜作为受力的结构零件，这类钢主要用于生产硝酸的化工设备。此外，由于它对醋酸有一定的抗腐蚀能力，故在生产维尼纶的过程中，用于制造承受醋酸蒸气和 60 ℃ 以下各种浓度醋酸的零部件。

（2）马氏体不锈钢。最常用的马氏体不锈钢，其 w_{Cr} 为 13% 左右，w_C 为 0.1%~0.4%，常用牌号有 1Cr13、2Cr13、3Cr13、4Cr13 等。因为铁素体不锈钢虽然耐蚀性很好，但力学性能较低，所以必须降低含铬量，维持一定的含碳量，使之在高温时能形成奥氏体，这样可通过马氏体转变，使钢有高的强度、硬度和韧性，这就发展出马氏体不锈钢。但是马氏体不锈钢因含铬量较低，其耐蚀性还是不如铁素体不锈钢。

由于耐蚀性要求最低的 w_{Cr} 应为 12%，马氏体不锈钢的含碳量是受到制约的。在此铬含量下，所能加的最高 w_C 约为 0.15%。含碳量再继续增加，将因析出碳化铬，使耐蚀性降低。对于 1Cr13、2Cr13，它们主要作为结构零件（如汽轮机的末级叶片），既受冷凝水汽腐蚀，又要求足够的强度和韧性。因此，这两种钢的处理方法如下。

1Cr13、2Cr13 钢经锻造空冷后组织中出现马氏体，因此硬度较高，而且有残余应力存在，为有利于随后切削加工及调质处理，必须对锻坯进行软化处理。软化方法有两种：一种是高温回火——将锻件加热至 700~800 ℃，保温 2~6 h 后空冷，使马氏体转变为回火索氏体，从而获得较低硬度；另一种是一般退火——将锻件加热至 840~900 ℃（常用 860 ℃），保温 2~4 h 后，以 ≤25 ℃/h 的冷却速度冷至 600 ℃ 左右，出炉空冷。经这样处理后所得组织是铁素体+珠光体。

1Cr13、2Cr13 钢都是在调质状态组织为回火索氏体情况下使用的，所以具有良好的综合力学性能。回火索氏体的基体（铁素体）w_{Cr} 在 11.7% 以上，钢具有良好的耐蚀性，因此，必须采用合理的调质处理工艺，即 1 000~1 050 ℃ 油淬或水淬，700~720 ℃ 回火。

3Cr13 钢用于制造要求弹性较好的夹持器械；而 4Cr13 由于含碳量较高，故适用于制造要求较高硬度和耐磨性的外科刃具。两种钢制造医用夹持器械和刃具的工艺路线如下：

落料→热锻成型→重结晶退火→冷精压→再结晶退火→切边及机械加工→再结晶退火→钳加工→淬火→低温回火→整形和开刃→抛光。

重结晶退火和再结晶退火都属于预先热处理。重结晶退火工艺是将工件加热至 860~880 ℃，然后以 ≤30 ℃/h 的速度冷却，退火后组织为球状珠光体，要求硬度 ≥200 HBS。再结晶退火加热温度采用 780~800 ℃，退火后要求硬度 ≥187 HBS。3Cr13 及 4Cr13 钢的热处理及硬度如表 6-17 所示。

表 6-17　3Cr13 及 4Cr13 钢的热处理及硬度

牌号	热处理			硬度 HRC
	淬火温度/℃	淬火介质	回火温度/℃	
3Cr13	1 000~1 050	油	200~300	48
4Cr13	1 000~1 100	油	200~300	50

由 3Cr13、4Cr13 钢制成的弹簧，其最终热处理工艺一般为 700~800 ℃预热，1 000~1 020 ℃加热，油淬后 480~520 ℃回火水冷。回火采用水冷，以抑制回火脆性。淬火要求硬度≥54 HRC，回火后要求硬度为 40~46 HRC。

马氏体不锈钢的 w_{Cr} 当然不限于在 13%附近，如对硬度、耐磨性要求更高的钢，则需要进一步提高含碳量，其 w_{Cr} 也相应提高到 18%左右，如 9Cr18 钢。

（3）奥氏体不锈钢。在不锈钢生产中，奥氏体不锈钢的用量最大。原因是奥氏体不锈钢除有良好的耐蚀性能外，还有很好的工艺性能，如冷加工成型和焊接性，另外，还有高的低温韧性、无磁性和冷变形强化的能力，所以使这种类型的钢得到了广泛的应用，但奥氏体不锈钢成本较高，对应力腐蚀较敏感。

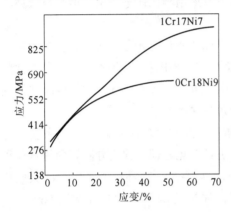

图 6-43　1Cr17Ni7 钢和 0Cr18Ni9 钢的应力-应变曲线

奥氏体不锈钢分为组织稳定的和介稳定的两种，如 1Cr17Ni7 钢在室温或室温以下经受变形，可使部分奥氏体转变为马氏体；而 0Cr18Ni9 钢则为稳定的奥氏体钢。国内生产的 1Cr18Ni9Ti 钢冷变形后也有少量的马氏体产生。从 1Cr17Ni7 钢和 0Cr18Ni9 钢的应力-应变曲线（见图 6-43）也可知道，1Cr17Ni7 钢在约 15%的应变后，有较大的加工硬化速率，这是由部分奥氏体转变为马氏体所致。从这两种钢在退火状态下的力学性能也能看出，对于介稳定的 1Cr17Ni7 钢，其屈服强度为 276 MPa，而抗拉强度则为 759 MPa；而稳定的 0Cr18Ni9 钢，其屈服强度为 289 MPa，抗拉强度仅为 579 MPa。如果经过冷变形，两种钢的强度差别更大。

奥氏体不锈钢典型牌号是 1Cr18Ni9Ti，这类钢碳的质量分数大多在 0.1%左右，属于超低碳范围。含碳量越低，耐蚀性越好，钢中 18%的铬主要作用是产生钝化，增加耐蚀性，9%的镍主要作用是扩大 γ 区并降低 M_s 点（室温以下），使钢在室温时具有单相奥氏体组织。铬与镍的共同作用，进一步改善了钢的耐蚀性；钢中加入钛的目的主要是抑制（Cr，Fe）$_{23}$C$_6$ 在晶界析出，消除钢的晶间腐蚀倾向。钛含量一般不超过 0.8%，过多会使钢出现铁素体和产生 TiN 夹杂物，降低钢的耐蚀性，还容易产生裂纹。

奥氏体不锈钢的热处理一般有三种形式：固溶处理、稳定化处理和消除应力处理。

①固溶处理。将不锈钢加热到 1 050~1 100 ℃，可得到均匀的奥氏体，这时 $Cr_{23}C_6$ 全部溶解，然后淬于水中，得到过饱和固溶体，这被称为固溶处理。慢冷会有铁素体和碳化物析出，使耐蚀性和塑性降低。

②稳定化处理。1Cr18Ni9Ti 钢虽然加入了 Ti 以防止晶间腐蚀，但要完全对晶间腐蚀不敏感，还必须经过稳定化处理。这是因为固溶处理时，原先形成的 TiC（或 NbC）已溶于奥氏体中，而遇到低温加热时（如焊接的热影响区 500~700 ℃），由于钛的扩散能力低于铬，结果析出的仍然是 $Cr_{23}C_6$，为此，必须在固溶处理之后，再加热到足以能析出 TiC 的温度，把碳全部固定在 TiC 中，这种处理称为稳定化处理。稳定化处理的原则是高于 $Cr_{23}C_6$ 的溶解温度而低于 TiC 的溶解温度，通常在 850 ℃左右（见图 6-44）。若稳定化的温度在 T_2（TiC 溶解线），如在

T_2'，则在以后的 T_1 温度下（如焊接），固溶体尚有多余的碳以 $Cr_{23}C_6$ 形式在晶界析出。

③消除应力处理。对于经冷变形或者焊接的奥氏体不锈钢，要去除冷加工和焊接产生的残余内应力，以免使用时引起应力腐蚀。对于经冷变形的钢，只需进行 300~500 ℃回火；如果消除焊接产生的残余内应力，则要高温回火（通常在 850 ℃左右）去除应力，这是为了避开晶间腐蚀敏感区。

（4）奥氏体-铁素体双相不锈钢。这类钢是在奥氏体不锈钢的基础上提高铬含量或加入其他铁素体形成元素而形成的，使钢具有奥氏体-铁素体双相组织，典型钢种有 1Cr21Ni5Ti 等，双相不锈钢兼有奥氏体和铁素体的优点，即奥氏体的存在降低了高铬铁素体钢的脆性，提高了焊接性及韧性，降低了晶粒长大倾向性，而铁素体的存在又提高了奥氏体的屈服强度、抗晶间腐蚀能力和抗应力腐蚀能力等。所以，双相不锈钢很有发展前途。

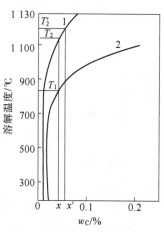

1—TiC 溶解线；2—$Cr_{23}C_6$ 溶解线。

图 6-44　稳定化处理温度选择示意图

6.6.2　耐热钢

1. 一般概念

金属的耐热性是包含高温抗氧化性和热强性的一个综合概念。高温抗氧化性是金属在高温下对氧化作用的抗力，而热强性是金属在高温下对机械载荷作用的抗力。因此，耐热钢是在高温下不发生氧化，并对机械载荷作用具有较高抗力的钢。

（1）金属的高温抗氧化性。金属的高温抗氧化性是保证零件在高温下能持久工作的重要条件。抗氧化能力的高低主要由材料成分决定。钢中加入足够的 Cr、Si、Al 等元素，使钢在高温下与氧接触时，表面能生成致密的高熔点氧化膜，它严密地覆盖钢的表面，可以保护钢免于高温继续腐蚀。例如，钢中铬含量为 15% 时，其抗氧化温度可达 900 ℃，若铬含量为 20%~25%，其抗氧化温度可达 1 100 ℃。

（2）金属的热强性。金属在高温下所表现的力学性能与室温下是大不相同的，当温度超过再结晶温度时，除受机械力的作用产生塑性变形和加工硬化外，同时还可发生再结晶和软化的过程。当工作温度高于金属的再结晶温度和工作应力超过金属在该温度下的弹性极限时，随着时间的延长，金属发生极其缓慢的变形，这种现象称为蠕变。金属对蠕变抗力越大，表示金属热强性越高。通常加入能升高钢的再结晶温度的合金元素来提高钢的热强性。

耐热钢按组织类型可分为四种：铁素体型、珠光体型、马氏体型、奥氏体型。铁素体型为抗氧化钢，后三种都属于热强钢。

2. 用途

耐热钢主要用于石油化工的高温反应设备、火力发电设备的汽轮机和锅炉、汽车和船舶的内燃机、飞机的喷气发动机和热交换器等设备。

3. 性能要求

主要要求是优良的高温抗氧化性和热强性。此外，还应有适当的物理性能，如热膨胀系数小、良好的导热性及较好的加工工艺性能等。

4. 成分特点

（1）为了提高钢的高温抗氧化性，常加入合金元素 Cr、Si 和 Al，在钢的表面形成完整的氧化物保护膜，阻止氧离子向内扩散，但 Si、Al 过多时，钢材易变脆。所以，一般以加 Cr 为主，辅助添些 Si、Al 元素，形成铁素体抗氧化系列。

（2）加入 Ti、Mo、V、W、Ni 等合金元素可提高热强性。

5. 常用钢种及其热处理特点

（1）抗氧化钢。高温下有较好的抗氧化性，并有一定强度的钢种称为抗氧化钢，又叫不起皮钢。常用抗氧化钢的牌号、化学成分、热处理、室温力学性能及用途举例如表 6-18 所示。

抗氧化钢大多是在铬钢、铬镍钢和铬锰氮钢的基础上添加硅或铝而配制成的。它们的高温抗氧化能力很强，最高工作温度可达 1 000 ℃，多用于制造加热炉的受热构件、锅炉中的吊钩等。使用形式通常为铸件，主要热处理是固溶处理，以获得均匀的奥氏体组织。

铁素体型抗氧化钢常用的牌号有 1Cr17 等，经退火后可制造在 900 ℃ 以下环境工作的耐氧化部件、散热器等。

（2）热强钢。高温下有一定抗氧化能力、较高强度及良好组织稳定性的钢种称为热强钢。汽轮机、燃汽轮机的转子和叶片，高温工作的螺栓和弹簧，内燃机进排气阀等用钢均属此类。

常用的热强钢有珠光体型热强钢、马氏体型热强钢、奥氏体型热强钢等。

①珠光体型热强钢。这类钢在 600 ℃ 以下使用。它们含合金元素量少，其总量一般不超过 3%~5%（质量分数），广泛用于动力、石油等工业部门，常作为锅炉用钢及管道材料。常用珠光体型热强钢牌号有 15CrMo、12CrMoV 等，其化学成分、热处理、力学性能及用途举例如表 6-19 所示。

由表 6-19 可见，珠光体型热强钢的含碳量均为低碳。含碳量增加会降低组织稳定性，使珠光体球化和碳化物聚集的倾向增加，还可能发生石墨化而降低钢的高温性能。珠光体型热强钢中所加入的合金元素有 Cr、Mo、V 等，Cr 主要用于提高钢的抗氧化性。在 15CrMo、12Cr1MoV 钢中，质量分数 1.0% 左右的 Cr 也提高了钢的再结晶温度。Mo 与 Cr 都是铁素体形成元素，它们能溶入铁素体而使其硬化。Mo 的再结晶温度很高，加入钢中后能提高钢的再结晶温度。单独加入 Mo 的钢有石墨化倾向，Mo 与 Cr 同时加入可以抑制石墨化倾向。12Cr1MoV 钢中 V 的作用，除提高钢的再结晶温度外，还有通过形成细小弥散的碳化物来提高钢的热强性。

珠光体型热强钢的热处理，一般是正火（Ac_3+50 ℃）和随后的高于使用温度 100 ℃ 的回火。正火所得的是铁素体+索氏体组织，经过高温回火，可增加组织的稳定性，使合金元素在铁素体和碳化物之间的分布合理化，以充分发挥合金元素的作用。实践证明，珠光体型热强钢中正火高温回火状态比退火或淬火回火状态具有较高的蠕变抗力。

②马氏体型热强钢。常用的钢种有 Cr12 型（1Cr12MoV、1Cr12WMoV）和 Cr13 型（1Cr13、2Cr13）钢。Cr13 型钢既可以作为不锈钢，又可以作为热强钢来使用，常用作汽轮机叶片。1Cr13 钢的含碳量较低，可在 450~475 ℃ 使用；而 2Cr13 只能在 400~450 ℃ 使用。

表6-18 常用抗氧化钢的牌号、化学成分、热处理、室温力学性能及用途举例

牌号	化学成分（质量分数）/%						热处理/℃	室温力学性能				用途举例
	C	Si	Mn	Cr	Ni	N		R_m/MPa	R_{eL}/MPa	A/%	Z/%	
3Cr18Mn12Si2N	0.22~0.30	1.40~2.20	10.50~12.50	17.0~19.0	—	0.22~0.30		70	40	35	45	锅炉吊钩、渗碳炉构件，最高使用温度为1 000 ℃
2Cr20Mn9Ni2Si2N	0.17~0.26	1.80~2.70	8.50~11.0	18.0~21.0	2.0~3.0	0.20~0.30		65	40	35	45	
3Cr18Ni25Si2	0.30~0.40	1.50~2.50	≤1.50	17.0~20.0	23.0~26.0	—	1 100~1 150 油、水或空冷（固溶处理）	65	35	25	40	各种热处理炉和耐热铸件，可用到1 000 ℃

表6-19 常用珠光体型热强钢的牌号、化学成分、热处理、力学性能及用途举例

牌号	化学成分（质量分数）/%				热处理/℃	室温力学性能				高温力学性能 R_m/MPa		用途举例
	C	Cr	Mo	V		R_m/MPa	R_{eL}/MPa	A/%	K/J	500 ℃	500 ℃	
15CrMo	0.12~0.18	0.80~1.10	0.40~0.70	—	930~960 正火 680~730 回火	440	295	22	60	$R_{m1\times10^5}=100\sim140$ $R_{m1\times10^{-5}}=80$	$R_{m1\times10^5}=50\sim70$ $R_{m1\times10^{-5}}=45$	用于壁温≤550 ℃的过热器，≤510 ℃的高中压蒸气导管，亦用于炼油工业
12CrMoV	0.08~0.15	0.90~1.20	0.25~0.35	0.15~0.30	980~1 020 正火 740~760 回火	440	225	22	50	$R_{m1\times10^5}=160$ $R_{m1\times10^{-5}}=80$	$R_{m1\times10^5}=130$ $R_{m1\times10^{-5}}=60$	用于壁温≤580 ℃的过热器，≤540 ℃的导管

Cr12 型钢是在 Cr13 型钢的基础上发展起来的马氏体型热强钢，这类热强钢具有较好的热强性、组织稳定性及工艺性。1Cr11MoV 钢适宜于制造工作温度在 580 ℃ 以下的汽轮机叶片、燃汽轮机叶片。1Cr11MoV 及 1Cr12WMoV 钢的化学成分、热处理、力学性能如表 6-20 所示。

表 6-20　1Cr11MoV 及 1Cr12WMoV 钢的化学成分、热处理、力学性能

牌号	化学成分（质量分数）/%					热处理/℃	室温力学性能					高温力学性能 R_m/MPa
	C	Cr	Mo	W	V		R_m/MPa	R_{eL}/MPa	A/%	Z/%	K/J	
1Cr11MoV	0.11~0.18	10.10~11.50	0.50~0.70	—	0.25~0.40	1 050 油冷 720~740 空冷或油冷	700	500	16	55	48	500 ℃ $R_{m1×10^5} = 152 ~ 170$ $R_{m1×10^{-5}} = 63$
1Cr12WMoV	0.12~0.18	11.00~13.00	0.50~0.70	0.70~1.10	0.15~0.35	1 000 油冷 680~700 空冷或油冷	750	600	15	45	48	500 ℃ $R_{m1×10^5} = 120$ $R_{m1×10^{-5}} = 55$

马氏体型热强钢通常是在调质状态下使用。

③奥氏体型热强钢。这类钢在 600~700 ℃ 使用。它们含大量的合金元素，尤其是含有较多的 Cr 和 Ni，其总量大大超过 10%（质量分数）。这类钢广泛应用于汽轮机、燃汽轮机、航空、火箭、石油等工业部门中。常用的牌号有 1Cr18Ni9Ti、4Cr14Ni14W2Mo 等。

1Cr18Ni9Ti 钢既是奥氏体不锈钢，又是一种广泛应用的奥氏体型热强钢。它的抗氧化性温度可达 700~1 000 ℃，在 600 ℃ 左右有足够的热强性，在锅炉及汽轮机制造方面用来制造工作温度在 610 ℃ 以下的过热器管道及构件等。钢中含 18% 的铬主要是提高钢的高温抗氧化性和热强性，9% 的镍主要用以形成稳定的奥氏体组织。铬镍奥氏体钢的组织稳定，高温下长期使用也不会脆化，但镍不能提高钢的蠕变抗力，也不是有效的抗氧化元素。钛形成碳化物的能力很强，与钒有类似的作用，它通过形成细小弥散的碳化物来提高钢的热强性。

奥氏体型热强钢的热处理主要是固溶处理，即加热至 1 000 ℃ 以上保温一定时间，随后水冷或空冷。随着合金元素含量的提高，固溶处理温度也需适当提高，作为耐热钢使用时，固溶处理后要采用高于使用温度 60~100 ℃ 的时效处理，以使组织进一步稳定，并可通过强化相的析出而进一步地提高钢的强度。

6.6.3　耐磨钢

习惯上，耐磨钢主要是指在冲击载荷下发生冲击硬化的高锰钢，由于这种钢机械加工比较困难，基本上都是铸造成型的，常用耐磨钢为 ZGMn13 型。

1. 用途

耐磨钢主要用于运转过程中承受较严重磨损和强烈冲击的零件，如车辆履带板、挖掘机铲斗、破碎机颚板、铁轨分道叉和防弹板等。

2. 性能要求

对耐磨钢的主要要求是很高的耐磨性和韧性，高锰钢能很好地满足这些要求，它是目前最重要的耐磨钢。

3. 成分特点

（1）高碳。一般 $w_C = 1.0\% \sim 1.5\%$，过高时韧性会下降，且易在高温下析出碳化物。

（2）高锰。目的是与碳配合，保证完全获得奥氏体组织，提高钢的加工硬化率，一般 $w_{Mn} = 11\% \sim 14\%$。

（3）一定量的硅。改善钢的流动性，起固溶强化作用，并提高钢的加工硬化能力，一般 $w_{Si} = 0.3\% \sim 0.8\%$。高锰钢的牌号、化学成分及适用范围如表 6-21 所示。

表 6-21　高锰钢的牌号、化学成分及适用范围

牌号	化学成分（质量分数）/%					适用范围
	C	Mn	Si	S	P	
ZGMn13-1	1.1~1.5				≤0.090	低冲击件
ZGMn13-2	1.0~1.4		0.3~0.8			普通件
ZGMn13-3	0.9~1.3	11.0~14.0		≤0.040		高冲击件
ZGMn13-4	0.9~1.2		0.3~0.6		≤0.070	高冲击件
ZGMn13-5	0.9~1.3					特殊耐磨件

4. 热处理特点

高锰钢室温为奥氏体组织，加热冷却并无相变。其热处理工艺一般采用水韧处理，即将钢加热到 1 000 ~ 1 100 ℃，保温一段时间，使碳化物全部溶解，然后迅速水淬，在室温下得均匀单一的奥氏体组织。经水韧处理后性能为 $R_m = 637 \sim 735$ MPa，$A = 20\% \sim 35\%$，硬度 ≤ 229 HBS，$K \geqslant 150$ J。此时钢的硬度很低，韧性很高，当工作中因受到强烈的冲击或强大压力而变形时，表面产生强烈的形变硬化，并且还发生马氏体转变（形变诱发马氏体），使表面硬度显著提高，心部则仍保持原来的高韧性状态。

应当指出，在工作中受冲击力不大的情况下，高锰钢的高耐磨性是发挥不出来的，也就是说，在一般机器工作条件下，耐磨钢并不耐磨。

6.6.4　易切削钢

易切削钢是在钢中加入一种或几种能提高切削性能的元素，利用其本身或与其他元素形成一种对切削加工有利的夹杂物，来改善钢的切削加工性能。常加入的元素有硫、磷、铅、钙、碲、铋等。

易切削钢的特点是切削性能优异，切削过程中切削抗力小，排屑容易，加工工件的表面粗糙度小，刀具的使用寿命长。

1. 硫易切削钢

众所周知，硫是使钢产生热脆性的元素，但钢中加入锰时，形成 MnS 可以减轻其危害性，同时有利于改善钢的切削性。通常硫易切削钢中 w_S 范围在 0.05% ~ 0.33%。国内有些

硫易切削钢 w_S 可高达 0.6%，钢中硫化物主要以（Fe,Mn)S 固溶体形式存在，它能中断基体的连续性，促使形成卷曲半径小而短的切屑，减小切屑与刀具的接触面积，它还能起到减磨作用，降低切屑与刀具之间的摩擦系数，并使切屑不黏附在刀刃上。因此，硫能降低切削力和切削热，减小刀具的磨损，降低表面粗糙度和提高刀具寿命，改善排屑性能。一般来说，硫含量越高，则切削性能越好；硫含量越低，其力学性能越好，以此适应不同用途需要。

2. 铅易切削钢

为提高钢材切削性，在碳素结构钢、合金结构钢、不锈钢内加入 0.1% ~ 0.35% 的铅，由于钢不溶于固态铅中，它以微粒质点分布于钢的基体组织中，从而提高切削性能。铅易切削钢主要用于制造各种重要的机械零件。

铅含量过多时容易产生偏析，并且在 300 ℃ 以上，铅的熔化会使铅易切削钢力学性能恶化。

3. 钙易切削钢

加入微量的钙能改善钢在高速切削下的切削加工性能。这是因为以钙控制脱氧的碳素结构钢与合金结构钢，形成高熔点的钙-铝-硅的复合氧化物附在刀具上，构成薄而具有减磨作用的保护膜，从而减轻刀具的磨损，显著地延长高速切削刀具的寿命。常用易切削钢的牌号、化学成分、力学性能及用途举例如表 6-22 所示。

表 6-22　常用易切削钢的牌号、化学成分、力学性能及用途举例

牌号	化学成分（质量分数）/%						力学性能（热轧）				用途举例
	C	Mn	Si	S	P	其他	$R_m/$ MPa	$R_{eL}/$ %	Z/%	HBS	
Y12	0.08~ 0.16	0.70~ 1.00	0.15~ 0.35	0.10~ 0.20	0.08~ 0.15	—	390~ 540	≥22	≥36	≥167	在自动机床加工的一般标准紧固件，如螺栓、螺母等
Y15	0.10~ 0.18	0.80~ 1.20	≤0.15	0.23~ 0.33	0.05~ 0.10	—	390~ 540	≥22	≥36	≥170	
Y20	0.17~ 0.25	0.70~ 1.00	0.15~ 0.35	0.08~ 0.15	≤0.06	—	450~ 600	≥20	≥30	≥175	强度要求稍高、形状复杂不易加工的零件，如纺织机上的零件
Y30	0.27~ 0.35	0.70~ 1.00	0.15~ 0.35	0.08~ 0.15	≤0.06	—	510~ 655	≥15	≥25	≥187	
Y40Mn	0.37~ 0.45	1.20~ 1.55	0.15~ 0.35	0.20~ 0.30	≤0.06	—	590~ 850	≥14	≥20	≥229	受较高应力、要求表面粗糙度高的零件

易切削钢的牌号可写成汉字或字母两种形式，如冠以"易"或"Y"，以区别于非易切削钢。锰含量较高者，可在牌号后标出"锰"或"Mn"。例如，Y10Pb 表示平均 $w_C = 1.0\%$ 的附加铅的易切削碳素工具钢，Y40CrSCa 表示硫钙复合的易切削 40Cr 合金调质钢。

自动机床加工的零件，大多选用低碳易切削钢，若切削加工性要求高，可选用含硫量较高的 Y15，需要焊接的选用含硫量较低的 Y12，强度要求稍高的选用 Y20 或 Y30，车床丝杠

常选用中碳含锰高的 Y40Mn，精密仪表行业中如制造手表、照相机的齿轮轴等常选用 T10Pb。

Y40CrSCa 可以在比较广泛的切削速度范围中显示良好的切削加工性。

习　题

1. 名词解释：碳钢、渗碳钢、调质钢、弹簧钢、刃具钢、模具钢、量具钢、不锈钢、耐磨钢。

2. 简述碳钢的常用分类方法及种类。

3. 简述调质钢的热处理特点。

4. 简述弹簧钢的化学成分和性能要求。

5. 合金工具钢主要包括哪几类？它们各自的性能要求是什么？

6. 不锈钢的脆性主要包括哪几类？请分别说明。

7. 简述耐磨钢的性能、热处理及应用。

第7章 铸 铁

本章的学习目标是熟练掌握铁碳合金双重相图和铸铁的石墨化过程，了解铸铁的分类及不同类型铸铁的化学成分、组织和性能，掌握可锻铸铁和球墨铸铁的制造工艺。

【学习重点】

本章的学习重点是冷却速度对铸铁石墨化的影响规律。

【学习导航】

与碳钢相似，碳在基体中的存在形式对铸铁的性能有着重要的影响。然而，铸铁中的碳到底是以石墨的形式存在还是以渗碳体的形式存在，这与铸铁的化学成分及冷却速度关系密切。另外，石墨的形态对铸铁的性能也有着重要的影响。因此，研究冷却速度对铸铁石墨化的影响规律和铸铁中石墨形态的影响因素具有十分重要的意义。

7.1 概 述

7.1.1 铸铁的化学成分及性能特点

铸铁的使用量仅次于钢。在发达国家，铸铁与钢的使用量比值为 $0.2:1 \sim 0.3:1$。我国的机械制造业中，铸铁与钢的使用量比值为 $0.46:1$。在有些行业中，铸铁的使用量超过钢，如机床厂铸铁的使用量占 80%，柴油机厂铸铁的使用量占 $60\% \sim 70\%$。

从铁碳合金相图知道，$w_C = 2.11\% \sim 6.69\%$，组织中有莱氏体的铁碳合金称为铸铁，但工业上常用铸铁都不是简单的二元合金，而是以 Fe、C、Si 为主要元素的多元合金。常用铸铁的化学成分范围是 $w_C = 2.5\% \sim 4.0\%$，$w_{Si} = 1.0\% \sim 3.0\%$，$w_{Mn} = 0.5\% \sim 1.4\%$，$w_P = 0.01\% \sim 0.50\%$，

$w_S = 0.02\% \sim 0.20\%$。除此以外，有时还含有一定数量的合金元素，如 Cr、V、Cu、Al 等。可见，在化学成分上铸铁与钢的主要不同是铸铁含碳和硅的量较高，含杂质元素硫、磷较多。

虽然铸铁的强度、塑性和韧性较差，不能进行锻造，但它却具有一系列优良的性能，如良好的铸造性、减磨性和切削加工性等，同时它的生产设备和工艺简单，价格低廉；在力学性能方面，硬度和抗压强度与钢差不多，但它却有很优异的消振性能和好的耐磨性能。因此，国外早在 20 世纪 30 年代就开始使用孕育铸铁制造曲轴，20 世纪 50 年代初开始使用球墨铸铁，20 世纪 70 年代初用球墨铸铁代替中碳钢制造连杆，20 世纪 80 年代初用奥氏体-贝氏体球墨铸铁代替传统的渗碳钢制造汽车后桥齿轮。随着科技的进步，过去使用碳钢和合金钢制造的许多零件，如今已用球墨铸铁制造，这不仅节约了大量的优质钢材，而且显著地降低了产品的成本。

铸铁之所以具有一系列优良的性能，主要是因为：铸铁的含碳量较高，接近共晶合金成分，使它熔点低、流动性好；铸铁的含碳量和含硅量较高，使其中的碳大部分不再以化合状态（Fe_3C）存在，而是以游离的石墨状态存在。铸铁组织的一个特点就是其中含有石墨，而石墨本身具有润滑作用，因而使铸铁具有良好的减磨性和切削加工性。

7.1.2 铸铁的石墨化及其影响因素

铸铁组织中石墨的形成叫作石墨化过程。石墨是碳的一种结晶形态，$w_C = 100\%$，具有六方晶格，其底层的原子间距为 1.42 Å，而两底面之间的面间距 3.4 Å，因其面间距较大，结合力弱，故其结晶形态容易发展成片状（见图 7-1），且强度、塑性和韧性极低，接近于零。

我们知道，$w_C = 2.11\% \sim 6.69\%$，组织中有莱氏体的铁碳合金称为铸铁。在这种铸铁中，碳完全以 Fe_3C 形式存在，合金完全按照 $Fe-Fe_3C$ 相图进行结晶，这种铸铁常称为白口铸铁。实际上，在一定的条件下（调整化学成分和控制冷却速度），碳也可以石墨的形式结晶，甚至可以完全按照铁碳相图结晶，这时就可得到以铁素体为基体的灰铸铁。为什么铸铁中的碳会有两种存在形式？碳何时以渗碳体形式存在，何时又以石墨相存在，它们受哪些因素的影响？这些问题就称为铸铁的石墨化问题。

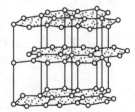

图 7-1 石墨的结晶形态

在铁碳合金中，经常会有这样一种现象，即将它在高温下进行长时间加热时，其中的渗碳体便会分解为铁和石墨（$Fe_3C \longrightarrow 3Fe + C$）。可见，碳呈游离状态存在的石墨是一种稳定的相。从热力学条件看，Fe-G 系比 $Fe-Fe_3C$ 系的能量低，因此也更稳定。通常铁碳合金的结晶过程中，从液体或奥氏体中析出的是渗碳体而不是石墨，这主要是因为渗碳体的含碳量（$w_C = 6.69\%$）比石墨（$w_C = 100\%$）更接近合金成分的含碳量（$w_C = 2.5\% \sim 4.0\%$），在析出渗碳体时所需的原子扩散量较小，渗碳体晶核的形成就较容易。但在极其缓慢冷却（即提供足够的扩散时间）的条件下，或当合金中含有可促进石墨形成的元素（如 Si 等）时，铁碳合金的结晶过程中，便会直接从液体或奥氏体中析出稳定的石墨相，而不再析出渗碳体。因此，对铁碳合金的结晶过程来说，实际上存在两种相图（见图 7-2），其中实线部分即为亚稳定的 Fe-Fe₃C 相图，而虚线部分则是稳定的 Fe-G 相图。具体条件下碳以何种形式存在，主要取决于冷却速度和化学成分这两个因素。

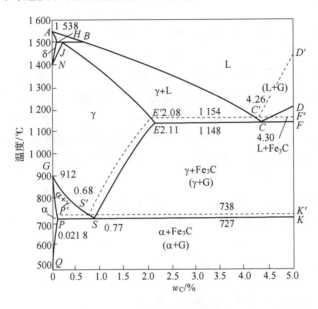

Fe₃C—渗碳体；G—石墨。

图 7-2　铁碳合金双重相图

1. 冷却速度的影响

缓慢冷却，使铸铁有利于按 Fe-G 系相图（图 7-2 中的虚线）结晶，即沿 $C'D'$ 线析出初生（一次）石墨，沿 $E'C'F'$ 共晶转变线析出共析石墨，沿 $S'E'$ 线析出次生（二次）石墨，最后沿 $P'S'K'$ 线析出共析石墨。如果按照上述过程结晶完毕，铸铁的组织将由铁素体基体和石墨组成，即合金中碳全部以石墨的形式存在。如果冷却速度增大，合金的结晶就会部分或全部按照 Fe-Fe₃C 相图进行。通常根据石墨化程度的不同，将石墨化过程分为以下两个阶段。

第一阶段，即在 1 154 ℃ 时通过共晶转变而形成石墨：$L_{C'} \longrightarrow \gamma_{E'} + G$；在 1 154～738 ℃ 冷却过程中，自奥氏体中不断析出二次石墨 G_{II}。

第二阶段，即在 738 ℃ 时通过共析转变形成石墨：$\gamma_{S'} \longrightarrow \alpha_{P'} + G$。

一般情况下，第一阶段的石墨化温度高，碳原子容易扩散，故第一阶段容易完全进行，都能按照 Fe-G 相图进行结晶，凝固后得到（γ+G）的组织。而第二阶段的石墨化温度较低，碳原子扩散困难，石墨的共析转变常常不能完全进行，所以当冷却速度稍大时，第二阶段的石墨化只能部分进行，结果形成以铁素体+珠光体为基体与石墨的组织；如果冷却速度再大些，则第二阶段石墨化不能进行，即合金只有在 PSK（而不是在 $P'S'K'$）线按照 Fe-Fe₃C 相图发生共析转变，结果形成以珠光体为基体与石墨的组织。第二阶段石墨化程度的不同，可以得到三种不同的基体组织：P、P+F、F，可见它与钢的基体组织没有什么不同，只是在这基体之上添加了片状石墨，这种组织类型的铸铁叫灰铸铁。当冷却速度更大时，如石墨化第一阶段也只能部分进行，则得到介于白口铸铁和灰铸铁之间，既有石墨又有莱氏体的组织，通常称为麻口铸铁。

2. 化学成分的影响

碳和硅对铸铁的石墨化有决定性作用，含碳越多越易形成石墨晶核，而硅有促进石墨形核的作用。图 7-3 综合表示了碳和硅的含量与铸件壁厚对铸铁组织的影响。实际生产中，在铸件壁厚一定的情况下，常通过调配碳和硅的含量来得到预期的组织。

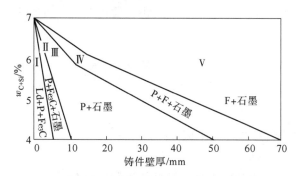

图 7-3 碳和硅的含量与铸件壁厚对铸铁组织的影响

常见的杂质元素对石墨化也有不同的影响。磷对石墨化影响不大，在铸铁中主要形成磷共晶；硫是强烈阻碍石墨化的元素，每含 0.01% 的硫，就可抵消 0.15% 硅的石墨化作用，所以一般要求含硫量越低越好。铸铁不含硫时，锰本身是阻碍石墨化的，锰使渗碳体更稳定；但当铸铁中含硫时，锰就优先与硫形成 MnS，其凝固温度较高。因此，锰因除硫而有促进石墨化的作用。只有当铸铁中的含锰量超过与硫结合形成 MnS 的必需量之后，锰才显示阻碍石墨化的作用，但它比硫的影响弱得多。

一般来说，形成碳化物的元素都阻碍石墨化，如 Cr、Mo、V 等；而不形成碳化物的元素的影响却较复杂，它们对石墨化的第一阶段有微弱的促进作用，而对石墨化的第二阶段有较强的阻碍作用，如 Ni、Cu 和 Sn。

7.1.3 铸铁的分类

1. 灰铸铁

灰铸铁是在第一阶段石墨化的过程中都得到充分石墨化的铸铁，其断口为暗灰色，工业上所用的铸铁几乎全部属于这类铸铁。这类铸铁视其第二阶段石墨化程度的不同，又可分为三种不同基体组织的灰铸铁，即铁素体、铁素体+珠光体、珠光体灰铸铁。

2. 白口铸铁

白口铸铁是第一、第二阶段的石墨化全部被抑制，完全按照 Fe-Fe$_3$C 相图进行结晶而得到的铸铁。这类铸铁组织中的碳全部呈碳化物的状态，形成渗碳体，并且有莱氏体组织，其断口白亮，性能硬脆，故在工业上很少应用，主要作为炼钢原料。

3. 麻口铸铁

麻口铸铁是在第一阶段石墨化过程中未得到充分石墨化的铸铁，其组织介于白口铸铁与灰铸铁之间，含有不同程度的莱氏体，也具有较大的硬脆性，工业上也很少应用。

根据铸铁中石墨结晶形态的不同，铸铁又可分为以下三类。

（1）灰铸铁。铸铁组织中的石墨形态呈片状结晶，这类铸铁的力学性能不太高，但生产工艺简单，价格低廉，故在工业上应用最为广泛。

（2）可锻铸铁。铸铁组织中的石墨形态呈团絮状，其力学性能（特别是冲击韧性）较灰铸铁高，但其生产工艺冗长、成本高，故用来制造一些重要的小型铸件。

（3）球墨铸铁。铸铁组织中的石墨形态呈球状，这种铸铁不仅力学性能较高，生产工艺远比可锻铸铁简单，并且可通过热处理进一步显著提高强度，故得到日益广泛的应用。在一定条件下，球墨铸铁可代替某些碳钢、合金钢制造各种重要的铸件，如曲轴、齿轮等。

7.2 灰铸铁

7.2.1 灰铸铁的化学成分与组织

灰铸铁的组织特点是具有片状石墨，其基体组织则可分三种类型：铁素体、铁素体+珠光体、珠光体，如图7-4所示。

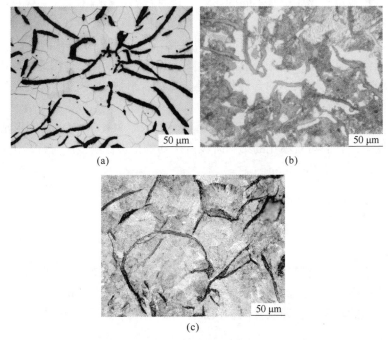

图7-4 灰铸铁的显微组织

（a）铁素体灰铸铁；（b）铁素体+珠光体灰铸铁；（c）珠光体灰铸铁

灰铸铁中含硅量较高，在讨论灰铸铁的化学成分和组织时，本应采用 Fe-C-Si 三元合金相图来分析，但为了生产上应用方便，常以铁碳合金相图为基础，将硅的影响折算成碳的影响，这可引入碳当量的公式来计算，即碳当量 $CE\% = C\% + 1/3Si\%$。从硅对铁碳合金相图的影响知道，大约3%的硅可使灰铸铁共晶成分的含碳量降低1%，若能将灰铸铁中碳当量控制在4.3%左右，即接近于共晶成分时，则灰铸铁便可具有最佳的流动性。如果碳当量小于或大于4.3%，则分别属于亚共晶或过共晶成分。

碳和硅是有效促进石墨化的元素，灰铸铁中碳和硅的含量越高，便越易得到充分的石墨化，故为了使铸件在浇铸后能得到灰口，且不含过多的粗片状石墨，通常把灰铸铁的成分控

制在 $w_C = 2.5\% \sim 4.0\%$，$w_{Si} = 1.0\% \sim 3.0\%$。对于强度要求较高且希望获得较多珠光体的铸件，可将锰的含量提高到 1.0% 左右。对于磷的含量，如性能要求较低，主要为获得薄而形状复杂的铸件，需要提高铁液的流动性，可将含磷量提高到 0.65%；如要求高硬度和耐磨性，甚至可将含磷量提高到 1.0% 左右；反之，如要求强度较高，则含磷量应降至 0.3% 以下，而含硫量应小于 0.15%。

普通灰铸铁的组织可看成是钢的基体+粗片状石墨，因为石墨片的强度极低，故可近似地把它看成是一些 "微裂缝"，从而可把灰铸铁看作是 "含有许多微裂缝的钢"。这些微裂缝（片状石墨）的存在，不仅割断了基体的连续性，而且在其尖端处还会引起应力集中，所以灰铸铁的抗拉强度、塑性和韧性远不如钢。石墨片的量越多、尺寸越大，其影响越大。但石墨片的存在对灰铸铁的抗压强度及硬度影响不大，因为灰铸铁的抗压强度及硬度主要取决于基体组织的性能。由于石墨片的这一决定性的影响，即使将基体的组织从珠光体改变为铁素体，也只会降低强度，而不会增加塑性和韧性。因此，为了得到较高的强度，在灰铸铁中，以珠光体为基体的灰铸铁的应用最广。

灰铸铁组织中的石墨虽然降低其抗拉强度和塑性，但却给灰铸铁带来了一系列其他的优越性能。例如，灰铸铁具有优良的铸造性，不仅表现在它具有较高的流动性，而且因为灰铸铁在凝固过程中会析出较大的石墨，从而减小其收缩率；由于石墨本身的润滑作用及当它从铸件表面掉落时所遗留的孔洞具有存油的能力，故铸件又有优良的减磨性。此外，石墨组织松软，能够吸收振动，因而铸铁又具有良好的减振性；加之片状石墨本身就相当于许多微缺口，故铸件缺口敏感性低。

正由于灰铸铁具有以上一系列优点，因此它被广泛地用来制造各种承受压力和要求减振性的机床、机架、结构复杂的箱体、壳体和经受摩擦的导轨、缸体等。表 7-1 为灰铸铁的牌号、力学性能及其应用举例。牌号中的符号 "HT" 表示灰铸铁，后面的数字表示其抗拉强度的最低值。

应当注意，表 7-1 中所列各种灰铸铁牌号的性能均对应一定的铸件壁厚，也就是说，在根据铸件的性能要求选择铸铁牌号时，必须同时注意铸件壁厚。若铸件壁厚过大或过小，而表中所列数据不符应用时，则应根据具体情况，适当提高或降低灰铸铁的牌号。

7.2.2　灰铸铁的变质处理

普通灰铸铁强度低（由于片状石墨的存在），抗拉强度低于 300 MPa（表 7-1 中抗拉强度大于 300 MPa 的，都是经过变质处理的）。在石墨仍然为片状的前提下，可从以下两个方面提高强度：减少石墨片的数量，并使之细小均匀分布；使基体全部得到珠光体组织。为了减少石墨片的数量，要求原铁液中的碳硅含量较低；为使石墨细小均匀分布，还必须在铁液中加入少量孕育剂或变质剂（通常为硅铁或硅钙粉，加入量为铁液总质量的 0.4% 左右），这些变质剂可作为石墨的结晶核心。假如不加变质剂，只降低铁液中的碳硅含量，凝固后则得到白口铸铁或麻口铸铁；假如不降低铁液中的碳硅含量，只加变质剂，则由于硅铁或硅钙具有促进石墨化的作用，使石墨更粗，强度更低。因此，降低碳硅含量和变质处理，两者缺一不可。降低碳硅含量和加入变质剂使铁液在高温时按 Fe-G 系结晶；而在低温时则按 Fe-Fe₃C 系结晶，最后得到的基体为珠光体组织。降低碳硅含量和经过变质处理的灰铸铁称为孕育铸铁，以区别普通灰铸铁。孕育铸铁的抗拉强度可达 400 MPa，且能在较宽的铸件截面尺寸内获得均匀一致的组织和性能。孕育铸铁的疲劳强度也较高，因此其常可用来制造力学性能要求较高且截面尺寸变化较大的大型铸件。

表 7-1　灰铸铁的牌号、力学性能及其应用举例

牌号	铸件壁厚/mm		抗拉强度 R_m/MPa	硬度 HBW	显微组织		应用举例
	大于	小于			基体	石墨	
HT100	2.5	10	130	≤170	F+P	粗片状	盖、外罩、油盘、手轮、手把、支架、底板、底座、立柱、机床底座，以及强度要求不高的零件
	10	20	100				
	20	30	90				
	30	50	80				
HT150	2.5	10	175	125~205	F+P	较粗片状	端盖、汽轮泵体、轴承座、阀体、管子及管路附件、手轮；一般机床底座、床身及其他复杂零件、滑座、工作台等
	10	20	145				
	20	30	130				
	30	50	120				
HT200	2.5	10	200	150~230	P	中等片状	气缸、齿轮、底架、机体、飞轮、齿条、衬筒；一般机床床身及中等压力（8 MPa 以下）液压筒、液压泵和阀的壳体
	10	20	195				
	20	30	170				
	30	50	160				
HT250	4.5	10	270	180~250	细珠光体	较细片状	阀体、液压缸、气缸、机体、齿轮、齿轮箱外壳、飞轮、衬筒、凸轮、轴承座等
	10	20	240				
	20	30	220				
	30	50	200				
HT300	10	20	290	200~275	索氏体或托氏体	细小片状	齿轮、凸轮、车床卡盘、剪床、压力机床身；自动车床及其他重负荷机床床身；高压液压筒、液压泵和滑阀的壳体等
	20	30	250				
	30	50	230				
HT350	10	20	340	220~290			
	20	30	290				
	30	50	260				

7.2.3　灰铸铁的热处理

由于热处理只能改变灰铸铁的基体组织，而不能改变其石墨片的存在状态，故利用热处理来提高灰铸铁的力学性能效果并不大，因此通常仅应用以下少数几种热处理。

1. 消除内应力的退火

铸件在冷却过程中，因各部位的冷却速度不同，常会产生很大的内应力。它不仅会引起铸件的变形和开裂，而且会在切削加工之后因应力的重新分布而引起变形，使铸件失去加工

精度。因此，大型和复杂的铸件，开箱之后或切削加工之前，通常要进行一次消除内应力的退火，有时甚至在精加工之后还要再进行一次。这种退火由于经常是在共析温度以下进行长时间的加热，故称为低温退火或者时效处理。一般可在铸件开箱之后立即转入 100~200 ℃ 的炉中，随炉缓慢升至 500~600 ℃，经长时间（一般 4~8 h）保温后，再缓慢冷却。经时效处理后，常可消除 90% 以上的内应力。

2. 改善切削加工性的退火

铸件的表层及一些薄壁处，由于冷却速度较快（特别是采用金属型浇铸时），难免会出现白口，致使切削加工难以进行。为了降低硬度，改善切削加工性，必须进行高温退火（加热到共析温度以上）。退火方法是将铸件加热至 850~900 ℃，保温 2~5 h，使渗碳体分解为石墨，而后随炉缓慢冷却至 400~500 ℃，再置于空气中冷却。

3. 表面淬火

有些大型铸件的工作表面需要有较高的硬度和耐磨性，如机床导轨的表面和气缸套的内壁等，常需表面淬火。表面淬火的方法有感应加热表面淬火、火焰加热表面淬火及接触电热表面淬火等多种。前两种表面淬火已在第 5 章讨论过，这时仅再举一例，介绍一下接触电热表面淬火在机床导轨上的应用。

图 7-5 为机床导轨接触电热表面淬火示意图。其原理是用一个电极（石墨棒或纯铜滚轮）与工件紧密接触，通过低压强电流，利用电极与工件接触处的电阻热将工件表面迅速加热。操作时，电极以一定的速度移动，被加热的表面由于工件本身的导热而得到迅速的冷却，达到表面淬火的目的。淬火层的深度可达 0.20~0.30 mm，组织为极细的马氏体+片状石墨，硬度可达到 59~61 HRC。这种表面淬火法设备简单，操作容易，并且工件变形小，故近年来日益广泛地用于机床导轨的生产，可使导轨的寿命提高约 1.5 倍。

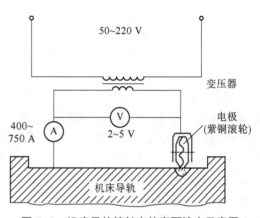

图 7-5　机床导轨接触电热表面淬火示意图

7.3　可锻铸铁

孕育铸铁和普通灰铸铁相比，虽然强度提高了，但塑性、韧性仍然很低。在汽车、农业机械上常遇到一些截面较薄、形状复杂，并在工作中会受到冲击振动的零件，这些零件不宜锻造而宜用铸造法生产。然而，铸钢的铸造性差，在浇铸截面较薄的复杂零件时，不易获得合格产品，而且价格昂贵。灰铸铁的塑性、韧性又低，在这种情况下就要采用可锻铸铁。

可锻铸铁是由白口铸铁在固态下经长时间石墨化退火而得到的具有团絮状石墨的一种铸铁。铸铁中的石墨是在退火过程中通过渗碳体的分解（$Fe_3C \longrightarrow 3Fe+C$）而形成的，因其条件不同，故形态也不同。退火过程中，随着共析转变时的冷却速度不同，可锻铸铁的基体组织可分为铁素体和珠光体两种，如图7-6所示。可锻铸铁中的石墨呈团絮状，大大减轻了石墨对基体金属的割裂作用，因此它不但具有比灰铸铁较高的强度，并且具有较高的塑性和韧性，其断后伸长率可达12%。但可锻铸铁并不是真正可以锻造。汽车、拖拉机的前后桥壳、减速器壳、转向节壳等薄壁零件都是由可锻铸铁制造的。

(a)   (b)

图7-6 可锻铸铁的显微组织

(a) 铁素体可锻铸铁；(b) 珠光体可锻铸铁

7.3.1 可锻铸铁的化学成分

可锻铸铁的化学成分选择的三条原则：一是要保证铁液有良好的铸造性能，并使铸态得到亚共晶白口铸铁组织；二是随后的石墨化退火时间要短；三是退火组织中的团絮状石墨量要少且尺寸小，这样有利于提高强度和塑性。这三条原则决定了可锻铸铁必须采用低碳、低硅成分，$w_C = 2.0\% \sim 2.6\%$，$w_{Si} = 1.1\% \sim 1.6\%$，$w_P < 0.1\%$，$w_S < 0.2\%$。若碳硅含量偏高，铸造时就不易得到纯白口铸件，一旦铸态有片状石墨形成，随后的退火过程中就很难获得团絮状石墨。若碳和硅含量太低，退火时的石墨化过程就困难，因此可锻铸铁的化学成分应严格控制。

7.3.2 可锻铸铁的退火与组织

根据退火方法的不同，可锻铸铁可以得到铁素体和珠光体两种基体。共晶莱氏体的分解称为石墨化第一阶段（高温退火），奥氏体共析转变为铁素体+石墨称为石墨化第二阶段（低温退火）。退火中，如果这两个阶段都进行得很完全，就得到铁素体+团絮状石墨组织，即铁素体可锻铸铁，该铸铁的断口呈灰黑色，故又叫黑心可锻铸铁；如果仅完成石墨化第一阶段，高温退火后便出炉冷却，就得到珠光体可锻铸铁。

现在采用铁素体可锻铸铁居多，其退火工艺如图7-7所示，即将浇铸成的白口铸铁加热至900~980℃，在高温下经15 h左右的时间保温，使其组织中的渗碳体分解而得到奥氏体与团絮状石墨的组织，然后炉冷至770~650℃，长时间保温，奥氏体则分解成铁素体与石墨，结果得到铁素体可锻铸铁（见图7-7中的曲线①）；如果在通过共析转变时的冷却速度较快（见图7-7中曲线②），最终则得到珠光体可锻铸铁。

过去可锻铸铁的退火周期很长，需60~80 h，现在已缩减到30 h左右。主要采取的工艺

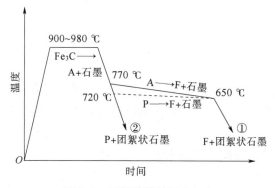

图 7-7　可锻铸铁的退火工艺

措施有将含硅量稍微提高,有利于产生大量石墨化晶核。铸件在快速冷却中凝固,细化白口组织,使莱氏体分解时原子的扩散距离减小。在提高含硅量的同时,一方面加入有白口倾向的 Fe、Be 元素,防止白口铸铁中出现片状石墨;另一方面加入微量的硼($w_B<0.01\%$)和 Al,以增加石墨化核心,这是缩短退火周期的最有效办法。

可锻铸铁的牌号、力学性能及应用举例如表 7-2 所示。牌号中"KT"为可锻铸铁,"KTH"表示黑心可锻铸铁,"KTZ"表示珠光体可锻铸铁,它们后面的两组数字表示最低抗拉强度和断后伸长率。黑心可锻铸铁由于团絮状石墨圆整程度不同,抗拉强度最高可达 370 MPa,而断后伸长率为 12%。如果要求更高强度,而塑性可以相应较低,可选用珠光体可锻铸铁。

表 7-2　可锻铸铁的牌号、力学性能及应用举例

分类	牌号	试样直径/mm	力学性能			硬度 HBW	应用举例
			R_m/MPa	R_{eL}/MPa	A/%		
			不小于				
黑心可锻铸铁	KTH300-06	12 或 15	300	—	6	≤150	弯头、三通等管件
	KTH330-08		330	—	8		螺丝扳手、犁铧、犁柱、车轮壳等
	KTH350-10		350	200	10		汽车、拖拉机前后轮壳、减速器壳、转向节壳等
	KTH370-12		370	—	12		
珠光体可锻铸铁	KTZ450-06		450	270	6	150~200	曲轴、凸轮轴、连杆、齿轮、活塞环、轴套、耙片、万向接头、扳手、传动链条
	KTZ550-04		550	340	4	180~230	
	KTZ650-02		650	430	2	210~260	
	KTZ700-02		700	530	2	240~290	

综上所述,虽然可锻铸铁的力学性能远高于灰铸铁,但其生产周期长、工艺复杂、成本较高,且仅适用于薄壁(<25 mm)零件,故随着稀土镁球墨铸铁的发展,不少可锻铸铁零件已逐渐被球墨铸铁零件所代替。

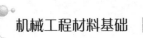

7.4　球墨铸铁

　　球墨铸铁是 20 世纪 50 年代发展起来的一种铸铁材料。通常在浇铸前向铁液中加入一定量的球化剂进行球化处理，并加入少量孕育剂以促进石墨化，在浇铸后可直接获得具有球状石墨结晶的铸铁，即球墨铸铁。由于球墨铸铁具有优良的力学性能、加工性能和铸造性能，生产工艺简便，成本低廉，因此得到越来越广泛的应用。

7.4.1　球墨铸铁的化学成分和制造工艺

　　球墨铸铁的化学成分特点是含碳量和含硅量都较高，即高碳当量。高碳当量是为了得到共晶点附近的成分，从而具有良好的流动性；含硅量较高的原因是在生产球墨铸铁时，需要加入稀土镁合金作为球化剂，镁是强烈稳定碳化物元素，阻碍第一阶段石墨化，所以要求较高的含硅量，以免出现白口。实际生产中，w_C 多数控制在 3.6% ~ 3.9%，w_{Si} 多数控制在 2.2% ~ 2.7% 较窄的范围内。

　　生产球墨铸铁时，一个重要的问题是要求原料中硫、磷含量要低。在灰铸铁和可锻铸铁中，硫的有害作用是靠锰来消除的。而在球墨铸铁中因为要加入镁、铈等元素作为球化剂，镁、铈和硫的结合力要比锰大得多，所以作为球化剂的镁、铈首先必须起脱硫作用，只有把铁液中的硫含量降到 0.02% ~ 0.03% 时，铁液中剩余的镁、铈才起球化作用。如果铁液中含硫量过高，就需要加入大量的球化剂，既提高了生产成本，又形成了 MgS 和 CeS。通常 MgS 和 CeS 不易进入熔渣而残留在铁液中，凝固后成为铸件中的夹杂物，称为黑渣，严重影响铸件的力学性能。因此要炼制低硫的铁液，不仅要求有低硫的生铁，也要求有低硫的焦炭。从石墨化的两个阶段及对石墨球化的影响来说，磷的影响不大，但磷在共晶团边界形成二元或三元磷共晶，还有少量磷可固溶在铁素体内，这都会增加球墨铸铁的脆性，因此磷含量不能超过 0.1%，最好低于 0.06%。

　　生产球墨铸铁时，必须在铁液中加入球化剂和孕育剂（也称墨化剂）。最早使用的球化剂是镁或铈，但镁密度小、沸点低，与铁和氧的作用强烈，以致铁液中镁的吸收率很低，故常配成稀土镁合金。稀土镁合金直接作球化剂仍有不太理想的地方，所以现在多数采用硅铁稀土镁合金。实际使用时要注意控制球化剂的加入量，加入量过多容易出现白口或麻口组织，加入量过少则球化率不高或球化不完整。球化剂的加入量，只有在烧损和脱硫之后，残留在铁液中的镁才真正起球化作用。由于经过球化处理后的铁液，白口倾向大，所以还必须加入一定量的硅铁合金作为孕育剂，增加石墨核心。加入球化剂和孕育剂后，铁水要尽快浇铸，否则球化和孕育作用都会随着时间的延长而衰退。

7.4.2　球墨铸铁的性能

　　由图 7-8 可以看出，球墨铸铁的组织特点是其石墨的形态比可锻铸铁更为圆整，因此对基体的强度、塑性和韧性的影响更小。

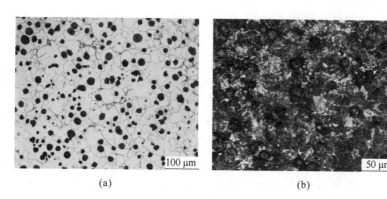

图 7-8 球墨铸铁的显微组织

（a）铁素体球墨铸铁；（b）珠光体球墨铸铁

与灰铸铁相比，球墨铸铁的铸造性能较差，流动性和液体补缩能力也较差，内部也容易出现较多的疏松。因此，球墨铸铁必须有较高的铁液出炉温度（1 400 ℃以上），并安置较大的浇、冒口进行补缩。

球墨铸铁的强度和塑性比灰铸铁有很大的提高。灰铸铁的抗拉强度最高只有 400 MPa，而铸态球墨铸铁的抗拉强度最低水平为 600 MPa，经热处理后可达 700~900 MPa；而同样的铁素体基体，其塑性和可锻铸铁相比，也有很大的提高。球墨铸铁的牌号、基体组织、力学性能及应用举例如表 7-3 所示。

表 7-3 球墨铸铁的牌号、基体组织、力学性能及应用举例

牌号	基体组织	力学性能				应用举例
		R_m/MPa	R_{eL}/MPa	A/%	硬度	
		最小值			HBW	
QT400-18	铁素体	400	250	18	130~180	汽车、拖拉机底盘零件；1 600~6 400 MPa 阀门的阀体和阀盖
QT400-15	铁素体	400	250	15	130~180	
QT450-10	铁素体	450	310	10	160~210	
QT500-7	铁素体+珠光体	500	320	7	170~230	机油泵齿轮
QT600-3	珠光体+铁素体	600	370	3	190~270	柴油机、汽油机曲轴；磨床、铣床、车床的主轴；空压机、冷冻机缸体、缸套等
QT700-2	珠光体	700	420	2	225~305	
QT800-2	珠光体或回火组织	800	480	2	245~335	
QT900-2	贝氏体或回火马氏体	900	600	2	280~360	汽车、拖拉机传动齿轮

球墨铸铁的屈强比（屈服强度/抗拉强度）为 0.70~0.75，而钢的屈强比只有 0.5 左右。球墨铸铁的疲劳强度接近于钢，但缺口敏感性低。球墨铸铁有很好的耐磨性，特别是经过热处理后，如等温淬火，比经过同样处理的钢的耐磨性还好。

7.4.3　球墨铸铁的热处理

球墨铸铁的热处理主要是用来改变它的基体组织和性能。

在灰铸铁中，主要是片状石墨大小、数量及分布决定铸铁的性能。由于热处理只能改变基体组织，而不能改变石墨的特性，所以灰铸铁铸件多数只做去应力退火等简单的热处理。球墨铸铁则不同，它把石墨对强度与塑性的不利影响降到最小，这时热处理改变基体的作用就大为突出。球墨铸铁可以像钢一样进行各种热处理，进一步扩大了球墨铸铁的应用范围。

球墨铸铁常用的热处理工艺有以下几种。

（1）退火。退火的目的是获得铁素体球墨铸铁。球墨铸铁在浇铸后，其铸态组织中常会出现不同程度的珠光体和自由渗碳体，不仅力学性能较低，而且难以切削加工。为了获得高塑性的铁素体组织，改善切削加工性，消除铸造应力，就必须进行退火，使其中的渗碳体和珠光体得以分解。根据球墨铸铁的铸态组织不同，退火工艺有以下两种。

①高温退火。当铸态组织中不仅有珠光体，而且有自由渗碳体时，应进行高温退火。方法是将铸件加热到临界温度（铁素体完全转变为奥氏体）以上 50~100 ℃，即 900~950 ℃，保温 2~5 h 后，随炉缓冷到低于 550 ℃，出炉空冷。

②低温退火。当铸态组织为铁素体+珠光体+石墨，而没有自由渗碳体时，低温退火就可达到目的。方法是将铸件加热至临界温度（铁素体开始转变为奥氏体的温度）以下30~50 ℃，即 720~760 ℃，经 3~6 h 保温后，随炉缓冷到低于 550 ℃，出炉空冷。

（2）正火。正火也可以分为低温正火和高温正火。低温正火是加热至奥氏体转变的温度范围内，一般为 840~880 ℃，而后在空气中冷却，这种正火通常叫作部分奥氏体化正火，主要是为了得到具有适当韧性的铁素体+珠光体球墨铸铁，但这种球墨铸铁的强度较低。为了获得高耐磨性和高强度的珠光体球墨铸铁，铸件应进行高温正火。高温正火的方法是将加热至临界温度（铁素体完全转变为奥氏体）以上 50~70 ℃，当球墨铸铁中的含硅量为 2%~3%时，一般加热至 880~920 ℃，保温 1~3 h，然后出炉空冷。

通过高温正火应得到细珠光体和石墨的组织，但其中往往会混有少量的铁素体，这些铁素体常分布在石墨的周围，呈牛眼状，如图 7-9 所示。

在珠光体球墨铸铁中，铁素体的含量一般不允许超过 15%，过多的铁素体会降低球墨铸铁的强度。正火组织中的铁素体含量主要取决于冷却速度，增加冷却速度将显著减少铁素体量。因此，正火的冷却方法除空冷外，还可采用风冷或喷雾冷等。由于正火时冷却速度的加

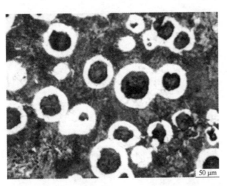

图 7-9 球墨铸铁中的牛眼状铁素体组织

大，常常会在铸件中引起一定的内应力，故在正火之后需要进行一次消除内应力的回火。一般采取 550~560 ℃回火，保温 1~2 h，然后空冷。

（3）调质处理。对于一些形状较复杂、综合力学性能要求较高的零件，如承受交变拉应力的连杆、承受交变弯曲应力的曲轴等，若采用正火，仍担心其强度和韧性不足，在此情况下可采用调质处理。

调质处理的淬火温度应为临界温度（铁素体完全转变为奥氏体）以上 30~50 ℃。对含硅量为 2%~3%的球墨铸铁，淬火温度为 860~900 ℃，通常采用油冷，然后在 560~600 ℃回火 2~4 h，得到回火索氏体与石墨组织。

（4）等温淬火。对于一些要求综合力学性能（强度、硬度、耐磨性及韧性等）较高、外形比较复杂，以及热处理容易导致变形或开裂的零件，如齿轮、滚动轴承套圈、凸轮等，可采用等温淬火。

等温淬火的加热温度与普通淬火相同，即 $860 \sim 900 \ ℃$，适当保温后，迅速移至 $230 \sim 330 \ ℃$ 的等温盐浴中进行等温处理 $30 \sim 90 \ min$，然后取出空冷，一般不再回火。等温淬火后的组织为下贝氏体+石墨，如图 7-10 所示。球墨铸铁经等温淬火后的强度极限可达 $1 \ 200 \sim 1 \ 500 \ MPa$，硬度为 $38 \sim 50 \ HRC$，并具有良好的耐磨性。等温盐浴的温度越低，强度越高；而温度越高，则塑性和韧性越大。

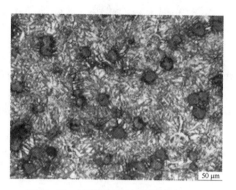

图 7-10　球墨铸铁的等温淬火组织

7.5　特殊性能铸铁

随着工业的发展，对铸铁性能的要求越来越高，即不但要求它具有更高的力学性能，还要求它具有某些特殊的性能，如耐热、耐蚀及高耐磨性等。为此，可向铸铁（灰铸铁或球墨铸铁等）中加入一定量的合金元素，以便获得特殊性能铸铁（或称合金铸铁）。这些铸铁与在相似条件下使用的合金钢相比，熔炼简便、成本低廉，具有良好的使用性能；但它们大多数具有较大的脆性，力学性能也较差。

7.5.1　耐磨铸铁

耐磨铸铁按其工作条件大体可分为两种类型：一种是在润滑条件下工作，如机床导轨、气缸套、活塞环和轴承等；另一种是在无润滑的干摩擦条件下工作，如犁铧、轧辊及球磨机零件等。

在干摩擦条件下工作的耐磨铸铁，应具有均匀的高硬度组织。例如，具有高碳共晶或过共晶的白口铸铁，实际上就是一种很好的耐磨铸铁。它们多数是在干摩擦的情况下使用，要求具有较长的工作寿命，通常制作球磨机的衬板、磨球及犁铧、轧辊等，其化学成分为 $w_C = 4.0\% \sim 4.5\%$，$w_{Si} = 0.04\% \sim 0.12\%$，$w_{Mn} = 0.06\% \sim 1.0\%$，$w_P = 0.14\% \sim 0.40\%$，$w_S = 0.008\% \sim 0.05\%$。

在上述情况下，对白口铸铁主要的要求就是高硬度。白口铸铁的硬度由其组织组成物决定。莱氏体中的渗碳体是硬度高的连续相，它在共晶转变结束时的体积分数约为48%；随着温度的降低，析出的二次渗碳体并入共晶渗碳体中，到共析转变结束时，渗碳体的体积分数约为60%。所以，莱氏体本身是高硬度的，因此，希望白口铸铁的含碳量要高些，但不要超过共晶成分。过共晶的初生渗碳体虽然硬度也高，但片状粗大，使整个基体变得很脆。

白口铸铁的脆性很大，不能用来制造要求具有一定冲击韧性和强度的铸件，如车轮和轧辊等。因此，常采用"激冷"的办法，即铸件上要求耐磨的表面采用金属型铸造，而其他部分采用砂型铸造，同时注意适当调整铁液的化学成分（如减少含硅量），保证白口的深度，同时心部为灰口组织，从而使整个铸件既有高的强度和耐磨性，又能承受一定的冲击。这种铸铁称为激冷铸铁或冷硬铸铁。

我国试制成功的中锰球墨铸铁，即在稀土镁球墨铸铁中，加入 5.0%~9.5% 的锰，含硅量控制在 3.3%~5.0%，并适当调整冷却速度，使铸铁基体获得马氏体、大量残余奥氏体和渗碳体。这种铸铁具有高的耐磨性和抗冲击性，可代替高锰钢或锻钢，适用于制造农用耙片、犁铧、粉碎机锤头等。中锰球墨铸铁的化学成分、力学性能及应用举例如表 7-4 所示。

表 7-4　中锰球墨铸铁的化学成分、力学性能及应用举例

| 类别 | 化学成分（质量分数）/% | | | | | | | 力学性能 | | | | | 应用举例 |
	C	Si	Mn	P	S	RE	Mg	R_{eL}/MPa	R_m/MPa	f_{300}/mm	K/J	硬度 HRC	
M I（以韧性为主）	3.3~3.8	4.0~5.0	8.0~9.5	<0.15	<0.02	0.025~0.05	0.025~0.06	340~450	550~700	4.0~7.0	12~24	38~47	农用耙片、犁铧等
M II（以硬度为主）	3.3~3.8	3.3~4.0	5.0~7.0	<0.15	<0.02	0.025~0.05	0.025~0.06	—	550~800	3.0~4.0	6.4~12	48~56	磨球、衬板等

在润滑条件下工作的耐磨铸铁，其组织应为软基体上分布有硬的组织组成物，以便在磨合后使软基体有所磨损，形成沟槽，保持油膜。珠光体灰铸铁基本上能满足这样的要求，其中铁素体为软基体，渗碳体为硬的组织组成物，同时石墨片起储油和润滑作用。为了进一步改善其耐磨性，通常将磷含量提高到 0.4%~0.6%，做成高磷铸铁。由于普通高磷铸铁的强度和韧性较差，故常在其中加入铬、钼、钨、铜、钛、钒等合金元素，做成合金高磷铸铁，从而进一步提高力学性能和耐磨性。表 7-5 列出了某些合金高磷铸铁的化学成分和用途。

表 7-5　某些合金高磷铸铁的化学成分和用途

| 铸铁名称 | 化学成分（质量分数）/% | | | | | | 用途 |
	C	Si	Mn	P	S	合金含量	
磷铜钛铸铁	2.9~3.2	1.2~1.7	0.5~0.9	0.35~0.6	<0.12	Cu：0.6~1.0 Ti：0.09~0.15	普通机床导轨、精密机床导轨
磷铜钼铸铁	3.1~3.4	2.2~2.6	0.5~1.0	0.55~0.8	<0.1	Cu：0.35~0.55 Mo：0.15~0.35	气缸套
磷钨铸铁	3.6~3.9	2.2~2.7	0.6~1.0	0.35~0.5	<0.06	W：0.4~0.65	活塞环

除高磷铸铁外，近年来我国还开发了钒钛耐磨铸铁、铬钼铜耐磨铸铁及廉价的硼耐磨铸铁等，这些铸铁都具有优良耐磨性。

7.5.2　耐热铸铁

铸铁的耐热性主要是指在高温下的抗氧化和抗热生长能力。在高温下工作的铸件，如炉

底、坩埚、炉内运输链条等，都要求有良好的耐热性，因此应采用耐热铸铁。

普通灰铸铁在高温下除了会发生表面氧化外，还会发生热生长的现象，即铸铁的体积会产生不可逆的胀大，严重时甚至会胀大 10% 左右。热生长现象主要是由于氧化性气体沿石墨片的边界和裂纹渗入铸铁内部，造成内部氧化及因渗碳体的分解而发生石墨化。为了提高铸铁的耐热性，可向铸铁中加入硅、铝、铬等合金元素，使铸铁表面形成一层致密的 SiO_2、Al_2O_3、Cr_2O_3 等氧化膜，保护内层不被氧化。此外，这些元素还会提高铸铁的临界点，使铸铁在使用范围内不发生固态相变，使基体组织为单相铁素体，因而提高了铸铁的耐热性。

耐热铸铁的种类较多，分硅系、铝系、硅铝系及铬系等。其中因铝系耐热铸铁的脆性大，耐热急变性差，不易熔制，而铬系耐热铸铁的价格比较昂贵，故在我国得到较广泛应用和发展的是硅系和硅铝系耐热铸铁。常用耐热铸铁的牌号、化学成分、使用温度及应用举例如表 7-6 所示。

表 7-6 常用耐热铸铁的牌号、化学成分、使用温度及应用举例

牌号	化学成分（质量分数）/%						使用温度/℃	应用举例
	C	Si	Mn	P	S	其他		
RQTSi15	2.4~3.2	4.5~5.5	<1.0	<0.2	<0.12	Cr0.5~0.1	≤850	烟道挡板等
RQTSi5	2.4~3.2	4.5~5.5	<0.7	<0.1	<0.03	RE0.015~0.035	900~950	加热炉底板、化铝电阻坩埚炉等
RQTAl22	1.6~2.2	1.0~2.0	<0.7	<0.1	<0.03	Al21~24	1 000~1 100	加热炉底板、渗碳罐、炉结构件等
RTAl5Si5	2.3~2.8	4.5~5.2	<0.5	<0.1	<0.02	Al>5.0~5.8	950~1 050	
RTCr16	1.6~2.4	1.5~2.2	<1.0	<0.1	<0.05	Cr15.0~18.0	900	退火罐、炉棚、化工机械零件等

7.5.3 耐蚀铸铁

耐蚀铸铁是指在腐蚀性介质中工作时具有耐蚀能力的铸铁。耐蚀铸铁广泛应用于化工行业，用来制造管道、阀门、泵类、反应锅及盛贮器等。耐蚀铸铁的化学和电化学腐蚀原理及提高耐蚀性的途径基本上与不锈钢和耐酸钢相同，即加入大量的 Si、Al、Cr、Ni、Cu 等合金元素，以提高铸铁基体组织的电位，并使铸铁的表面形成一层致密的保护性氧化膜。

耐蚀铸铁分为高硅耐蚀铸铁、高铝耐蚀铸铁及高铬耐蚀铸铁等。应用最广的是高硅耐蚀铸铁，其中 $w_C \leqslant 0.8\%$（过高的含碳量会使石墨量增加，降低耐蚀性），$w_{Si} = 14\% \sim 18\%$（若 $w_{Si} > 18\%$，会使脆性增加），在含氧酸（如硝酸、硫酸等）中的耐蚀性不亚于 1Cr18Ni9 不锈钢。

对于在碱性介质中工作的零件，可采用 $w_{Ni} = 0.8\% \sim 1.0\%$、$w_{Cr} = 0.6\% \sim 0.8\%$ 的抗碱铸铁。

为改善在盐酸中的耐蚀性，可加入质量分数为 2.5%~4.0% 的钼。

此外，为改善高硅耐蚀铸铁的力学性能，还可以在铸铁中加入微量的硼或进行球化处理。

习 题

1. 化学成分和冷却速度对铸铁石墨化和基体组织有何影响？

2. 铸铁的石墨化过程中，如果第一阶段完全石墨化，而第二阶段完全石墨化、部分石墨化或没有石墨化，它们各获得哪种组织的铸铁？

3. 试述石墨形态与铸铁性能之间的关系。

4. 为什么普通车床的床身和底座通常采用灰铸铁制造？

5. 灰铸铁车床的床身铸造后直接进行机加工，然后发现床身发生了变形，这是为什么？如何避免？

6. 灰铸铁铸件的薄壁部位通常硬度高，机加工困难，这是为什么？如何改善薄壁部位的机加工性能？

7. 与灰铸铁相比，可锻铸铁有何优缺点？可锻铸铁可否锻造？

8. 如何获得球墨铸铁？为什么球墨铸铁的力学性能好于灰铸铁和可锻铸铁？

9. 为什么球墨铸铁的热处理效果比灰铸铁显著？

有色金属及其合金

第 8 章　有色金属及其合金

【学习目标】

本章的学习目标主要有三个：一是掌握或了解铝合金时效强化原理和滑动轴承合金的组织特性；二是熟悉常用铝合金、铜合金、滑动轴承合金的牌号、性能、强化方法及用途；三是了解各种硬质合金的类型、牌号及应用。

【学习重点】

本章的学习重点：四种合金的典型牌号及牌号中字母、数字的含义；四种合金的分类及性能特点；铝合金的热处理特点及铝硅合金变质处理的作用。

【学习导航】

在工业生产中，通常把以铁为基体的金属材料称为黑色金属，如钢与铸铁；把非铁金属及其合金称为有色金属。有色金属及合金与钢铁材料相比，具有许多特殊性能，是现代工业生产中不可缺少的金属材料。本章对铝及铝合金、铜及铜合金、轴承合金和钛及钛合金分别进行分类，并对不同类别合金所包含化学元素及成分对其性能的影响进行分析，从而使各类合金更好地应用在机械、建筑、电子、汽车、冶金和高科技领域。随着有色金属工业正进入转型发展和高质量发展阶段，有色金属的综合利用是可持续发展战略的重要途径。

8.1　铝及铝合金

8.1.1　工业纯铝

工业纯铝中 $w_{Al} \geqslant 99\%$，杂质元素主要有铁和硅等，其熔点为 660 ℃，在固态下具有面心立方晶格，无同素异晶转变，因而铝的热处理机制与钢不同。

（1）铝很轻，密度为 2.7 g/cm³，约为铁的1/3。铝经常作为各种轻质结构材料的基本组元。

（2）导电性和导热性较好，仅次于银、铜和金，居第四位。室温时，铝的导电能力约为铜的 62%；若按单位质量材料的导电能力计算，铝的导电能力约为铜的 200%。

（3）塑性好（$Z=80\%$），能通过冷或热的压力加工制成各种型材，如丝、线、箔、片、棒、管等。这种特性与铝具有面心立方晶格结构有关。

（4）耐大气腐蚀性能好，因为铝的表面能生成一层致密的 Al_2O_3 薄膜，它能有效隔绝铝和氧的接触，阻止铝表面的进一步氧化。

上述这些主要特征决定了工业纯铝的用途，它适用于制作电线、电缆，以及具有导热和耐大气腐蚀性能且对强度要求不高的一些用品和器皿。

工业纯铝中杂质含量越高，其导电性、导热性、耐腐蚀性及塑性就越低。

我国工业纯铝的牌号是根据杂质的含量，按照国际四位数字体系来编制的，如 1070A、1060、1050A、1030、1200 等，第一位数字 1 表示纯铝，后两位数字越小，其杂质含量越高。

8.1.2　铝合金的分类

铝合金可分为变形铝合金和铸造铝合金两大类，其分类示意图如图 8-1 所示。变形铝合金是将合金熔融铸成锭子后，再通过外力加工（轧制、挤压、模锻等）制成半成品或模锻件，故要求合金应具有良好的塑性变形能力。铸造铝合金则是将熔融的合金直接铸成型态复杂甚至是薄壁的成型件，故要求合金应具有良好的铸造流动性。

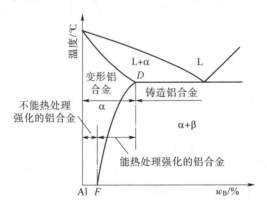

图 8-1　铝合金分类示意图

相图上最大饱和溶解度 D 是两种合金的理论分界点。合金成分大于 D 点的合金，由于有共晶组织存在，其流动性较好，且在高温下强度也较高，可以防止热裂现象，故适合铸造。合金成分小于 D 点的合金，其平衡组织以固溶体为主，在加热至固溶线以上温度时，可得到均匀的单相固溶体，其塑性变形能力较好，适合锻造、轧制和挤压。

铸造铝合金还可按照其中主要元素的不同分为 Al-Si 系、Al-Cu 系、Al-Mg 系、Al-Zn 系等合金。

变形铝合金还可按照其主要性能特点分为防锈铝、硬铝、超硬铝及锻铝合金等。铝合金的类别、名称、特性、牌号举例及符号表示法如表 8-1 所示。

表 8-1　铝合金的类别、名称、含金系、特性、牌号举例及符号表示法

类别	名称	合金系	特性	牌号举例	符号表示法
铸造铝合金	简单铝硅合金	Al-Si	铸造性能好，力学性能低，变质处理后使用，密度小，耐蚀性好	ZL102	"铸铝"以汉语拼音 ZL 表示；后面三位数字中第一位数字表示类别：1 为 Al-Si 系，2 为 Al-Cu 系，3 为 Al-Mg 系，4 为 Al-Zn 系；第二、三位数字为顺序号
铸造铝合金	特殊铝硅合金	Al-Si-Mg Al-Si-Cu Al-Si-Mg-Mn Al-Si-Mg-Cu Al-Si-Mg-Cu-Mn Al-Si-Mg-Cu-Ni	有良好的铸造性能，热处理后兼有良好的力学性能	ZL101 ZL107 ZL104 ZL110, ZL105 ZL103, ZL108 ZL109	
铸造铝合金	铝铜合金	Al-Cu	耐热性好，铸造性能差，抗蚀差，密度大	ZL201 ZL202 ZL203	
铸造铝合金	铝镁合金	Al-Mg	力学性能高，抗蚀高，密度小，常以淬火状态使用	ZL301 ZL302	
铸造铝合金	铝锌合金	Al-Zn	能自动淬火，宜于压铸，抗蚀差	ZL401	
变形铝合金	防锈铝合金	Al-Mn Al-Mg	该系列合金具有较高的强度和腐蚀稳定性，在退火和挤压状态下塑性尚好，用氩弧焊的焊缝气密性和焊缝塑性尚可，气焊和点焊其焊接接头强度为基体强度的 90%~95%；可切削性能良好	5A06（LF6）	变形铝合金按照其性能特点和用途可分为防锈铝合金（LF）、硬铝合金（LY）、超硬铝合金（LC）和锻铝合金（LD）四种，后面的数字代表的是铝合金的特定化学成分的含量
变形铝合金	硬铝合金	Al-Cu-Mg	铆钉用合金，具有中等剪切强度，在退火、刚淬火和热态下塑性尚好，可以热处理强化，铆钉必须在淬火后 2 h 内铆接	2B11（LY8）	
变形铝合金	超硬铝合金	Al-Cu-Mg-Zn Al-Li	超硬铝铆钉合金，在淬火和人工时效的塑性，足以使铆钉铆入；可以热处理强化，常温时抗剪切较高，耐蚀性尚好，可切削性尚可。铆钉不受热处理后时间的限制	7A03（LC3）	
变形铝合金	锻铝合金	Al-Cu-Mg-Fe-Ni	高强度锻铝。成分、性能与 LD5 接近，可互相通用，但在热态下的可塑性比 LD5 高	2B50（LD6）	

8.1.3　铝合金的强化原理

　　工业纯铝的力学性能不高，不宜直接制造承受较大载荷的结构零件，为了满足交通运输和航空工业的要求，人们目前已研制出抗拉强度为 400~700 MPa 的铝合金。铝合金的强化

机械工程材料基础

方式主要有以下几种。

1. 固溶强化

由 Al-Cu、Al-Mg、Al-Mn、Al-Si、Al-Zn 等二元相图可知，靠近铝端均形成有限固溶体，并且有较大极限溶解度，其溶解度是随温度下降而降低，如表 8-2 所示。由于铜、镁、锰、硅、锌等元素在铝中极限溶解度均大于 1%，具有较大的固溶强化效果，因而是铝合金的主加元素。

表 8-2　常用合金元素在铝中的溶解度

元素名称	Zn	Mg	Cu	Mn	Si
极限溶解度/%	32.8	14.9	5.65	1.82	1.65
室温时溶解度/%	0.05	0.34	0.20	0.05	0.05

2. 时效强化

铝合金强化的热处理方法是固溶处理+时效，其强化效果是依靠时效过程中产生的时效硬化现象实现的。

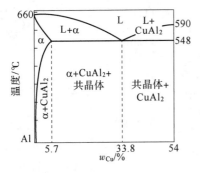

图 8-2　Al-Cu 合金二元相图

图 8-2 是 Al-Cu 合金二元相图靠近铝端的部分，由图可见，铜溶解于铝中形成有限固溶体，铜在铝中的溶解度随温度的降低而减小。$w_{Cu}=0.5\%\sim0.7\%$ 的 Al-Cu 合金，在固溶线以上为 α 固溶体，在固溶线以下为 α+θ（$CuAl_2$）。当把这种成分的合金加热到固溶线以上时，形成单相 α 固溶体，随后快速淬火冷却，由于 α 固溶体来不及析出 θ 相（$CuAl_2$），所获得的组织为过饱和 α 固溶体，这种热处理工艺称为固溶处理或淬火。

固溶处理后的过饱和 α 固溶体是不稳定的，有自发向稳定状态（α+θ）转变趋势。这种由过饱和固溶体沉淀析出第二相，使合金的强度和硬度明显提高的现象，称为时效强化。时效过程若是在室温下进行，叫作自然时效；时效若是在高于室温的某一温度下进行，叫作人工时效。图 8-3 为 Al-4%Cu 合金自然时效曲线，由图可见，Al-4%Cu 合金经 4~5 d 时效后，其抗拉强度较淬火状态有显著提高，大约由 $R_m=200$ MPa 上升到 $R_m=420$ MPa。

图 8-4 为 Al-4%Cu 合金在不同温度下的时效曲线。由图可见，人工时效比自然时效强化效果要低，而且时效温度越高，其强化效果越低。但时效温度增高，时效速度加快。

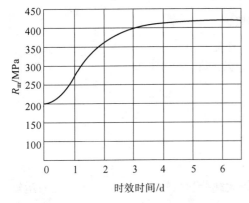

图 8-3　Al-4%Cu 合金自然时效曲线

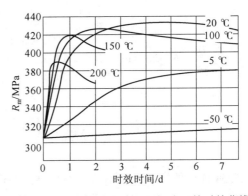

图 8-4　Al-4%Cu 合金在不同温度下的时效曲线

用 X 射线分析方法研究铝合金时效强化机理，发现时效析出过程分为以下四个阶段。

第一阶段，形成溶质原子（铜）的富集区——GP（Ⅰ）区。随着 GP（Ⅰ）区的形成，将引起以铝为基的 α 固溶体产生畸变，使位错运动受到阻碍，从而提高合金强度。

第二阶段，GP（Ⅰ）区有序化，形成 GP（Ⅱ）区。随着时间的延续，溶质原子（铜）继续向 GP（Ⅰ）区扩散富集并有序化而形成 GP（Ⅱ）区。GP（Ⅱ）区的化学成分接近 $CuAl_2$，具有正方晶格，常用 θ'' 表示。与形成 GP（Ⅰ）区相比，形成 GP（Ⅱ）区将引起以铝为基的 α 固溶体更严重的畸变，使位错运动受到更大阻碍，从而进一步提高合金强度。

第三阶段，溶质原子继续富集，以及 θ' 相的形成。随时间的延续，铜原子继续富集，在第二阶段形成的 θ'' 将逐渐演变成 $CuAl_2$，且有一部分与母相 α 固溶体的晶格脱离关系，形成一种过度相 θ'。随着 θ' 相的形成，α 固溶体的晶格畸变将减轻，对位错运动的阻碍也将减少，于是合金趋向软化。

第四阶段，稳定的 θ 相的形成与长大。时效过程的最后阶段是形成稳定的 θ 相 $CuAl_2$。在此阶段，α 固溶体晶格畸变大为减轻，时效所产生的强化效果显著减弱，合金发生软化，这种现象称为过时效。实际上，时效过程不一定全部包含上述四个阶段。例如，自然时效只出现第一、第二两个阶段，后两个阶段由于原子扩散能力不足而不出现；温度较高的人工时效则主要包含第三、第四两个阶段，因为在较高的温度下，原子扩散能力较大，第一、第二两个阶段很快就进行完毕或来不及出现即转入后两个阶段。

实际生产中进行时效强化的铝合金，大多不是二元合金，而是 Al-Cu-Mg 系、Al-Si-Mg 系、Al-Si-Mg-Cu 系等。虽然强化相的种类有所不同，但时效强化的基本原理相同。

3. 细化组织强化

许多铝合金的组织都是由 α 固溶体和过剩相组成的。若能细化铝合金的组织，包括细化 α 固溶体或细化过剩相，就可使合金得到强化。常用变质处理的方法细化合金组织，变质处理就是在熔融的合金中加入一种或几种经过选择的元素或化合物，通过细化合金组织，从而达到提高合金质量和性能的操作方法。

8.1.4　铸造铝合金及其应用

铸造铝合金要求良好的铸造性能，为此在铸造铝合金中必须有适当数量的共晶体。

Cu、Mg、Zn、Si 和 Mn 五种常见合金元素都能与铝形成共晶相图。但是在 Al-Cu 系和 Al-Mg 系中形成的都是含有化合物的共晶体，它们都十分硬且脆，随着这些共晶体的出现，合金性能迅速变坏，如图 8-5、图 8-6 所示。Al-Mn 系合金在 $w_{Mn}>1.5\%\sim2\%$ 时不能用作铸造铝合金，Al-Cu 系和 Al-Mg 系合金虽然可以用作铸造铝合金，但其中共晶体含量不是很多，因此这类合金的铸造性能都很差。Al-Zn 系合金的共晶成分中虽没有化合物，但其中的锌量过多（共晶点 $w_{Zn}=95\%$）。当选用共晶点附近的合金时，其含锌量自然也过高。事实上，这类合金是锌合金而不是铝合金。只有 Al-Si 系合金的共晶体具有很好的力学性能和铸造性能。

试验证明，Al-Si 系合金中，随着共晶体数量的增加，不但合金的铸造性能越来越好，而且合金的力学性能也越来越好（见图 8-7），所以以 Al-Si 系合金为基础而发展起来的一类铸造合金是最主要的铸造铝合金。

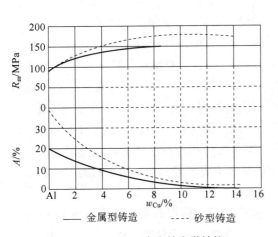

图 8-5　Al-Cu 系合金的力学性能
与含 Cu 量的关系

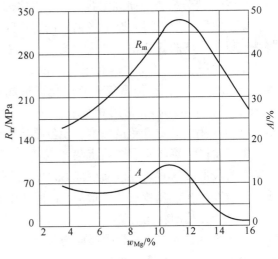

图 8-6　Al-Mg 系合金的力学性能
与含 Mg 量的关系

—— 金属型铸造　　---- 砂型铸造

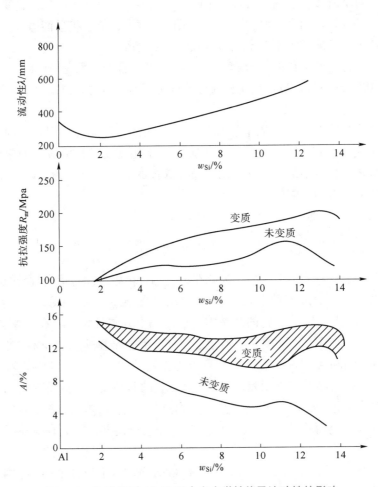

图 8-7　含 Si 量对 Al-Si 系合金力学性能及流动性的影响

按照主加元素的不同，铸造铝合金可分为 Al-Si 系、Al-Cu 系、Al-Mg 系、Al-Zn 系四类。各类铸造铝合金的牌号、化学成分、主要特点和用途举例如表 8-3 所示，铸造铝合金热处理种类的应用如表 8-4 所示，铸造铝合金的力学性能如表 8-5 所示。

表 8-3　各类铸造铝合金的牌号、化学成分、主要特点和用途举例

类别	牌号	化学成分（质量分数）/%					主要特点	用途举例
		Si	Cu	Mg	Mn	其他		
铝硅合金	ZL101	6.5~7.5	—	0.25~0.45	—	Al余量	铸造性能良好，无热裂倾向，线收缩率小，气密性高，但稍有产生气孔和缩孔倾向，耐蚀性高，与 ZL102 相近，可热处理强化，具有自然时效能力，强度、塑性高，焊接性好，切削加工性一般	适用于铸造形状复杂、中等载荷零件，或要求高气密性、耐蚀性、焊接性，且环境温度不超过 200 ℃的零件，如水泵、传动装置、壳体、抽水机壳体、仪器仪表壳体等
	ZL102	10.0~13.0	—	—	—	Al余量	铸造性能好，密度小，耐蚀性高，可承受大气、海水、二氧化碳、浓硝酸、氨、硫、过氧化氢的腐蚀作用。随铸件壁厚的增加，强度降低程度低；不可热处理强化，焊接性能好，切削加工性、耐热性差，成品应在变质处理下使用	适用于铸造形状复杂、低载荷的薄壁零件，以及耐蚀性和气密性高、工作温度不高于 200 ℃的零件，如船舶零件仪表壳体、机器盖等
	ZL104	8.0~10.5	—	0.17~0.35	0.2~0.5	Al余量	铸造性能良好，无热裂倾向，气密性好，线收缩率小，但易形成针孔，室温力学性能良好，可热处理强化，耐蚀性好，可切削性及焊接性一般，铸件需经变质处理	适用于铸造形状复杂、薄壁、耐蚀、承受较高静载荷和冲击载荷、工作温度不高于 200 ℃的零件，如气缸体盖、水冷或发动机曲轴箱等
	ZL105	4.5~5.5	1.0~1.5	0.4~0.6	—	Al余量	铸造性能良好，气密性良好，热裂倾向小，可热处理强化，强度较高，塑性、韧性较低，切削加工性良好，焊接性好，但耐蚀性一般	适用于铸造形状复杂、承受较高静载荷，以及要求高气密性、焊接性及工作温度在 225 ℃以下的零件，在航空工业中应用也很广泛，如气缸体、气缸头、气缸盖及曲轴箱等

类别	牌号	化学成分（质量分数）/%					主要特点	用途举例
		Si	Cu	Mg	Mn	其他		
铝硅合金	ZL109	11.0~13.0	0.5~1.5	0.8~1.3	—	Ni 0.8~1.5 Al 余量	性能与 ZL108 相近，也是一种常用的活塞铝合金，价格要比 ZL108 贵些	可与 ZL108 互用
	ZL110	4.0~6.0	5.0~8.0	0.2~0.5	—	Al 余量	铸造性能好，耐蚀性较差，切削加工性能和焊接性能尚可，可热处理强化	砂型、金属型铸造的活塞及其他在高温下工作的零件
铝铜合金	ZL201	—	4.5~5.3	—	0.6~1.0	Al 余量	杂质小，力学性能好	适用于高温（175~300 ℃）或室温下承受高载荷、形状简单的零件，也可用于低温（-70~0 ℃）承受高负载零件，如支架等，是一种用途较广的高强合金
	ZL203	—	4.0~5.0	—	—	Al 余量	铸造性能差，有形成热裂和缩松的倾向，气密性尚可，经热处理后有较好的强度和塑性，切削加工性和焊接性良好，耐蚀性差，耐热性差，无须变质处理	适用于需要切削加工、形状简单、中等负荷或冲击负荷的零件，如支架、曲轴箱、飞轮盖等
铝镁合金	ZL301	—	—	9.5~11.0	—	Al 余量	铸件可热处理强化；淬火后，强度高，塑性、韧性良好，但在长期使用时有自然时效倾向，塑性下降，且有应力腐蚀倾向；耐蚀性高，是铸造铝合金中耐蚀性最优的；切削加工性良性好；铸造性能差，易产生显微疏松；耐热性、焊接性较差，且熔铸工艺复杂	用于制造承受高静载荷和冲击载荷，以及要求耐蚀工作温度不高于 200 ℃的铸件，如雷达座、起落架等，还可以用来生产装饰件

续表

类别	牌号	化学成分（质量分数）/%					主要特点	用途举例
		Si	Cu	Mg	Mn	其他		
铝镁合金	ZL303	0.8~1.3	—	4.5~5.5	0.1~0.4	Al余量	耐蚀性高，与 ZL301 相近，铸造性能、吸气形成缩孔倾向、热裂倾向等均比 ZL301 好，线收缩率大，气密性一般，铸件不能热处理强化，高温性能较 ZL301 好，切削性比 ZL301 好，焊接性较 ZL301 明显改善，生产工艺简单	用于制造工作温度低于 200 ℃、承受中等载荷的船舶、航空、内燃机等零件及其他一些装饰件
铝锌合金	ZL401	6.0~8.0	—	0.1~0.3	—	Al余量	铸造性能良好，产生缩孔及热裂倾向小，线收缩率小，但有较大吸气倾向。铸件有自然时效能力，可切削性及焊接性良好，但需经变质处理，耐蚀性一般，耐热性低，密度大	用于制造工作温度低于 200 ℃、形状复杂、承受高静载荷的零件，多用于汽车、医药机械、仪器仪表及日用品方面

表 8-4 铸造铝合金热处理种类的应用

热处理类别	表示符号	工艺特点	目的和应用
不淬火，人工时效	T1	铸件快冷（金属型铸造、压力铸造或精密铸造）后进行时效，时效前并不淬火	改善切削加工性能，降低表面粗糙度，如水泵、传动装置、壳体等
退火	T2	退火温度一般为 290±10 ℃，保温 2~4 h	清除铸造内应力或加工硬化，提高零件的塑性，如船舶零件、仪表壳体等
淬火+自然时效	T4	淬火后在常温下放置一段时间	提高零件的强度和耐蚀性，如气缸体、盖等
淬火+不完全时效	T5	淬火后进行短时间时效（时效温度较低或时间较短）	得到一定的强度，保持较好的塑性，如气缸头、盖及曲轴箱等
淬火+人工时效	T6	时效温度较高（约 180 ℃），时间较长	得到高强度，如气缸头等
淬火+稳定回火	T7	时效温度比 T5、T6 高，接近零件的工作温度	保持较高的组织稳定性和尺寸稳定性，如电气设备的外壳等
淬火+软化回火	T8	回火温度高于 T7	降低硬度，提高塑性，如发动机的活塞等

表 8-5　铸造铝合金的力学性能

牌号	铸造方法	热处理状态	力学性能（不小于） R_m/MPa	A/%	HBW	牌号	铸造方法	热处理状态	力学性能（不小于） R_m/MPa	A/%	HBW
ZL101	S、R、J、K	F	155	2	50	ZL106	SB	F	175	1	70
	S、R、J、K	T2	135	2	45		JB	T1	195	1.5	70
	JB	T4	185	4	50		SB	T5	235	2	60
	S、R、K	T4	175	4	50		JB	T5	255	2	70
	J、JB	T5	205	2	60		SB	T6	245	1	80
	S、R、K	T5	195	2	60		JB	T6	265	2	70
	SB、RB、KB	T5	195	2	60		SB	T7	225	2	60
	SB、RB、KB	T6	225	1	70		J	T7	245	2	60
	SB、RB、KB	T7	195	2	60	ZL107	SB	F	165	2	65
	SB、RB、KB	T8	155	3	55		SB	T6	245	2	90
ZL102	SB、JB、RB、KB	F	145	4	50		J	F	195	2	70
	J	F	155	2	50		J	T6	275	2.5	100
	SB、JB、RB、KB	T2	135	4	50	ZL108	J	T1	195	—	85
	J	T2	145	3	50		J	T6	225	—	90
ZL103	S	—	140	0.5	65	ZL109	J	T1	195	0.5	90
	J	T1	170	0.5	65		J	T6	245	—	100
	S、J	T2	170	—	70		S	F	125	—	80
	S、J	T5	150	1	65		J	F	155	—	80
	S	T5	220	0.5	75	ZL110	S	T1	145	—	80
	J	T7	250	0.5	75		J	T1	165	—	90
	S、J	T8	210	1	70		J	F	205	1.5	80
	S、J	—	180	2	65	ZL111	SB	T6	255	1.5	90
ZL104	S、R、J、K	F	145	2	50		J、JB	T6	315	2	100
	J	T1	195	1.5	65		S、R、J、K	T4	295	8	70
	SB、RB、KB	T6	225	2	70	ZL201	S、R、J、K	T5	335	4	90
	J、JB	T6	235	2	70		S	T7	315	2	80
ZL105	S、R、J、K	T1	155	0.5	65	ZL202	S、J	—	110	—	50
	S、R、K	T5	195	1	70		S、J	T6	170	—	100
	J	T5	235	0.5	70		S、R、K	T4	195	6	60
	S、R、K	T6	225	0.5	70	ZL203	J	T4	205	6	60
	S、R、J、K	T7	175	1	65		S、R、K	T5	215	3	70

续表

牌号	铸造方法	热处理状态	力学性能（不小于）			牌号	铸造方法	热处理状态	力学性能（不小于）		
			$R_m/$MPa	$A/\%$	HBW				$R_m/$MPa	$A/\%$	HBW
ZL301	S、J、R	T4	280	10	60	ZL402	J	T1	235	4	70
ZL302	S、J	—	150	1	55		S	T1	215	4	65
ZL401	S、R、K	T1	195	2	80						
	J	T1	245	1.5	90						

1. Al-Si 系铸造铝合金

Al-Si 系铸造铝合金称为硅铝明，其中不含其他元素的称为简单硅铝明，除硅外含有其他合金元素的称为特殊硅铝明。

Al-Si 系二元合金相图如图 8-8 所示。

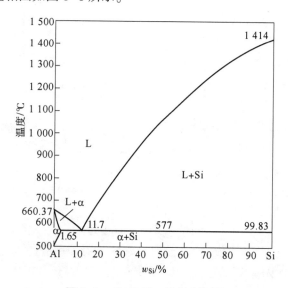

图 8-8　Al-Si 系二元合金相图

（1）简单硅铝明。这类合金 w_{Si} = 11%~13%，铸造后几乎全部得到共晶体组织，因而这种合金流动性好，铸件发生热裂倾向性小。但是该类合金熔炼时吸气性很高，结晶时能生成大量分散气孔，使铸件的组织致密度不高，铸件的凝固收缩率也减少，所以这种合金适用于铸造形状复杂但致密度要求不高的铸件。对于致密度要求较高的铸件，应当消除气体或采用压力铸造。

一般情况下，简单硅铝明 ZL102 的金相组织主要是粗大的针状硅晶体和 α 固溶体构成的共晶体，如图 8-9（a）所示，这种粗大的针状硅晶体严重降低了合金的塑性。

若在浇铸之前向合金溶液中加入占合金质量 2%~3% 的钠盐变质剂，可使铸造铝合金的金相组织显著细化，如图 8-9（b）所示，使简单硅铝明退火状态的 R_m 由 140 MPa 提高到 150 MPa 以上，A 由约 3% 提高到 4% 以上。使组织细化的原因是溶入合金溶液的活性钠一方面能促进硅的形核，另一方面能在初生的硅晶体表面阻碍硅晶体的生长。

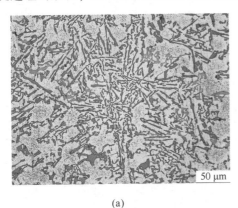
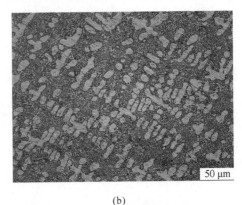

(a)　　　　　　　　　　　　　　　　(b)

图 8-9　ZL102 的金相组织

（a）变质前；（b）变质后

正是变质处理的研究，使铝硅合金获得了十分广泛的应用。近些年的研究证明，锑、锶、铋、钡等均有与钠相似的变质作用，磷具有细化初晶硅的作用，可以作为过共晶 Al-Si 合金的变质剂。

ZL102 除有优异的铸造性能外，还有焊接性能好、密度小和耐蚀性好的优点。其缺点是铸件的组织致密度较低，强度不够高，不能进行淬火强化，因而这种合金仅适用于形状复杂但对强度要求不高的铸件。

（2）特殊硅铝明。变质处理的硅铝明，其强度提高不多，无法满足负荷较大的零件的要求。为了提高硅铝明的强度，可在稍降低含硅量的同时，向合金中加入能形成强化相 $CuAl_2$（θ 相）、Mg_2Si（β 相）、Al_2CuMg（S 相）等的合金元素（Cu、Mg、Mn 等）。这样的合金除变质处理外，还能进行淬火时效强化，可进一步提高硅铝明的强度。现通过以下事例介绍几种特殊硅铝明的情况。

ZL101 中含 Si 较少（$w_{Si}=6\%\sim8\%$），但因含有少量 Mg，故合金除变质处理外还可进行淬火和时效处理，时效强化相为 Mg_2Si。经过良好的淬火和充分的人工时效之后，这种合金的强度可达到 200~300 MPa。

若减少 Si 含量而加入少量 Cu，可得到 ZL107。ZL107 中强化相是 $CuAl_2$，可以通过淬火和自然时效使合金得到强化。合金的强度极限可提高到 250~300 MPa，适用于强度和硬度要求较高的零件。ZL107 的缺点是耐蚀性较低。

向 Al-Si 合金同时加入 Cu 与 Mg，可以得到 Al-Si-Mg-Cu 系铸造铝合金。特殊硅铝明中 ZL110、ZL150、ZL108、ZL109 等合金都属于这一类。这类合金中由于有多种合金元素存在，所以形成的强化相种类较多，如 $CuAl_2$、Mg_2Si 和 Al_2CuMg 等，这些相的共同作用使合金在淬火时效后获得很高的强度及硬度。这类合金使用广泛，常用来制造形状复杂、性能要求较高、可在较高温度下工作的零件和重载荷的大铸件。其中 ZL108 和 ZL109 的热强性更好，可制造负载更重的活塞。用它们制造活塞的共同特点是质量轻、耐蚀性好、线膨胀系数小、强度和硬度较高、耐磨性较好，且铸造性能也比较好。

2. Al-Cu 系铸造铝合金

该类合金中含少量共晶体，故铸造性能不好，耐蚀性及比强度也较简单硅铝明低，故目前大部分被其他铝合金所代替。这类合金中 ZL203 经淬火时效后，强度较高，可作为结构材料。ZL202 因 Cu 含量高，塑性低，多用于高温下不受冲击的零件。ZL201 在室温下强度、塑性都较好，可制造 300 ℃以下工作的零件，在 ZL201 中加入 Ti 可以细化晶粒，加入 Mn 可以增加 GP 区的稳定性，从而使较大的时效强化效果能够保持到较高的温度，提高合金的热强性。ZL201 常用于铸造内燃机的气缸、活塞等。

3. Al-Mg 系铸造铝合金

这一类合金中常用的有 ZL301 和 ZL302 两种，其中应用最广的是 ZL301。这类合金的优点是耐蚀性好、强度高、密度小（为 2.55 g/cm³）；缺点是铸造性能不及 Al-Si 合金好，而且铸造工艺复杂。ZL301 经良好的淬火自然时效处理后，力学性能为 $R_m \approx 280$ MPa，$A \approx 9\%$。Al-Mg 系铸造铝合金多用于制造承受冲击载荷、耐海水腐蚀、外形不太复杂便于铸造的零件，如舰船和动力机械零件等。

4. Al-Zn 系铸造铝合金

常用牌号为 ZL401，其中主要化学成分为 $w_{Zn} = 9\% \sim 13\%$，$w_{Si} = 5\% \sim 7\%$，由于它的化学成分类似于加入大量 Zn 的 Al-Si 系铸造铝合金，故有"含锌硅铝明"之称。

这类合金的铸造性能很好，与 ZL102、ZL104 相似，流动性好，易充满铸型。由于 Zn 在 Al 中的溶解度在低温阶段有很大变化，且低温下原子扩散能力很弱，在铸造条件下 Zn 原子很难从过饱和固溶体中析出，因而使合金在铸造冷却时能够自行淬火，经自然时效后有较高的强度。此外，由于锌的价格较低，所以这种铝合金最便宜。其缺点是耐蚀性不好，热裂倾向大，需变质处理或压力铸造。ZL401 常用于制造汽车、拖拉机的发动机零件。

8.1.5 变形铝合金及其应用

各种变形铝合金的牌号、化学成分、半成品状态、力学性能及用途如表 8-6 所示。

1. 防锈铝合金

由表 8-6 可以看出，防锈铝合金中主要合金元素是镁和锰。这类合金锻造后是单相固溶体，故耐蚀性好、塑性好。锰在铝中能通过固溶强化提高铝合金的强度，但其主要作用是能提高铝合金的耐蚀能力，这是由于锰与铝形成 $MnAl_6$，其电极电位几乎和铝一样，同时 $MnAl_6$ 还能产生弥散强化作用。镁对铝合金的耐蚀性损害较小，而且具有较好的固溶强化效果，尤其是能使合金的密度降低，使制成的零件比铝还轻，如 5A05。

在航空工业上防锈铝合金应用广泛，宜制造承受焊接的零件、管道、容器及铆钉等。

各种防锈铝合金均属于不能热处理强化的合金，若要提高合金强度，可施以冷压力加工，使它产生加工硬化。

2. 硬铝合金

由表 8-6 可知，硬铝合金基本上是 Al-Cu-Mg 系合金，还含有少量锰。加入铜和镁是为了形成强化相 θ 相及 s 相等。锰的加入主要是为了改善合金的耐蚀性，它也有一定的固溶强化作用，但锰的析出倾向小，故不参与时效强化过程。按照所含合金元素数量的不同和热处理强化效果的不同，大致可将硬铝合金分为以下三类。

（1）合金硬铝，如 2A01。这类硬铝合金中镁、铜含量较低，因而具有很好的塑性，但强度也较低，可进行淬火自然时效，强化相为 θ 相（$CuAl_2$）和 s 相（Al_2CuMg）。这类合金的

表8-6 各种变形铝合金的牌号、化学成分、半成品状态、力学性能及用途

类别	牌号	化学成分（质量分数）/%					半成品状态	力学性能			用途
		Cu	Mg	Mn	Zn	其他		R_m/MPa	A/%	HBW	
防锈铝合金	5A05	0.10	4.8~5.5	0.3~0.6	0.20	Si0.50	板材 M	280	20	70	用于制造在液体中工作的焊接零件、管道和容器，以及其他零件
硬铝合金	2A01	2.2~3.0	0.2~0.5	0.20	0.10	Si0.50 Ti0.15	线材	300	24	70	广泛用作铆钉材料，用于中等强度和工作温度不超过100℃的结构用铆钉
	2A11	3.8~4.8	0.4~0.8	0.4~0.8	0.30	Si0.70 Ti0.15	锻件（淬火时效）	420	18	100	用于制造各种中等强度的零件和构件、冲压的连接部件、空气螺旋桨叶片、局部镦粗的零件
	2A12	3.8~4.9	1.2~1.8	0.3~0.9	0.30	Si0.50 Ni0.10 Ti0.15	轧制板材 CZ 挤压棒材 CZ	470	17	105	用于制造各种高负荷的零件和构件，如飞机上的骨架零件、蒙皮、隔框、翼梁、铆钉等
超硬铝合金	7A04	1.4~2.0	1.8~2.8	0.2~0.6	5.0~7.0	Si0.50 Fe0.50 Cr0.10~0.25 Ti0.10	板材 CZ 锻件 CS 挤压产品 CS	600	12	150	制造承力构件和高载荷零件，如飞机上的大梁、蒙皮、翼肋等
锻铝合金	2A50	1.8~2.6	0.4~0.8	0.4~0.8	0.30	Si0.7~1.2 Fe0.7 Ti0.15	模锻件 CS	420	13	105	制造形状复杂和中等强度的锻件和冲压件
	2A70	1.9~2.5	1.4~1.8	0.20	0.30	Si0.35 Fe0.9~1.5 Ti0.02~0.10	轧制板材 CS 挤压产品 CS	415	13	120	制造内燃机活塞和在高温下工作的复杂锻件；板材可用作高温下工作的结构材料
	2A14	3.9~4.8	0.4~0.8	0.4~1.0	0.30	Si0.6~1.2 Fe0.7 Ni0.10 Ti0.15	轧制板材 CS 挤压产品 CS	480	19	135	用于承受高负荷和形状简单的锻件和模锻件

时效速度较慢，恰好为合金淬火后进行铆接创造了良好条件，使铆钉不致在铆接中因迅速时效强化而引起开裂。故这类合金主要用来制造铆钉，有"铆钉硬铝"之称。

（2）标准硬铝，如 2A11。这是一种应用最早的硬铝合金，其中含有中等数量的合金元素，可进行淬火自然时效，时效中主要强化相仍是 θ 相和 s 相。由于强化相（尤其是强化效果好的 s 相）较多，因而强化效果较好。在硬铝中，2A11 的强度、塑性和耐蚀性均属中等水平，经退火后工艺性能良好，可以进行冷弯、轧压等工艺过程，时效后切削加工性也较好。故这类合金主要用于制造各种半成品，如轧材、锻材、冲压件等，也可以制造螺旋桨的叶片及大型铆钉等重要部件。

（3）高合金硬铝，如 2A12。这类硬铝合金含有较多的 Cu 和 Mg 等合金元素，强化相也是 θ 相和 s 相，但数量较标准硬铝更多，因而具有更高的强度和硬度，但塑性和承受冷热压力加工的能力较差。高合金硬铝可以制造航空模锻件和重要的销轴等。

硬铝合金有两个重要特性在使用或进行加工时必须注意。

（1）耐蚀性差，特别在海水中尤甚。这是因为它含有较高含量的铜，而含铜的固溶体化合物的电极电位比晶粒边界高，促进了晶间腐蚀。因此，需要防护的硬铝部件，其外部都包含一层高纯度铝，制成包铝硬铝材，但包铝的硬铝热处理后强度较未包铝的低。

（2）淬火温度范围很窄。2A11 的淬火温度是 505～510 ℃，2A12 是 495～503 ℃。低于此温度范围淬火，固溶体的过饱和度不足，不能发挥最大时效效果；超过此温度范围，则容易产生晶界熔化。

3. 超硬铝合金

（1）Al-Cu-Mg-Zn 合金。这是强度最高的一种铝合金。7A04 等属于这种合金，其时效强化相除 θ 相和 s 相外，尚有强化效果很大的 $MgZn_2$（η 相）及 $Al_2Mg_3Zn_3$（T 相）。这种合金经过适当的淬火和 120 ℃ 左右的人工时效之后可以获得很高的力学性能，如表 8-6 所示。这类合金的牌号为 7×××系列，该系合金可分为两类：一类是中强合金，Zn、Mg 含量低，不含 Cu，优点是容易焊接；另一类是高强合金，Zn、Mg 含量高，含 Cu。可焊 Al-Zn-Mg 合金在室温能够显著时效强化，而且对高温冷却速度并不敏感。这些特征非常适合焊接过程，因此在焊接后强度会大幅提高而无须进一步热处理。

尽管 Zn+Mg 含量增加可提高抗拉强度，但对于可焊合金，Zn+Mg 含量应小于 6%，这样才有令人满意的耐应力腐蚀性能，为了改善耐应力腐蚀性能，需加入少量（质量分数为0.1%～0.3%）的一种或几种过渡族元素，如 Cr、Mn 和 Zr 等。这些元素能在制造和热处理过程中控制晶粒组织，同时 Zr 的增加还能改善焊接性能。为了减少焊接时的热裂倾向和提高使用时的耐蚀性，应控制 $w_{Cu} < 0.3\%$。关于热处理，缓慢的淬火速度，如从固溶温度空冷，可减少残余应力和微观组织中的电极电位差，从而提高耐应力腐蚀性能。高强合金 Al-Cu-Mg-Zn 是所有铝合金中时效硬化反应最大的合金，因而备受关注，但由于这类合金对应力腐蚀很敏感，故一直是研究的重要课题。

（2）Al-Li 合金。含锂的铝合金被认为是很有潜力的结构材料，特别是在航空航天方面，铝合金中 $w_{Li} = 1\%$ 时可使密度减少大约 3%，弹性模量增加 6%。

20 世纪 50 年代人们开发了高强度 Al-Li-Cu 合金，但该合金在最大强度状态使用时延展性和断裂韧性差，这些限制及生产上的问题导致该合金的工业应用于 1969 年终止。

从 1973 年起，燃料价格的快速上涨加速了节省燃料飞行器的开发，同时也促进了能够减轻飞行器质量的先进 Al-Li 合金的研制。目前在美国铝业中占主导地位的是三种有代表性的 Al-Li 合金，其化学成分及力学性能如表 8-7 和表 8-8 所示。

表 8-7 Al-Li 合金的化学成分

牌号	化学成分（质量分数）/%					
	Li	Cu	Mg	Zr	Fe	Si
2029	2.25	2.75	<0.25	0.12	<0.15	<0.10
8090	2.2~2.7	1.0~1.6	0.6~1.3	0.04~0.16	<0.30	<0.20
8091	2.60	1.90	0.85	0.12	<0.30	<0.20

表 8-8 Al-Li 合金的力学性能

牌号	热处理状态	R_m/MPa	R_p/MPa	A/%	κ/(GPa·m^{-2})	E/GPa	密度/(g·cm^{-2})
2029	T8	569	530	7.9	42.5	78.6	2.59
8090	T8	476	400	9.0	45.6	78.6	2.55
8091	T8	560	520	4.0	28.0	—	2.55

Al-Li 合金产生的高强度由该类合金的沉淀强化相的形式与特征决定。含 Cu 的工业 Al-Li 合金中有两种沉淀相，δ' 相（Al_3Li）和 T1 相（Al_2CuLi）。Al-Li-Cu 和 Al-Li-Mg 合金中添加少量 Zr 及采用适当的形变热处理，可获得有利于改善断裂韧性的微观组织。Zr 作为 α' 相（Al_3Zr）共格、均匀的沉淀，可控制晶粒尺寸和形状，而且 α' 相能为 δ' 相提供形核位置，所以 δ' 相往往围绕 α' 相沉淀，形成复合析出物，α' 相则是在均匀化和热加工过程中沉淀出来的。这种复合析出物不容易被运动位错剪切，因此可分散滑移带，从而提高塑性和断裂韧性。

4. 锻铝合金

锻铝合金是用于制造复杂的大型锻件的铝合金，它应具有良好的铸造性能和较高的力学性能。目前锻铝合金多为 Al-Si-Mg-Cu 系和 Al-Cu-Mg-Fe-Ni 系合金，前者是在 Al-Si-Mg 系基础上加入 Cu 和少量 Mn 发展起来的。Al 中加入 Mg 和 Si 形成强化相 Mg_2Si，它在 Al 中有较大的溶解度，并随温度下降而显著减少，因而合金有明显的时效强化效应。Al-Si-Mg 中加 Cu 能形成强化相 W（$Cu_4Mg_5Si_4Al$），铜含量高时还出现 θ 相（$CuAl_2$）和 S 相（Al_2CuMg），随着铜含量的增高，时效强化能力增强。由表 8-6 可以看出，这类铝合金中合金元素的种类虽多，但每种元素的含量都较少，因而具有良好的热塑性。2A50、2A70、2A14 的供应状态一般是淬火人工时效。

8.2 铜及铜合金

8.2.1 工业纯铜

工业纯铜就是工业紫铜，其熔点为 1 083 ℃，固态时具有面心立方晶体结构，无同素异晶转变，密度是 8.9 g/cm³，是镁的 5 倍，比普通钢重约 15%。它具有玫瑰色，表面形成氧化膜后呈紫色，故一般称为工业紫铜。

工业纯铜是一种逆磁物质，用它制作的各种仪器和机件不受外来磁场的干扰，这一特性对制作各种磁学仪器、定向仪器和其他防磁器械等具有重要意义。

工业纯铜的突出特点是导电性和导热性好，其导电性在各种元素中仅次于银，排在第二位，故它的主要用途就是制作电工导体。

在力学性能和工艺性能方面，工业纯铜的特点是具有较好的塑性，可以承受各种形式的冷热压力加工，因此，铜制品大多是经过适当形式的压力加工制成的。

在化学性能方面，工业纯铜是比较稳定的金属。工业纯铜在大气、水、水蒸气、热水中基本不遭受腐蚀，在含有硫酸和 SO_2 的气体中或海洋性气体中铜能生成一层结实的保护膜，腐蚀速度也不快。但工业纯铜在氨、氨盐及氧化性的硝酸和浓硫酸中的耐蚀性很差，在海水中会受腐蚀。

在冷变形的过程中，工业纯铜有明显的加工硬化现象，当冷变形程度超过 40% 时，R_m 可由变形前的 240 MPa 上升到 400~500 MPa，而 A 则由原来的 45% 下降至 5%，所以在工业纯铜的冷变形过程中，必须进行适当的中间退火，以恢复材料的塑性。此外，可利用这一现象大大提高铜制品的强度。冷变形使工业纯铜的导电性有所降低，但降低幅度不大（约 2.7%）。工业纯铜的各种性能受杂质的影响很大，其中的杂质主要有铅、铋、氧、磷及硫等，这些杂质的存在均使其导电性下降。此外，铅和铋能与铜形成熔点很低的共晶体，其分布在晶粒晶界上，当铜进行热加工时，这些低熔点的共晶体熔化，破坏晶界的结合，造成脆性断裂，这种现象称为热脆；而硫、氧与铜形成共晶体的共晶温度高于铜的热加工温度，因此不会引起热脆，但由于 Cu_2S、Cu_2O 均为脆性化合物，冷加工时易产生开裂，这种现象称为冷脆。

工业纯铜按氧的含量和生产方法不同可分为韧铜、无氧铜和脱氧铜三类。

（1）韧铜。它是 w_{O_2} = 0.02%~0.1% 的纯铜，用符号 T 表示，后面的数字为牌号顺序号，如 T1、T2、T3 和 T4 等。顺序号越大，纯度越低。T1、T2 主要用于导电材料和熔制高纯度铜合金，T3、T4 用作一般铜材。

（2）无氧铜。这种铜是在碳和还原性气体保护下进行熔炼和铸造的，氧含量极低，不大于 0.003%，牌号有 TU1、TU2，其中"U"表示无氧。无氧铜主要用于电真空器件。

（3）脱氧铜。用磷或锰进行脱氧的铜，分别称为磷脱氧铜或锰脱氧铜，用符号 TUP 或 TUMn 表示，前者主要用于焊接方面；后者主要用于电真空器件方面。用真空去氧得到的无氧铜称为真空铜（TK）。

8.2.2　铜合金的分类

工业纯铜强度低，不宜直接用作结构材料，除用于电器、电机外，多作为配制铜合金的原料。

1. 黄铜

以锌作为主要合金元素的铜合金称为黄铜。简单的 Cu-Zn 合金称为普通黄铜。加入 Al、Sn、Pb、Si 等第三种元素的黄铜称为特殊黄铜。图 8-10 是 Cu-Zn 合金相图。

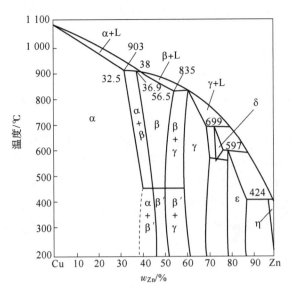

图 8-10　Cu-Zn 合金相图

　　图 8-10 中有五个包晶转变和六个单相区。锌在铜中的溶解度随着温度的下降而增加。α 相是锌在铜中的固溶体，具有面心立方晶格，塑性良好，适宜进行冷热加工。β 相是以电子化合物 CuZn 为基的固溶体，具有体心立方晶格。当温度下降至 456~468 ℃时，它发生有序化转变，成为有序固溶体 β′。高温有序固溶体 β′ 相塑性好，可进行热加工。β′ 相很脆，难以承受冷加工，因而室温单相 β′ 的实用意义不大。γ 相是以电子化合物 Cu_5Zn_8 为基的固溶体，具有复杂立方晶格。

　　黄铜的力学性能与含锌量、组织状态的关系极大，如图 8-11 所示。当 $w_{Zn} \leqslant 32\%$ 时，强度和塑性都随含锌量的增加而提高。当 $w_{Zn} > 32\%$ 时，组织中有 β 相出现，故塑性急剧下降，而强度在 $w_{Zn} = 45\%$ 附近达到最大值。当 $w_{Zn} = 47\%$ 时，合金全部为 β 相，强度和塑性都很低，无实用价值。工业用黄铜的 w_{Zn} 一般不超过 50%，按其退火组织可分为 α 黄铜和 α+β 黄铜。

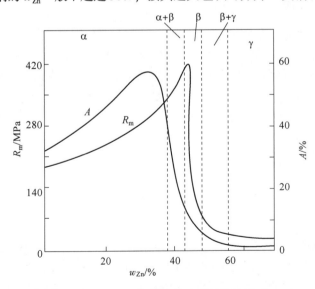

图 8-11　含锌量对黄铜的力学性能的影响

（1）α 黄铜，又称单相黄铜。α 黄铜塑性好，可进行冷热压力加工，适宜制造冷轧板材、冷拉线材及形状复杂的深冲压零件。$w_{Zn}=30\%$ 的 α 黄铜在铸态下化学成分不均匀，有树枝状偏析，如图 8-12 所示；经变形和再结晶退火可得到带有退火孪晶的多边晶粒，如图 8-13 所示。α 黄铜典型牌号有 H80、H70、H68 等。H 表示黄铜，其后的数字表示平均黄铜量。

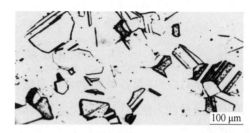

图 8-12　$w_{Zn}=30\%$ 的 α 黄铜的铸态组织　　图 8-13　$w_{Zn}=30\%$ 的 α 黄铜变形和再结晶退火组织

（2）α+β 黄铜，又称双相黄铜。其典型牌号有 H59、H62。由于 β 相高温塑性好，所以 α+β 黄铜适宜热加工。图 8-14 为 $w_{Zn}=40\%$ 的 α+β 黄铜的铸态组织。双相黄铜一般轧成棒材、板材，再经过切削加工制成各种零件。

黄铜的耐蚀性与工业纯铜相近，在大气和淡水中是稳定的，在海水中耐蚀性稍差。黄铜最常见的腐蚀形式是"脱锌"和"季裂"。

图 8-14　$w_{Zn}=40\%$ 的 α+β 黄铜的
铸态组织

脱锌是指黄铜在酸性或盐类溶液中，锌优先溶解受到腐蚀，使工作表面残留一层海绵状的纯铜，因而合金遭受破坏。α+β 黄铜脱锌比 α 黄铜显著，为防止黄铜脱锌，可加入少量砷（$w_{As}=0.02\%\sim0.06\%$）。添加镁元素，形成致密的 MgO 薄膜也能防止脱锌。

季裂是指黄铜零件因内部存在残余应力，在潮湿大气中，特别在含氨盐的大气、汞和汞溶液中受腐蚀而产生的破裂现象。为了防止黄铜的应力腐蚀开裂，加工后的黄铜零件应在 260～300 ℃进行低温消除应力退火或用电镀层（如镀锌、镀锡）加以保护。

在二元黄铜的基础上添加 Al、Fe、Si、Mn、Pb、Ni 等元素形成特殊黄铜。按添加第二元素的不同分别称为铝黄铜、铁黄铜、硅黄铜、锰黄铜、铅黄铜、镍黄铜。此类黄铜也叫复杂黄铜，加入合金元素的目的是改善黄铜的力学性能、耐蚀性或某些工艺性能（如铸造性能、切削加工性能等）。

复杂黄铜的编号方法是：H+主加元素符号+铜含量+主加元素含量。黄铜中加入合金元素之后，并不生成新相，而只是影响 α 相和 β 相的数量比，其效果与增加合金的含锌量差不多。实用中提出了各种合金元素的锌当量系数的概念，即加入质量分数为 1% 的其他元素在对组织的影响上相当于加入百分之几的锌的换算系数。根据试验结果，各元素的锌当量系数 η 如表 8-9 所示。

表 8-9　各元素的锌当量系数 η

元素	硅	铝	锡	铅	铁	锰	镍
η	$10\sim12$	$4\sim6$	2	1	0.9	0.5	$-1.7\sim1.3$

如已知某复杂黄铜中的实际 $w_{Zn}=A$、$w_{Cu}=B$，其他合金元素的含量为 C，若其当量系数为 η，则可按下式算出合金的含锌量，即

$$X = \frac{A + \sum (C + \eta)}{A + B + \sum (C + \eta)} \times 100\%$$

式中，$\sum$ 表示这一项是各种合金元素的总和。

采用锌当量的方法可以确定合金的组织状态，并近似地推断合金的力学性能与塑性变形能力。但应注意，此方法只用于合金元素含量少的复杂黄铜。

下面分别介绍这些合金元素的主要作用。

铝的锌当量系数很高，因而能显著提高黄铜的 R_m、R_p 和 HBW，但却使合金的塑性降低，故在压力加工用黄铜中 $w_{Al}\leqslant4\%$，在铸造黄铜中 $w_{Al}\leqslant7\%$。此外，铝能使黄铜表面形成保护性氧化膜，因而使合金在大气中的耐蚀性得到改善，但在海水中的耐蚀性仍不够好，并存在较低的应力腐蚀开裂倾向。

硅的当量系数更高，因而也能显著提高铜的力学性能，此外硅能使黄铜具有优良的耐蚀性、铸造性和耐磨性、故硅黄铜多用于海船制造业。

向黄铜中加入锰，使 $w_{Mn}=1\%\sim4\%$ 时，能显著提高黄铜的力学性能和合金在氯化物、海水及过热蒸汽中的耐蚀性，但有较低的应力腐蚀开裂倾向，合金的耐热性和承受冷热压力加工的性能也很好。

铁能以元素状态从合金溶液中分离出细小粒子，作为 α 固溶体的核心，因而能细化晶粒。铁还能提高黄铜的强度，而且使合金具有高的韧性、耐磨性，以及在大气和海水中有优良的耐蚀性。所以，在造船工业中铁黄铜得到了广泛的应用。

向黄铜中加入锡，使 $w_{Sn}=0.5\%\sim1.5\%$ 时，除了能稍微提高强度外，还能显著提高合金在海洋大气和海水中的耐蚀性，常在海船上使用，故有"海洋黄铜"之称。

铅对黄铜的强度影响不大，稍降低塑性。$w_{Zn}=30\%\sim40\%$ 的黄铜，塑性好，但不易切削加工；加入铅后，组织中细小的铅夹杂物使其切削易断，从而改善黄铜的切削加工性。此外，铅还能提高合金的耐磨性。变形铅黄铜主要用于要求耐磨和耐蚀的零件。铸造铅黄铜主要用作轴瓦和衬套。常见铸造黄铜的牌号、化学成分、铸造方法、力学性能及用途举例如表 8-10 所示。

镍的锌当量系数为负值时，其效果相当于减少了合金的含铅量，所以随着锡的加入，能增大锌在铜中的溶解度，因而全面地提高合金的力学性能和工艺性能。锡对黄铜耐蚀性的影响也很好，能提高黄铜在大气、海水中的耐蚀性，并使合金的应力腐蚀开裂倾向降低，此外，锡还能提高黄铜的再结晶温度和细化铜合金的晶粒。

表 8-10　常见铸造黄铜的牌号、化学成分、铸造方法、力学性能及用途举例

类别	牌号	Cu	其他（化学成分 质量分数/%）	铸造方法	R_m/MPa	A/%	HBW	用途举例
简单黄铜	ZCuZn38	60.0~63.0	Zn余量	J / S	295 / 295	30 / 30	685 / 590	阀门、水管、空调内外机连接管和散热器等
硅黄铜	ZCuZn16Si4	79.0~81.0	Si2.5~4.5，Zn余量	J / S	390 / 345	20 / 15	980 / 885	船舶零件，在海水、淡水和蒸汽（<265 ℃）条件下工作的零件，内燃机散热器本体、分水器
铅黄铜	ZCuZn40Pb2	58.0~63.0	Pb0.5~2.5，Zn余量	J / S	280 / 220	20 / 10	885 / 785	选矿机大型轴套及滚珠轴承的轴承套
铝黄铜	ZCuZn25Al6Fe3Mn3	60.0~64.0	Al4.5~7，Fe2.0~4.0，Mn1.5~4.0，Zn余量	J / S	740 / 725	7 / 10	1 665 / 1 570	压下螺母、重型杆、衬套、轴承
铝黄铜	ZCuZn31Al2	66.0~68.0	Al2.0~3.0，Zn余量	Li,La / J / S	1 740 / 390 / 295	7 / 15 / 12	1 665 / 885 / 785	海运机械、通用机械的耐蚀零件
铝黄铜	ZCuZn35Al2Mn2Fe1	57.0~65.0	Al0.5~2.5，Fe0.5~2.0，Mn0.1~3.0，Zn余量	J / S / Li,La	450 / 475 / 475	20 / 18 / 18	980 / 1 080 / 1 080	管路附件、衬套、轴承
锰黄铜	ZCuZn40Mn3Fe1	53.0~58.0	Fe0.5~1.5，Mn3.0~4.0，Zn余量	J / S	490 / 440	15 / 18	1 080 / 980	轮廓不复杂的零件、海轮上在300 ℃以上工作的管配件、重型零件，如螺旋桨和浆片
锰黄铜	ZCuZn38Mn2Pb2	57.0~60.0	Pb1.5~2.5，Mn1.5~2.5，Zn余量	J / S	345 / 245	18 / 10	785 / 685	衬套、轴承和其他减磨零件，如车辆轴承内衬
锰黄铜	ZCuZn40Mn2	57.0~60.0	Mn1.0~2.0，Zn余量	J / S	390 / 345	25 / 20	885 / 785	在海水、淡水和蒸汽（<265 ℃）和液体燃料中工作的零件，如泵、活塞、填料箱、衬套、冷凝器管、管接头等

2. 青铜

含锡的铜基合金称为青铜。青铜中较重要的是锡青铜、铅青铜、铍青铜及硅青铜。

青铜的编号方法：代号 Q+主加元素符号+主加元素含量。

1）锡青铜

以锡为主要或基本合金元素的铜基合金称为锡青铜。这是人类历史上应用最早的一种合金。我国古代遗留下来的一些古镜、古剑和钟鼎之类便是这些合金制成的。

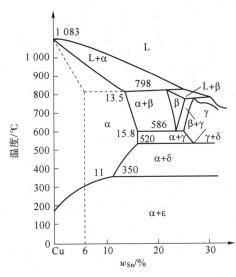

图 8-15　Cu-Sn 合金相图

（1）锡青铜的组织。Cu-Sn 合金相图如图 8-15 所示，可以看出这是一个非常复杂的相图。由于在生产中获得应用的 Cu-Sn 合金的 w_{Sn} 大多不超过 14%，所以只需研究 $w_{Sn} \leqslant 20\%$ 的 Cu-Sn 部分，此部分 Cu-Sn 合金可以遇到以下几种相。

α 相：是锡在铜中的固溶体，为面心立方晶格。塑性良好，是 Cu-Sn 合金的最基本的相组成物。

β 相：是以电子化合物 Cu_5Sn 为基的固溶体，为体心立方晶格。高温塑性好，因而在高温下含有很多 β 的合金适于进行热压力加工。

γ 相：是以 Cu_3Sn 为基的固溶体，硬而脆。与 β 相一样，γ 相也只在高温时稳定存在。

δ 相：是以电子化合物 $Cu_{31}Sn_8$ 为基形成的固溶体，为复杂立方晶格。虽然 δ 相是高温稳定相，但在 350 ℃ 以下能通过共析转变成为（α+ε）共析体。但实际上 δ 相的分解过程极为困难，一般情况下不能产生，所以 δ 相是 Cu-Sn 合金在室温下的基本组织之一。δ 相在常温下极其硬脆，不能进行塑性变形。它的出现标志着 Cu-Sn 合金塑性下降。

由于锡原子在铜中的扩散比较困难，所以在实际生产条件下 Cu-Sn 合金所获得的金相组织与平衡状态下的组织相差很大。在铸造状态下，只有当合金中的 $w_{Sn} < 5\% \sim 6\%$ 时才能获得单相组织（枝晶状 α 固溶体）；$w_{Sn} > 5\% \sim 6\%$ 时，即有 δ 共析组织出现。同时在实际生产条件下，相图中的一系列共析转变常常进行得不完全，尤其在低温下进行的 δ —→α+ε 转变更是如此。一般情况下得不到 α+ε 组织，只能得到 α+δ 组织。在压力加工的退火状态中，由于 α 相在 500 ℃ 以下溶解度的变化极为缓慢，二次相难以析出，故 $w_{Sn} < 14\%$ 的锡青铜的退火组织通常为单相的 α 固溶体。

（2）含锡量对锡青铜性能的影响。

力学性能：含锡量对锡青铜力学性能的影响如图 8-16 所示。可以看出，在合金 $w_{Sn} < 5\% \sim 6\%$ 时，随着含锡量的增加，合金的抗拉强度 R_m 与断后伸长率 A 均有所上升，当含锡量继续增加时，合金中出现性质硬脆的 δ 相而使断后伸长率 A 急剧下降。当 $w_{Sn} > 20\%$ 时，大量的 δ 相使 R_m 亦开始显著下降，合金变得过硬和脆，所以工业用锡青铜的 w_{Sn} 大多在 3% ~ 14%。

铸造性：由 Cu-Sn 合金相图可以看出，各种实用锡青铜的 w_{Sn} 为 3% ~ 14%，合金的液相线之间的温度间隔很大，这就使锡青铜在铸造性能方面具有流动性小、偏析倾向大及易于形成分散缩孔等特点。这种合金凝固后体积收缩量很小，充满铸型能力强，单铸件的致密程度较低，若制成容器，其在高压下易漏水。

耐蚀性：在大气（包括海洋大气）、海水、淡水及蒸汽中的耐蚀性比工业纯铜和黄铜更好，但对酸的耐蚀性较差，因而易于制造暴露在海水、海风、大气和承受高压过热蒸汽的用具和零件。

除上述性能外，锡青铜还具有无磁性、冲击时不生成火花、无冷脆现象和具有极高的耐磨性等特征。

按照生产方法的不同，锡青铜可分为压力加工锡青铜和铸造锡青铜两类。

2）铝青铜

以铝为主要合金元素的铜合金称为铝青铜。

（1）铝青铜的组织。Cu-Al 合金相图如图 8-17 所示，可以看出，平衡状态下，在 $w_{Al} \leqslant 12\% \sim 13\%$ 的合金中可能见到 α、β、γ_2 三种相。

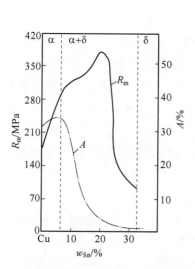

图 8-16　含锡量对锡青铜力学性能的影响

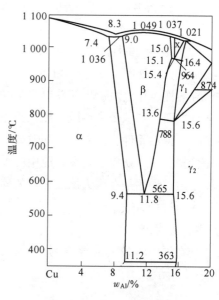

图 8-17　Cu-Al 合金相图

（2）含铝量对铝青铜力学性能的影响。如图 8-18 所示，当 $w_{Al} < 5\%$ 时，强度很低；当 $w_{Al} > 7\% \sim 8\%$ 时，塑性急剧降低；当 $w_{Al} \leqslant 6\% \sim 7\%$ 时，塑性很好，适合冷加工；$w_{Al} \approx 10\%$ 时的强度最高，常以铸态使用。图中虚线是经 800 ℃ 加热后淬火的情况，淬火状态下抗拉强度明显提高的原因是自 β 相区快速冷却时，共析转变来不及进行，从而得到 β′组织。实际应用的铝青铜的 w_{Al} 一般为 $5\% \sim 11\%$。

3）铍青铜

以铍为基本合金元素的铜基合金称为铍青铜。

（1）铍青铜的组织。其 $w_{Be} = 1.7\% \sim 2.5\%$，铜里添加少量铍就会使合金性能发生很大变化。Cu-Be 合金相图如图 8-19 所示，可以看出，铍在铜中的最大溶解度为 2.74%，到室温时降为 0.2%，因此铍青铜可以承受淬火时效强化热处理。

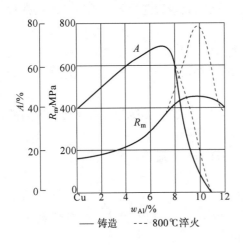

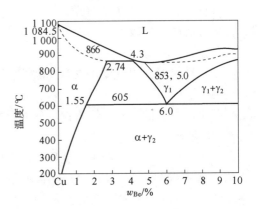

图 8-18 含铝量对铝青铜力学性能的影响 　　　　　图 8-19 Cu-Be 合金相图

（2）铍青铜的性能。经 800 ℃淬火，350 ℃人工时效 2 h 后，可达到 R_m = 1 200~1 400 MPa，A = 2%~4%，硬度 = 330~400 HBW。铍青铜不仅强度、硬度、弹性和耐磨性很高，而且耐蚀性、导热性、导电性、耐寒性也非常好，此外尚有无磁性、受冲击时不产生火花等特性。在工艺性方面，它承受冷热压力加工的能力强，铸造性能不好。铍青铜主要用于各种重要用途的弹簧、弹性元件、钟表齿轮和航海罗盘仪器中的零件、防爆工具和电焊机电极等。主要缺点是价格太贵，妨碍了它在工业中的大量应用。

　　一般铍青铜是在压力加工之后的淬火状态供应，机械制造厂用它精致成零件后可不再进行淬火而进行时效。

　　4）硅青铜

　　硅在铜中的最大溶解度为 4.6%，室温时下降到 3%。含硅量对硅青铜性能的影响如图 8-20 所示。

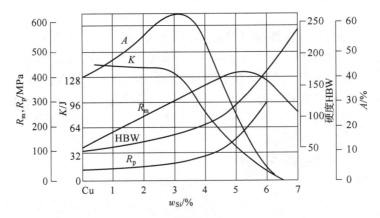

图 8-20 含硅量对硅青铜性能的影响

8.3　轴承合金

8.3.1　轴承合金的性能要求

滑动轴承是汽车、拖拉机及机床等机械制造工业中用以支撑轴进行工作的零件，是由轴承体和轴瓦组成的。制造轴瓦及其内衬的合金叫作轴承合金。轴在轴瓦中高速旋转时，必须发生强烈摩擦，同时轴瓦还要承受轴颈传给它的周期性负荷，因此必然造成轴和轴承的磨损。轴通常造价昂贵，经常更换是不经济的。选择满足一定要求的轴承合金可以确保轴的最小磨损。

由于轴承合金在润滑磨损状态工作，因此在合金组织中，要在软基体上均匀分布一定大小的硬质点。当轴在轴承中运转时，软基体易因磨损而凹陷，而硬质点则凸出在软基体上。这样，当轴和轴瓦运行时，凸起的硬质点支撑轴承所施加压力，凹下去的坑可储存润滑油，从而保证了近乎理想的摩擦条件和极低摩擦系数。同时，软基体还能起嵌藏外来硬质点的作用，以保证轴颈不被擦伤。此外，软基体还有抗冲击、抗振和较好的磨合能力。

反过来，采用硬基体上分布软质点的组织形式也可以达到同样目的。同软基体硬质点的组织形式对比，硬基体软质点的组织形式具有较大的承载能力，但磨合能力较差。

适合制造轴瓦的材料很多，但能够最好和最全面地满足这些要求的是以锡或铅为基的轴承合金，一般称为巴比特合金或巴氏合金。

8.3.2　常用的轴承合金

1. 锡基轴承合金

锡基轴承合金是以锡锑为基的合金，牌号是以"铸"的汉语拼音 Z + 基本元素 + 主要元素表示，元素后数字为它的平均质量分数。例如，ZSnSb11Cu6 表示 w_{Sb} = 11%、w_{Cu} =6%的锡基轴承合金，其显微组织如图 8-21 所示。

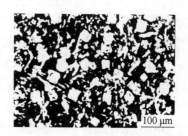

图 8-21　ZSnSb11Cu6 的显微组织

图 8-21 中颗粒较小、呈白色星状或放射状的就是初生化合物 η 相（Cu_6Sn_5），它能在高温合金溶液中形成骨架，有效地阻止质硬而密度较轻呈方块的 β 相（以 SnSb 化合物为基的无序固溶体）上浮，使 ZSnSb11Cu6 合金不产生密度偏析，同时它在合金中能起硬质点作用。图中颗粒较大、呈白色方块的是 β 相的低温态组织 β′，暗黑色基体则是易被腐蚀的、性能较软的 α 固溶体（锑化锡中的固溶体）。锡基轴承合金与其他轴承材料相比，膨胀系数小、嵌藏性和减磨性较好，还具有优良的韧性、导电性和耐蚀性，所以在汽车、拖拉机、汽轮机等机械的高速轴上应用广泛。锡基轴承合金的疲劳强度较低，同时由于锡的熔点较低，其工作温度也较低，一般不宜大于 150 ℃。

为了提高锡基轴承合金的疲劳强度、承受能力和使用寿命，在生产上经常采用离心浇铸法将它镶铸在钢质轴瓦上，形成薄而均匀的一层内衬，这步工艺称为挂衬。具有这样双金属层结构的轴承称为双金属轴承。

2. 铅基轴承合金

铅基轴承合金的基本成分是铅和锑。Pb-Sb 合金在室温下的组织由 α 和 β 两相组成，α 相是锑溶于铅中的固溶体，很软；β 相是铅溶于锑中的固溶体，较硬。所以，Pb-Sb 合金亦可用于制造轴承。实际应用中，二元 Pb-Sb 合金还加入 Cu、Sn 等其他元素。加 Cu 可防止偏析，形成 Cu_2Sb 硬质点，可提高耐磨性。加 Sn 能形成金属化合物 SnSb 硬质点，它能大量溶解于铅中而强化基体，故可提高 Pb-Sb 合金的强度和耐磨性。ZPbSb16Sn16Cu2 是工业中最常用的铅基轴承合金，其显微组织如图 8-22 所示。

图 8-22　ZSnSb16Sn16Cu2 的
显微组织

含锑、锡和铜的铅基轴承合金的性能比锡基轴承合金低，但由于它价格便宜，故在工业中应用仍然较广，通常用于制造低速、低负荷机械设备的轴承。

除 Pb-Sb 系铅基轴承合金外，还有 Pb-Ca-Na 系铅基轴承合金，这类合金同时含有锡等其他元素。钠和钙溶于铅中形成的 α 固溶体是合金的软基体，钠在铅中有相当大的溶解度，可强化基体；钙能溶于铅形成化合物 Pb_3Ca 作为硬质点。该合金不论在高温或低温下均有足够的硬度且不脆，具有良好的耐磨性能和抗冲击性能，广泛用于铁路车辆和拖拉机等轴承中。

3. 铜基轴承合金——铅青铜

以铅为主加合金元素的铜基合金称为铅青铜，它适用于制造轴承，所以又称铜基轴承合金。

铅是不溶于铜的，常用 $w_{Pb}=30\%$ 的 ZCuPb30 合金的室温组织是 Pb（颗粒）+ Cu（基体），二者形成了软而独立的铅颗粒均匀分布在硬基体铜上的轴承合金组织，故有优越的保持润滑油膜和降低摩擦系数的作用，使合金具有优良的耐磨性。此外，用铅青铜制造的轴承能耐疲劳、抗冲击，并能承受很高的压力（2 500~3 000 MPa），而且散热能力强，耐热性好，能在较高温度（300~320 ℃）下工作。所以，铅青铜广泛用于制造高速高压下工作的轴承，如航空发动机轴承、高速柴油机轴承和其他高速重载轴承。

铅青铜本身强度很低，因此常浇铸在钢管或薄钢板上制成双金属轴承。由于铜和铅的密度不同，铅青铜容易产生密度偏析。为了防止密度偏析，铅青铜在浇铸前应仔细搅拌，浇铸后应快速冷却。

4. 铝基轴承合金

铝基轴承合金的基本元素为铝，主加元素有锑或锡两类。与锡基、铅基轴承合金及铅青铜相比，铝基轴承合金具有原料丰富、价格低廉、密度小、导热好、疲劳强度和耐蚀性能及化学稳定性高等一系列优点，故适用于制造高速、高负荷下工作的轴承，目前应用于高速重载方向的汽车、拖拉机及内燃机。铝基轴承合金的主要缺点是线膨胀系数大，运转时容易与轴咬合，一般采用降低轴与轴承的表面粗糙度和镀锡等方法来改善跑合性，以便减少启动时发生咬合的危险性。铝基轴承合金本身硬度较高，容易伤轴，因此应相应提高轴的硬度。

常用的铝基轴承合金有以下两类。

（1）铝锑镁轴承合金。铝锑镁轴承合金的化学成分为 $w_{Pb}=4\%$、$w_{Mg}=0.3\%\sim0.7\%$，其余为铝。显微组织为以金属化合物 AlPb 为基的固溶体 β（硬质点）+以 Al 为基的固溶体 α（软质点）。加入 Mg 能提高合金的屈服强度和冲击韧性，并能使针状的 AlPb 变为片状。这种合金的生产工艺简单，成本低廉，适合我国资源条件，并且性能良好（抗拉强度为74 MPa，压缩强度为 577 MPa，$A=24.4\%$，硬度为 28 HBW）。但它的承载能力还不够大（<2 000 MPa），允许滑动线速度还比较小（<10 m/s），冷启动性也不好。

（2）铝锡轴承合金。铝锡轴承合金的化学成分为 $w_{Sn}=30\%$、$w_{Cu}=1\%$，其余为铝。它是近年来发展起来的一种既有高疲劳强度，又有适当硬度的优良轴承合金。实践证明，$w_{Sn}>12\%$ 的铝锡合金与钢直接轧制结合性很差，主要原因是锡与钢的直接粘接性很差，所以生产工艺上是将高铝锡合金表面赋予纯铜，轧制成铜-铝锡合金双金属板，然后再与钢板一起轧制，轧成成品规格后，在 350 ℃退火 3 h，使锡球化，获得在较硬的铝基体上弥散分布着较软的球状锡的显微组织。这种轴瓦的承载能力超过铝锑镁轴承合金约 50%，滑动线速度也较大，还具有巴氏合金的抗咬合能力，因此它完全适应高速发动机的正常运转，而且还具有生产工艺简便、成本不高、寿命长的特点，可代替巴氏合金，目前已在汽车、拖拉机、内燃机上广泛使用。

8.4　钛及钛合金

8.4.1　工业纯钛

钛是银白色金属，熔点为 1 680 ℃，相对密度为 4.54 g/cm³，比铝轻，但比钢重约43%。钛及钛合金的强度相当于优质钢，因此钛及钛合金比强度高，是一种很好的热强合金材料。钛的热膨胀系数很小，在加热和冷却过程中产生的热应力小。钛的导热性差，摩擦系数大，因此钛及钛合金切削加工性能和耐磨性较差。此外，钛的弹性模量较低，既不利于结构的刚度，也不利于钛及钛合金的成型及校直。钛在大气、高温（550 ℃以下）气体及中性、氧化性和海水等介质中具有极高的耐蚀性，在不同含量的硝酸、铬酸及碱溶液和大多数有机酸中也具有良好的耐蚀性。

钛在固态下有同素异晶转变。在 882.5 ℃以下为 α-Ti，具有密排六方晶格；在 880.5 ℃以上直至熔点为 β-Ti，具有体心立方晶格。由于 α-Ti 结构的 c/a 比值（1.587）略小于密排六方晶格的理想值 1.633，具有多个滑移面及孪晶面，所以 α-Ti 仍有良好的塑性。

钛既是良好的耐热材料（可用于 500 ℃左右），也是优良的低温材料（在-253 ℃仍保持良好的塑性及韧性）。

工业纯钛按其杂质含量及力学性能不同，分为 TA1、TA2、TA3 三个牌号。牌号数字增大，杂质含量增大，钛的强度增大，塑性下降。工业纯钛退火后的抗拉强度（550~700 MPa）约为高纯钛（250~290 MPa）的两倍。经冷塑性变形可显著提高工业纯钛的强度，如经 40%冷变形可使工业纯钛强度从 588 MPa 提高至 784 MPa。

工业纯钛是航空、船舶、化工等工业中常用的一种 α-Ti 合金，其板材和棒材可以制造在 350 ℃ 以下工作的零件，如飞机蒙皮、隔热板、热交换器等。

8.4.2　钛合金化

钛合金化的主要目的是利用合金元素对 α-Ti 或 β-Ti 的稳定作用，改变 α+β 相的组成，从而控制钛合金的性能，合金元素与钛的相图主要有四种类型，如图 8-23 所示。其中图 8-23（a）为添加 Zr 的完全固溶型相图，图 8-23（b）为添加铝、氮、氧、锡、碳、镓等的 α 相稳定型相图，图 8-23（c）为添加铌、钽、钼、钒等的 β 相稳定型相图，图 8-23（d）为添加银、铜、钴、铁、氢、锰、镍、钨、铋、硅等的 β 相共析型相图。

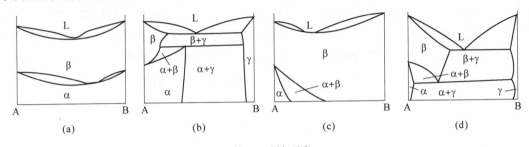

A—钛；B—添加元素。

图 8-23　钛合金相图的类型

（a）完全固溶型；（b）α 相稳定型；（c）β 相稳定型；（d）β 相共析型

工业合金的主要元素有 Al、Sn、Zr、V、Mo、Mn、Fe、Cr、Cu 及 Si 等。

Al 是典型的 α 稳定元素，Al 在 Ti 中主要溶入 α 固溶体，少量溶于 β 相。室温下，Al 在 α-Ti 中的溶解度达 7%，具有明显的固溶强化效果，它还能提高钛合金的热稳定性和弹性模量，且 Ti-Al 合金密度小，故 Al 是钛合金中重要的合金元素。

Zr 和 Sn 同属中性元素。Zr 在 α-Ti 或 β-Ti 中均能形成无限固溶体，Sn 在 α-Ti 或 β-Ti 中的溶解度也较大，因此 Zr 和 Sn 不仅能强化 α 相，也能够提高合金的抗蠕变能力，也是钛合金中重要的合金元素之一。

Mn、Fe、Cr、Cu、Si 等 β 稳定元素能形成共析转变，其临界浓度比 β 同晶元素都低，故其稳定 β 相的能力比 β 同晶元素还大。其中，Cu、Si 等属于活性共析型 β 稳定元素，其共析转变速度很快，在一般冷却条件下，β 相可以完全分解，使合金有时效强化能力，提高合金的热强性。

8.4.3　工业用钛合金及分类

工业用钛合金根据钛合金热处理的组织，可分为三大类：α 钛合金；β 钛合金；α+β 钛合金。牌号分别以"钛"字汉语拼音 T+A、B、C+顺序数字表示。例如，TA4~TA6 表示 α 钛合金，TB1、TB2 表示 β 钛合金，TC1~TC10 表示 α+β 钛合金。

1. α 钛合金

α 钛合金主要合金元素是 α 稳定元素 Al 和中性元素 Sn、Zr，它们主要起固溶强化作用。α 钛合金有时也加入少量 β 稳定元素，因此 α 钛合金又分为完全由单相 α 组成的 α 钛合金、

β 稳定元素的质量分数小于 20% 的 α 钛合金和能时效强化的 α 钛合金（如质量分数为 2.5% 的Ti-Cu 合金）。其中，TA7、TA8 是应用较多的 α 钛合金。

TA7 合金是强度较高的 α 钛合金。它是在 w_{Al} = 5% 的 Ti-Al 合金（TA6）中加入质量分数为 2.5% 的 Sn 形成的，其组织是单相 α 固溶体。由于 Sn 在 α 和 β 相中都有较高的溶解度，故可进一步固溶强化。其合金锻件或棒材经 850±10 ℃ 空冷退火后，强度由 700 MPa 增加到 800 MPa，塑性与 TA6 合金基本相同，而且合金组织稳定，热塑性和焊接性能好，热稳定性也较好，可用于制造在 500 ℃ 以下工作的零件，如用于制造冷成型半径大的飞机蒙皮和各种模锻件，也用于制造超低温用的容器。

TA8 合金是在 TA7 合金中加入质量分数分别为 1.5%、3% 的 Zr、Cu 形成的一种类 α 合金。其中，Zr 在 α 和 β 相中均能无限固溶，既能提高基体 α 相的强度和蠕变抗力，又不影响合金塑性，加入活性共析性 β 稳定元素 Cu，既能强化 α 相，又能形成 Ti_2Cu 化合物，从而提高合金耐蚀性。TA8 合金的室温和高温力学性能均比 TA7 合金高，同时具有良好的热塑性、焊接性和抗氧化性，可在 500 ℃ 下长期工作，用于制造发动机压力机盘和叶片等零件。

类 α 钛合金在加入足够 α 相稳定元素产生固溶强化的同时，加入少量 β 稳定元素，产生少量 β 相，可改善合金锻造性能，抑制脆性相的析出。

w_{Cu} = 2.5% 的 Ti-Cu 合金能产生明显的热处理强化效应，该合金经 800 ℃ 固溶处理后空冷或油冷至室温，再进行 400 ℃ 和 475 ℃ 双级时效处理后，R_m = 805 MPa，$R_{p0.2}$ = 640 MPa，A = 30%，若在时效前进行冷变形处理，强度可进一步提高。该合金焊接性能很好，焊接后进行双级时效，强度得到恢复。在 200~500 ℃ 的耐热性比 TA7 合金高，具有良好的冷成型性能，主要用于制造发动机外壳、排气导管、框架等。

2. β 钛合金

β 钛合金含有大量 β 稳定元素，在水冷和空冷条件下可将 β 相全部保留到室温。β 相具有体心立方晶格，故合金具有优良的冷成型性，经时效处理，从 β 相中析出弥散 α 相，合金强度显著提高，同时具有高断裂韧性。β 钛合金的另一特点是 β 相合金含量高，脆透性好，大型工件能够完全脆透。因此，β 钛合金是一种高强度钛合金（R_m 可达 1 372~1 470 MPa），但该合金密度大、弹性模量低、热稳定性差，其工作温度一般不超过 200 ℃。其中，β 钛合金有 TB1 和 TB2 两个牌号。

TB2 合金（Ti-3Al-8Cr-5Mo-5V）的淬火和时效工艺与 TB1 合金基本相同，淬火后得到稳定均匀的 β 相，时效后从 β 相析出弥散 α 相质点，使合金强度显著提高，塑性大大降低。

TB1 和 TB2 合金多以板材和棒材供应，主要用来制造飞机结构零件及螺栓、铆钉等紧固件。

3. α+β 钛合金

α+β 钛合金是同时加入 α 稳定元素和 β 稳定元素，使 α 和 β 都得到强化。加入质量分数为 4%~6% 的 β 稳定元素的目的是得到足够数量的 β 相，以改善合金的高温变形能力，并获得时效强化能力。因此，α+β 钛合金的性能特点是常温强度、耐热强度及加工塑性较好，并可进行热处理强化，但这类合金组织不够稳定，焊接性能不及 α 钛合金。然而，α+β 钛合金的生产工艺较为简单，可以通过改变化学成分和选择热处理工艺使其力学性能在很宽的范围内变化，因此这类合金是航空工业中应用比较广泛的一种钛合金。这类合金的牌号达10种以上，分别属于 Ti-Al-Mg 系（TC1、TC2）、Ti-Al-V 系（TC3、TC4 和 TC10）、Ti-Al-Cr系（TC5、TC6）和 Ti-Al-Mo 系（TC8、TC9）等。

其中，Ti-Al-V 系的 TC4 合金是应用较多的一种 α+β 钛合金。该合金经热处理后具有良好的综合力学性能，强度较高，塑性较好。该合金通常在 α+β 两相区锻造，α+β 相区经 700~800 ℃ 保温 1~2 h 空冷退火，可以得到等轴状细晶粒的 α+β 组织。退火状态下，$R_m = 931$ MPa，$A = 10\%$，$Z = 30\%$，故其通常可在退火状态下使用。对于要求较高强度的零件可进行淬火时效处理。淬火温度通常在 α+β 相区，为 925±10 ℃，保温 0.5~2 h 后水冷；时效处理为 500±10 ℃，保温 4 h 后冷却。经过淬火和时效后，抗拉强度可进一步提高至 166.2 MPa，断后伸长率 $A = 13\%$。合金在 400 ℃ 时既有稳定的组织和较高的蠕变抗力，又有很好的耐海水和耐热盐应力腐蚀能力，因此广泛用来制造在 400 ℃ 长期工作的零件，如火箭发动机外壳、航空发动机垂直盘和叶片及其他结构锻件和紧固件。

8.4.4　钛合金的热处理

纯钛自高温缓冷至 882.5 ℃，发生同素异晶转变，体心立方晶格的 β 相转变为密排六方晶格的 α 相。

钛合金热处理强化效果与合金中 β 稳定元素的含量及热处理工艺有关。图 8-24 是不同热处理过程中钛合金的温度、抗拉强度和合金成分的关系。退火合金的强度随合金中 β 稳定元素含量增加呈线性提高，合金从 β 相区淬火后的强度与合金成分之间呈复杂的 β 相变化关系。当合金中 β 稳定元素含量低时，由 β 相到 α′ 相的马氏体转变也起到了对 α 合金的一些强化作用，但这种强化效果远不如钢铁材料马氏体转变的强化效果大。在马氏体转变终了温度 M_f 是室温时所对应点的成分（图 8-25 中 C_1 成分），由 β 相到 α′ 相的马氏体转变引起的强化作用最大。

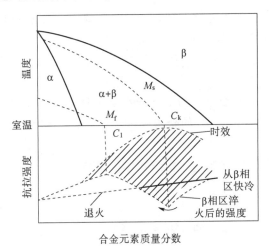

图 8-24　不同热处理过程中钛合金的温度、抗拉强度和合金成分的关系

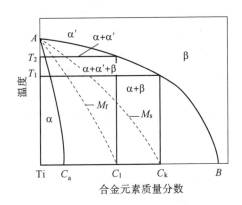

图 8-25　α+β 钛合金淬火温度与淬火组织关系示意图

合金淬火+时效后的强化效果随着合金中 β 稳定元素含量增大而增大，合金中 β 稳定元素含量越多，淬火后得到亚稳定 β 相越多，合金时效强化越大。当合金中 β 稳定元素含量达到临界值 C_k 时，因淬火得到体积分数为 100% 的亚稳定 β 相，故合金时效强化效果最大。β 稳定元素进一步增加，β 相稳定性增大，时效析出的 α 相减少，强化效果反而下降。

习　题

1. 名词解释：时效强化、自然时效和人工时效。
2. 简述铝合金的强化原理及分类。
3. 轴承合金应具备哪些性能？
4. 钛合金的优点是什么？简述其主要分类。
5. 何为硅铝明？它属于哪一类铝合金？变质前后组织及其性能的变化？应用如何？

【学习目标】

本章的学习目标是了解除金属以外的其他常用的工程材料；了解高分子材料的结构、力学性能及常用的高分子材料；了解陶瓷材料的结构、性能、脆性和常用的工程陶瓷；了解复合材料的组成和分类、增强机制和性能特点，以及纤维增强复合材料。

【学习重点】

本章的学习重点是复合材料的增强机制。

【学习导航】

除金属材料以外，高分子材料、陶瓷材料、复合材料等都具有各自独特的结构、性能和优势，满足了人类社会发展对工程材料的不同需求。本章对高分子材料、陶瓷材料和复合材料的概念、结构、性能和应用做出简单介绍。

9.1　高分子材料

9.1.1　高分子化合物的基本概念

1. 高分子化合物的组成

高分子化合物是指相对分子质量高达几千甚至几百万以上的化合物，是高分子材料的基体。高分子化合物的相对分子质量很大，但化学组成并不复杂，主要是由一种或多种简单的小分子化合物（称为单体）通过共价键重复连接而成的，形成的链叫作分子链。常见的单体主要有乙烯、丙烯、苯乙烯、氯乙烯、三聚甲醛等，它们是合成高分子化合物的原料。在高分子链中，重复的结构单元称为链节，链节的重复次数称为聚合度。例如，聚氯乙烯分子

是由 n 个氯乙烯分子打开双键，彼此连接而形成高分子链，如下式：

$$n\,H_2C=CH \longrightarrow [H_2C-CH]_n$$
$$\quad\quad\;\; | \quad\quad\quad\quad\quad\;\; |$$
$$\quad\quad\;\; Cl \quad\quad\quad\quad\quad\; Cl$$

其中，$H_2C=CH$（下接 Cl）是聚氯乙烯的单体；$[H_2C-CH]_n$（下接 Cl）是聚氯乙烯分子链的链节；n 是聚合度。

聚合度 n 的大小能够反映分子链的长短和相对分子质量的大小。高分子化合物的相对分子质量是链节的相对分子质量和聚合度的乘积。同一种高分子化合物的分子链的聚合度并不相同。因此，高分子化合物实际上是由许多链节结构相同而聚合度不同的化合物组成的混合物，其相对分子质量和聚合度都是平均值。

2. 高分子化合物的聚合

低分子化合物合成高分子化合物主要通过加聚反应和缩聚反应两种方式。

加聚反应：由一种或多种单体之间发生加成反应，或由环状化合物开环相互结合成聚合物的反应。加聚反应过程中，不会产生其他副产物，因此生成的聚合物的化学组成与单体基本相同。

缩聚反应：由一种或多种单体互相缩合，同时析出一些低分子化合物（如水、醇、氨、卤化氢等）的反应。

3. 高分子材料的分类

高分子材料种类繁多，性能各异。通常，将高分子材料按材料的性能和用途、聚合物的反应类型、聚合物的热行为、主链上的化学组成进行分类，如表9-1所示。

表9-1　高分子材料的分类

分类方法	类别	特点	举例	备注
按材料的性能和用途	塑料	室温下呈玻璃态，有一定形状，强度较高，受力后会产生一定形变	聚甲醛、聚酰胺、聚四氟乙烯、聚碳酸酯、有机玻璃、酚醛塑料	塑料、纤维、橡胶称为三大合成材料
	纤维	由聚合物抽丝而成，轴向强度高、受力变形小，在一定温度范围内力学性能变化不大	腈纶（奥纶）、锦纶（尼龙）、涤纶、维纶、丙纶、氯纶	
	橡胶	室温下呈高弹态，受到很小外力时就会产生很大形变，去除外力后又恢复原状	通用合成橡胶（丁苯、顺丁、氯丁、乙丙橡胶）、特种橡胶（丁腈、氟、硅橡胶）	
	涂料	在物体表面能干结成膜的有机高分子胶体的混合溶液，对物体有保护、装饰作用或绝缘、耐热、示温等特殊作用	环氧、酚醛、醇酸、氨基、聚氨酯树脂及有机硅涂料	
	胶黏剂	由一种或几种聚合物作基料，加入各种添加剂构成的，能够产生黏合力的物质	改性酚醛、环氧、聚氨酯 α-氰基丙烯酸酯、厌氧胶粘剂	

分类方法	类别	特点	举例	备注
按聚合物反应类型	加聚物	经加聚反应后生成的聚合物，链节的化学式与单体的分子结构相同	聚氯乙烯、聚乙烯等	80%聚合物可经加聚反应生成
	缩聚物	经缩聚反应后生成的聚合物，链节的化学式与单体的化学结构不完全相同，反应后有小分子物析出	酚醛树脂	
按聚合物的热行为	热塑性塑料	属于线型高分子化合物，加热熔融或软化而冷却固化的过程可反复进行的高分子化合物	聚氯乙烯等烯类聚合物	—
	热固性塑料	属于体型高分子化合物，加热成型后，不再熔融或改变形状	环氧树脂、酚醛树脂	
按主链上的化学组成	碳链聚合物	主链只由碳原子一种元素组成	—C—C—C—C—	—
	杂链聚合物	主链由碳和其他元素原子组成	—C—C—O—C— —C—C—S— —C—C—N—	
	元素有机聚合物	主链由氧和其他元素原子组成	—O—Si—O—Si—O—	

9.1.2　高分子化合物的结构

不同高分子材料的化学成分、结构及结合力存在差异，使高分子材料的应用状态多样，性能各异。高分子化合物的结构非常复杂，可将其结构分为高分子链结构（分子内结构）和高分子聚集态结构（分子间结构）。

1. 高分子链结构（分子内结构）

1）高分子链结构单元的化学组成

在元素周期表中，只有ⅢA、ⅣA、ⅤA、ⅥA中部分非金属及亚金属元素（如 C、N、O、B、P、S、Si、Se 等）才能形成高分子链。其中，最常见的就是碳链聚合物，其产量大，应用最广。由于高分子化合物大多为 C、H、O、N 等轻元素，所以高分子材料的相对密度小。

高分子链结构单元的化学组成不同，而不同元素键的结合力大小存在差异，因此使高分子材料性能多样。

2）高分子链的形态

高分子链主要有三种几何形态，如图 9-1 所示。

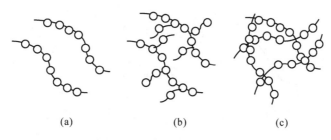

图 9-1　高分子链的形态

（a）线型；（b）支链型；（c）体型

（1）线型分子链：由许多链节组成的长链，长链通常会卷曲成线团状。这种结构的高分子化合物具有弹性好、塑性好、硬度低的特点，是热塑性材料的典型结构。

（2）支链型分子链：在线性主链上存在支链。这类结构的高分子化合物性能和加工与线型分子链结构的高分子化合物接近。

（3）体型分子链：也称为网状结构，分子链之间有许多链节互相交联。体型分子链结构的高分子化合物无弹性和塑性、硬度高、脆性大，是热固性材料的典型结构。

2. 高分子聚集态结构（分子间结构）

高分子化合物内部，高分子链之间的几何排列和堆砌结构，称为高分子聚集态结构。根据高分子空间排列的规整性，将高分子聚集态结构分为晶态（结晶型）、部分晶态（部分结晶型）和非晶态（无定型）三类。晶态的高分子化合物分子排列规整有序，非晶态的排列不规则、杂乱，部分晶态的则介于晶态和非晶态之间。图 9-2 为三种高分子聚集态结构。

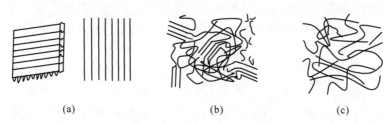

图 9-2　三种高分子聚集态结构

（a）晶态；（b）部分晶态；（c）非晶态

9.1.3　高分子化合物的力学状态

一定温度下，高分子化合物的性能与其力学状态有关。

1. 线型非晶态高分子化合物的力学状态

线型非晶态高分子化合物在恒定应力下的变形-温度曲线如图 9-3 所示。其中，横坐标轴上的点 T_x 为脆化温度，T_g 为玻璃化温度，T_f 为黏流温度，T_d 为化学分解温度。

1）玻璃态

当 $T_x < T < T_g$ 时，温度较低，分子热运动的能力很弱。高分子化合物中只有键角和键长会发生微小变化，整个分子链和键段都不会发生运动。因此，在外力作用下，高分子化合物只能发生少量的弹性变形，且其应力和应变符合胡克定律。

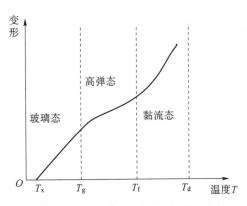

图 9-3　线型非晶态高分子化合物在
恒定应力下的变形-温度曲线

高分子化合物呈玻璃态的最高温度即为玻璃化温度（T_g）。高分子化合物处于玻璃态时具有很好的力学性能，在这种状态下使用的材料主要是纤维和塑料。

当 $T<T_x$ 时，由于温度太低，高分子化合物的键角和键长都不能发生变化，分子的热运动被"冻结"，高分子化合物呈脆性，若施加外力会导致高分子链断裂，此时高分子化合物失去使用价值。高分子化合物呈脆性的最高温度即为脆化温度（T_x）。

2）高弹态

当 $T_g<T<T_f$ 时，由于温度较高，分子运动能力较强，因此高分子化合物的链段会通过单键的内旋转不断运动，但并不能使整个分子链运动，此时分子链呈卷曲状态，称为高弹态。处于高弹态的高分子化合物受到外力时，其能够产生很大的弹性变形（100%～1 000%），去除外力后，弹性变形会随时间变化逐渐消失，分子链又逐渐回缩到原来的卷曲状态，在这种状态下使用的材料主要是橡胶。

3）黏流态

当 $T_f<T<T_d$ 时，由于温度高，分子运动能力很强，在外力作用下不仅链段可以不断运动，而且高分子链间也会产生相对滑动，使高分子化合物成为流动的黏液，这种状态称为黏流态，产生黏流态的最低温度即为黏流温度（T_f）。

高分子化合物成型加工的状态就是黏流态。高分子化合物原料加热至黏流态后，可通过喷丝、注塑、吹塑、模铸、挤压等方法加工成纤维、薄膜及其他各种形状的零件、型材等。

2. 其他类型高分子化合物的力学状态

线型结晶高分子化合物按结晶度可分为部分晶态和完全晶态两类。线型完全晶态高分子化合物具有固定的熔点 T_m，而没有高弹态。线型部分晶态高分子化合物中同时存在晶态区和非晶态区，当 $T_g<T<T_m$ 时，非晶态区处于高弹态，具有柔韧性，晶态区具有较高的强度和硬度，二者复合成皮革态。因此，在 T_g～T_m 出现一种既韧又硬的皮革态。

体型非晶态高分子化合物属于网状分子，交联点的密度会对高聚物的力学状态产生影响。若交联点密度小，链段可以发生运动，使高分子化合物具有高弹态，弹性较好。若交联点密度很大，链段将不会发生运动，此时材料的 $T_g=T_f$，高弹态消失，高分子化合物的性能就与低分子非晶态固体一样，硬而脆，如酚醛塑料。

9.1.4　高分子材料的老化及其改性

高分子材料在长期使用或存放过程中，会受到光、热、氧、化学介质、微生物及机械力等外界因素的影响，使性能随着时间推移逐渐恶化，如发硬、变软、变黏、变色等，直至丧失使用价值，这一过程称为老化。

老化的根本原因是在外界因素作用下，高分子材料分子链发生了交联反应或裂解反应。交联反应是指高分子材料在外界因素影响下，高分子链由线型结构转变为体型结构，从而导致硬度和脆性增加，化学稳定性提高的过程。裂解反应是指高分子链在各种外界因素作用下，发生裂解而断链，使相对分子质量下降，材料变软、变黏的过程。

老化是影响高分子材料使用寿命的关键因素。目前采用的抗老化措施主要有以下三种。

（1）改变高分子材料的结构，提高稳定性，推迟老化过程。例如，将聚氯乙烯氯化，可以改变其热稳定性。

（2）添加各种防老化剂，如热稳定剂、抗氧化剂、紫外光吸收剂、防霉剂等。例如，高分子材料中加入水杨酸酯、炭黑或二甲苯酮类有机物，可防止光氧化。

（3）表面处理，在高分子材料表面喷涂耐老化涂料（如漆、石蜡）或镀一层银、铜、镍等金属作为防护层，隔绝材料与光、空气、水分及其他介质的接触，可防止老化。

为了改善高分子材料的性能，需要对其进行改性。改性方法主要有两种：一种是化学改性，通过共聚、接枝、嵌段、复合、共混等化学方法使高分子材料获得新性能；另一种是物理改性，通过填料来改变高分子材料的物理、力学性能。高分子材料的改性问题是目前研究高分子材料的一个重要领域。

9.1.5　常用高分子材料

1. 工程塑料

聚乙烯、聚氯乙烯、聚丙烯和聚苯乙烯并称为四大通用塑料，它们和我们的日常生活用品有着密切的关系。但是，塑料真正在工程上用作结构零件的数量并不多。一般工作应力大于 50 MPa，连续工作温度能超过 100 ℃以上的塑料称为工程塑料。

通常把聚酰胺（尼龙）、聚碳酸酯、聚甲醛、聚苯醚和热塑性聚酯称为五大工程塑料。

1）塑料的组成

（1）树脂。树脂是塑料的主要成分，对塑料的性能起着决定性作用。

（2）添加剂。添加剂是为改善塑料某些性能而加入的物质。

①添加填料，主要作用是提高强度。例如，酚醛树脂加入木屑后，持久强度显著提高，成为通常所说的电木。加入填料有时也是为了增加某些新性能，如加入铝粉可提高光反射能力和防老化；加二硫化钼可提高润滑性；加入云母可改善电性能；加入石棉粉可提高耐热性等。此外，填料比树脂便宜，加入填料可降低成本。

②添加增塑剂，用来增加树脂的可塑性和柔软性，主要使用熔点低的低分子化合物。它能使高分子链间距增加，降低分子间的作用力，增加高分子链的柔顺性。

③添加固化剂，固化剂是使热固性树脂受热时产生交联的物质，使其由线型结构变成体型结构，如在环氧树脂中加入乙二胺等。

④添加稳定剂，提高树脂在受热和光作用时的稳定性，防止过早老化，延长使用寿命。

⑤添加润滑剂，用以防止塑料在成型过程中黏结在模具或其他设备上，同时可以使制品表面光亮美观。

⑥添加着色剂，使塑料制品具有美观的颜色并满足使用时对颜色的要求。

⑦添加其他添加剂，如发泡剂、催化剂、阻燃剂、抗静电剂等。

2）塑料的性能特点

用于工程材料的塑料，有以下优点。

（1）相对密度小。一般塑料的相对密度为 0.9～2.3，因而具有良好的比强度，这对运输工具来说是非常有用的。

（2）耐蚀性能好。塑料对一般化学药品都有很强的抵抗能力，如聚四氟乙烯在煮沸的"王水"中也不受影响。

（3）电绝缘性好。塑料可大量应用在电机、电器、无线电和电子工业中。

（4）减磨性、耐磨性好。塑料的摩擦系数较低，并且很耐磨，可作轴承、齿轮、活塞环、密封圈等。在无润滑油的情况下也能有效地进行工作。

（5）有消声吸振作用。可制作传动摩擦零件以减少噪声，改善环境条件。

塑料在使用过程中也有严重的缺点，主要有以下几点。

（1）刚性差。塑料的弹性模量只有钢铁材料的 $1/100 \sim 1/10$。

（2）强度低。塑料的强度只有 $30 \sim 100$ MPa，用玻璃纤维增强的尼龙也只有 200 MPa，相当于铸铁的强度。

（3）耐热性低。大多塑料只能在 100 ℃以下使用，只有少数几种可以在超过 200 ℃的环境中使用。

（4）蠕变温度低。金属在高温下才能发生蠕变，而塑料在室温下就会有蠕变出现，称为冷流。

2. 聚烯烃塑料

1）聚乙烯（PE）

聚烯烃塑料的原料来源于石油或天然气，一直是塑料工业生产中最大的品种，其中又以聚乙烯产量最高。

聚乙烯的相对密度小（$0.91 \sim 0.97$）、耐低温、电绝缘性能好、耐蚀。高压法合成的聚乙烯质地柔软，适用于制造薄膜；低压法合成的聚乙烯质地坚硬，可用作一些结构零件（高压 100 MPa，低压 $0.1 \sim 1.5$ MPa）。

2）聚氯乙烯（PVC）

聚氯乙烯是最早的工业生产中的塑料产品之一，产量仅次于聚乙烯，广泛应用于工业、农业和日用制品。

聚氯乙烯热稳定性差。在加工过程中，聚氯乙烯会分解出少量氯化氢和氯乙烯气体，前者是可使树脂分解的催化剂，后者有致癌作用。所以，在加工时要加入增塑剂以降低加工温度，加入碱性稳定剂以抑制树脂分解。根据加入增塑剂的不同，可加工成硬制品（板、管）或软制品（薄膜、日用品）。

聚氯乙烯的突出特点是耐化学腐蚀、不燃烧、成本低、加工容易；最主要的缺点是耐热性差、冲击强度较低，有一定的毒性。

3）聚苯乙烯（PS）

聚苯乙烯有很好的加工性能。聚苯乙烯薄膜具有优良的电绝缘性，常用于电器零件。聚苯乙烯的发泡材料相对密度小（0.33），有良好的隔声、隔热、防振性能，广泛用于仪器的包装和隔热材料。聚苯乙烯中加入各种颜料易制成色彩鲜艳的制品，用于制造玩具和各种日用器皿。

聚苯乙烯的最大特点是脆性大、耐热性差，所以有相当多的聚苯乙烯与丁二烯、丙烯腈、异丁烯、氯乙烯等共聚使用。例如，丙烯腈-苯乙烯共聚物（AS）比聚苯乙烯冲击强度高，耐热性、耐蚀性也好，可用作耐油的机械零件、仪表盘、接线盒、各种开关按钮等。

4）聚丙烯（PP）

聚丙烯工业生产较晚，但因原料易得、价格便宜、用途广泛，所以产量剧增，成为产量较大的塑料品种。

聚丙烯的优点是相对密度小，是塑料中最轻的。聚丙烯的强度、刚度、表面硬度都比聚碳酸酯大，耐热性也好，是常用塑料中唯一能在水中煮沸、经受消毒温度（130 ℃）的品种。

聚丙烯的主要缺点是黏合性、染色性、印刷性均差，低温易脆化，易受热、光作用而变质，与铜接触会促进变质，易燃，收缩大。

聚丙烯有优良的综合性能，可用来制作各种机械零件，如法兰、齿轮、接头、把手、各种化工管道、容器等，以及收音机、录音机外壳、电扇、电机罩等，也可用作药品、食物的包装。

3. 聚酰胺（PA）

聚酰胺的商品名称是尼龙或锦纶，是最先发现的能承受载荷的热塑性塑料，在机械工业中应用比较广泛。

尼龙的品种很多，机械工业多用尼龙 6、尼龙 66、尼龙 610、尼龙 1010、铸型尼龙（MC 尼龙）和芳香尼龙等，其中尼龙 1010 是我国独创的，是用蓖麻油为原料制成的。聚酰胺的机械强度较高，耐磨性、自润性好，而且耐油、耐蚀、消声、减振，大量用于制造小型零件，代替有色金属及其合金。

尼龙很容易吸水，吸水后性能和尺寸发生很大变化，使用时要特别注意。用碱催化，可以浇注成型的尼龙 6，称为铸型尼龙，也叫 MC 尼龙。它的相对分子质量比尼龙 6 高 1 倍，因而力学性能也比尼龙 6 高。尼龙只需使用简单的模具，就能生产出大型零件，而且可以切削加工，应用于制造大型齿轮、轴套等。

芳香尼龙具有耐磨、耐热、耐辐射及很好的电绝缘性，在 95% 的相对湿度下不受影响，能在 200 ℃ 长期使用，是尼龙中耐热性最好的品种。它可用于制作高温下耐磨的零件、H 级绝缘材料和宇宙服等。

4. 聚甲苯醛（POM）

聚甲苯醛的弹性模量最高（2 900 MPa），并且其硬度高、摩擦系数低、耐疲劳性能好，是塑料中力学性能最接近金属的品种之一，适用于制造小而精密的齿轮和轴套。

5. 聚碳酸酯（PC）

聚碳酸酯是新型热塑性工程塑性，品种很多，工程上用的是芳香族聚碳酸酯。它的化学稳定性很好，综合性能也很好，而且可见光的透射率达 90%，连续使用温度可达 135～145 ℃，它可取代玻璃和有机玻璃作飞机挡风夹层和天窗盖。波音 747 客机上约有 2 500 个零件是用聚碳酸酯制造的，总质量达 2 t。

6. ABS 塑料

ABS 塑料由丙烯腈、丁二烯和苯乙烯三种化合物组成，它是三元共聚物，兼具三种组元的共同性能，因此 ABS 塑料是坚韧、质硬、刚性的材料。ABS 塑料现用量很大，它在美国汽车工业应用中占首位并用于管材，而在日本则主要用于家电，如电风扇、洗衣机、纺织机械等。

7. 聚苯醚（PPO）

聚苯醚的热膨胀系数在塑料中是最小的，接近于金属。它的最大特点是使用温度范围宽（-190～190 ℃），而且蠕变量很小，是耐热的工程塑料，主要用于制备在较高温度下工作的齿轮、轴承、凸轮、鼓风机叶片等。

8. 聚酰亚胺（PI）

聚酰亚胺是含氮的环形耐热树脂，主要应用于特殊条件下工作的精密零件，如 B-2 隐形轰炸机要逃避雷达的跟踪，就采用 PI 和其他高性能的合成树脂为基材，如芳香族聚酰胺纤维及碳纤维增强的复合材料和高分子材料等，这些材料可吸收雷达波和红外线，从而使雷达无法探测。

9. 橡胶

1）橡胶的组成

橡胶是以高分子化合物为基础的具有显著高弹性的材料。线型非晶态高分子化合物均有高弹性，可称为弹性体。用作橡胶的高分子化合物必须能在高使用温度范围内保持高弹性。

纯弹性体的性能随温度变化很大，如高温发黏、低温变脆，故必须加入各种配合剂，经加温加压的硫化处理，才能制成各种橡胶制品。硫化剂加入量大时，橡胶硬度增高。硫化前的橡胶称为生胶，硫化后的橡胶有时也称为橡皮。

橡胶的配合剂有硫化剂、硫化促进剂、防老剂、软化剂、填充剂、发泡剂、着色剂等。

2）橡胶的性能特点

橡胶最大的特点是高弹性，它的弹性模量很低，只有 1 MPa，在外力作用下变形量为 100%~1 000%，外力去除又很快恢复原状。

橡胶有储能、耐磨、隔声、绝缘等性能，广泛用于制造密封件、减振件、轮胎、电线等。

3）常用的橡胶材料

天然橡胶是橡胶树上流出的乳胶加工而成的，其综合性能是最好的。由于原料的缘故，天然橡胶产量比例逐年降低，合成橡胶则大量增加。

合成橡胶的种类很多，主要有七大品种：丁苯橡胶、顺丁橡胶、异戊橡胶、氯丁橡胶、丁基橡胶、乙丙橡胶和丁腈橡胶。产量较大的是丁苯橡胶，占橡胶总产量的 60%~70%。发展最快的是顺丁橡胶。特种橡胶用于特殊环境，如硅橡胶耐高温和低温，氟橡胶耐腐蚀能力突出等，但它们价格较贵，应用不普遍。

9.2 陶瓷材料

9.2.1 陶瓷材料的基本概念

陶瓷属于无机非金属材料，种类丰富，应用广泛。传统陶瓷主要指陶器与瓷器，是采用黏土和其他天然矿物经过粉碎、加工、成型和高温烧结等过程制成的。随着科学技术的发展，以及能源、航天、电子等新兴领域对陶瓷力学性能、化学性能、物理性能等的需求，现代陶瓷泛指整个硅酸盐材料，包括陶瓷、水泥、玻璃、耐火材料等，主要指以无机非金属物质为原料，经加工得到的新型无机材料，如特种玻璃、功能陶瓷、特种涂层等。

现代陶瓷组成成分远超过传统硅酸盐的概念和范畴，不仅存在氧化物、含氧酸盐及其他盐类，还包含一些其他物质，如碳化物、硫化物、氮化物、硼化物和单质等。在性能方面，现代陶瓷不仅具有耐高温、耐磨损、熔点高、硬度高、化学稳定性好等优异性能，一些特殊陶瓷还具有某些特殊性能，如软磁性、硬磁性、铁电性、介电性、压电性、半导体性等。现代陶瓷为高新技术的发展提供了关键性材料。在某些情况下，陶瓷是唯一可选用的材料，如内燃机的火花塞瞬时引爆时温度可达 2 500 ℃，并要求具有良好的耐化学腐蚀性和绝缘性，而目前金属材料和高分子材料都不能满足这些要求。

陶瓷材料一般根据化学成分、性能或用途等不同方面进行分类。按化学成分分类，一般分为氧化物陶瓷、碳化物陶瓷、氮化物陶瓷、硼化物陶瓷，如表 9-2 所示。其中，氧化物陶瓷熔点高、种类丰富，在陶瓷家族中占有非常重要的地位。碳化物陶瓷熔点比氧化物陶瓷更高，在制备烧结过程中需要有气氛保护或采用真空烧结。氮化物陶瓷，如 Si_3N_4，具有优良的综合力学性能和耐高温性能。硼化物陶瓷主要是作为添加剂或第二相加入其他陶瓷基体中，以改善其性能。

表 9-2　陶瓷按化学成分分类

分类	典型材料
氧化物陶瓷	Al_2O_3、SiO_2、MgO、Cr_2O_3、BeO、ZrO、TiO、V_2O_5、B_2O_3、$MgO \cdot Al_2O_3$、Y_2O_3、CaO、CeO_2、$3Al_2O_3 \cdot 2SiO_2$、$CaTiO_3$、$BaTiO_3$、$PhZrTiO_3$、$ZrSiO_4$
碳化物陶瓷	SiC、TiC、WC、ZrC、B_4C、HfC、TaC、Be_2C、UC、VC、NbC、Mo_2C、MoC
氮化物陶瓷	Si_3N_4、TiN、BN、AlN、C_3N_4、ZrN、VN、TaN、NbN、SeN
硼化物陶瓷	TiB_2、ZrB_2、Mo_2B、WB_6、WB、ZrB、LaB_6、HfB

陶瓷按性能和用途分类一般分为工程陶瓷和功能陶瓷两大类，如表 9-3 所示。

表 9-3　陶瓷按性能和用途分类

分类	性能	典型材料及状态	主要用途
工程陶瓷	韧性	Al_2O_3、B_4C、金刚石（金属结石） TiN、TiC、B_4C、Al_2O_3、WC（致密烧结体）	切削工具
	硬度	Al_2O_3、B_4C、金刚石（粉状）	研磨工具
	高强度（常温、高温）	Si_3N_4、SiC（致密烧结体）	发动机耐热部件：叶片、转子、活塞、内衬、喷嘴、阀门
功能陶瓷	介电性	$BaTiO_3$（致密烧结体）	大容量电容器
	压电性	$Pb(Zr_xTi_{1-x})O_3$（经极化致密烧结体）	振荡元件、滤波器
		ZnO（定向薄膜）	表面波延迟元件
	热电性	$Pb(Zr_xTi_{1-x})O_3$（经极化致密烧结体）	红外检测元件
	铁电性	PLZT（致密透明烧结体）	图像记忆元件
	离子导电性	$\beta\text{-}Al_2O_3$（致密烧结体）	钠硫电池
		稳定 ZrO_2（致密烧结体）	氧量敏感元件
	绝缘性	Al_2O_3（高纯致密烧结体、薄片状）	散热性绝缘衬底、集成电路衬底
		BeO（高纯致密烧结体）	
	半导体性	ZnO（烧结体）	变阻器
		SnO_2（多孔质烧结材料）	气体敏感元件
		$LaCrO_3$	电阻发热体
		$BaTiO_3$（控制显微结构）	正温度系数热敏电阻
	硬磁性	$SrO \cdot 6Fe_2O_3$（致密烧结体）	磁铁
	软磁性	$Zn_{1-x}Mn_xFe_2O_4$（致密烧结体）	磁带、磁芯、记忆运算软件

9.2.2 陶瓷材料的结构

陶瓷的显微结构主要包括不同的结晶相、玻璃相和气相，晶粒的形状和大小，气孔的数量和尺寸，微裂纹的分布和存在形式。陶瓷的显微结构是决定其各种性能的最基本的因素之一。

1. 结晶相

陶瓷材料中主要存在的结合键是离子键或共价键，因此，它们可以是结晶型的，如 ZrO_2、SiC、MgO、Al_2O_3 等，也可以是非晶型的，如玻璃。在一定条件下，陶瓷材料中的化合物可以由非晶型转变为结晶型，如玻璃陶瓷。

结晶相是陶瓷的主要组成相，所占比例较大。陶瓷的特性往往取决于结晶相的结构、形态、数量及分布。例如，刚玉陶瓷具有耐高温、耐腐蚀、强度高、绝缘性好等优点，这是由于 Al_2O_3 晶体的结构紧密，离子键强度大。Al_2O_3 含量越高，玻璃相越少，气孔也越少，刚玉陶瓷表现的性能也越好。陶瓷材料主要由取向各异的晶粒构成，可能是一种结晶相的多晶组织，也可能是几种结晶相的多相组织。

陶瓷制品使用的原料是细颗粒，但在烧结过程中会发生晶粒的生长。陶瓷生产过程中控制晶粒大小十分重要。例如，瓷料组成为细颗粒的 $\alpha\text{-}Al_2O_3$（小于 1 μm 的颗粒占 90.2%），以 8% 的油酸为黏结剂，在 1 910 ℃ 真空中烧结，分别保温 15 min、60 min、120 min，得到的陶瓷制品的平均晶粒尺寸分别为 54.3 μm、90.5 μm、193.7 μm，常温抗弯强度分别为 205 MPa、138 MPa、74 MPa。可以看出，保温时间越短，晶粒尺寸越小；晶粒越小，其强度越高。如果向瓷料中加入 1% 的 MgO，在烧结过程中，$\alpha\text{-}Al_2O_3$ 晶粒之间会形成镁铝尖晶石薄层，将 $\alpha\text{-}Al_2O_3$ 晶体包围，这将阻碍晶粒长大，使陶瓷成品为细晶结构，大幅度提高其抗弯强度。

陶瓷材料的晶粒越细，强度越高，这是因为晶粒上质点排列不规则，易形成微观应力。在烧结后的冷却过程中，陶瓷中的晶界会产生很大应力，晶粒越大，产生的晶界应力越大，当晶粒很大时，甚至可能会产生贯穿裂纹。

晶粒的形状也会对陶瓷材料的性能产生影响。例如，针状的 $\alpha\text{-}Si_3N_4$ 陶瓷晶粒和颗粒状或短杆状的 $\beta\text{-}Si_3N_4$ 晶粒性能差别较大，前者的抗弯强度几乎比后者高一倍。

典型的陶瓷晶体结构主要有以下几种。

1）AB 型结构

AB 型结构中，阳离子（A）和阴离子（B）配位比为 $n:n$。具有 AB 型结构的陶瓷主要有：岩盐型结构（NaCl），配位比为 6:6，阴离子构成面心立方结构，阳离子位于八面体间隙中；氯化铯型结构（CsCl），配位比为 8:8，阴离子构成简单立方结构，阳离子位于立方体间隙中；闪锌矿型结构（ZnS），配位比为 4:4，阴离子构成面心立方结构，阳离子位于 1/2 四面体间隙中；纤锌矿型结构（ZnS），配位比为 4:4，阴离子构成密排六方结构，阳离子位于 1/2 四面体间隙中；砷化镍型结构（NiAs），配位比为 6:6，阴离子构成密排六方结构，阳离子位于八面体间隙中。

2）AB_2 型结构

AB_2 型结构中，阳离子（A）和阴离子（B）配位比为 $2n:n$。具有 AB_2 型结构的陶瓷主要包括：硅石型结构（SiO_2），配位比为 4:2，每个 Si 被 4 个 O 包围，形成 ［SiO_4］ 四面体，四面体之间又都以共顶角的 O 原子相互连接；金红石型结构（TiO_2），配位比为 6：3，阴离子构成畸变的密排六方结构，阳离子位于 1/2 八面体间隙中；萤石型结构（CaF_2），配位比为 8：4，阳离子构成面心立方结构，阴离子位于四面体间隙中。

3）A_2B 型结构

A_2B 型结构的配位比为 n：$2n$。具有 A_2B 型结构的陶瓷主要包括：赤铜矿型结构（Cu_2O），配位比为 2：4，阴离子形成体心立方结构，阳离子位于八面体间隙中；反萤石型结构（Na_2O），配位比为 4：8，阴离子构成面心立方结构，阳离子位于四面体间隙中，阴阳离子的位置与萤石型结构正好相反。

4）其他类型结构

A_2O_3 刚玉型结构（$\alpha\text{-}Al_2O_3$），阳阴离子配位比为 6：4，阴离子构成密排六方结构，阳离子位于 2/3 八面体间隙中。

ABO_3 钛铁矿型结构（$FeTiO_3$），配位比为 6：6：4，阴离子构成密排六方结构，阳离子 A 和 B 位于 2/3 八面体间隙中。A 和 B 有两种排列方式：一种是 A、B 层交互排列；另一种是 A 和 B 在同层内共存。这种结构可以看作是将刚玉型结构中 Al 的位置被 Fe 和 Ti 置换所形成的。

A_2BO_4 橄榄石型结构（Mg_2SiO_4），配位比为 6：4：4，阴离子构成密排六方结构，A 离子位于 1/2 八面体间隙中，B 离子位于 1/8 四面体间隙中。

AB_2O_4 正尖晶石型结构（$MgAl_2O_4$），A、B、O 的配位比为 4：6：4，阴离子构成面心立方结构，A 离子位于 1/8 四面体间隙中，B 离子位于 1/2 八面体间隙中。

$B(AB)O_4$ 反尖晶石型结构（$FeMgFeO_4$），A、B、O 的配位比为 4：6：4，阴离子构成面心立方结构，B 离子位于 1/8 四面体间隙中、A 离子位于 1/2 八面体间隙中。反尖晶石型结构中 A 和部分 B 的位置与正尖晶石型结构中的正好相反。

2. 玻璃相

玻璃相是陶瓷在烧结过程中各组成物及杂质发生一系列物理、化学变化后形成的一种非晶态低熔点物质。玻璃相是由离子多面体（如硅氧四面体［SiO_4］）组成的短程有序排列的空间网络结构。

玻璃相在陶瓷的制作过程中起着重要作用，例如：黏结作用，即将分散的镜像黏结在一起；抑制晶粒长大；降低烧结温度，加快烧结过程；填充气孔，提高致密度；获得一些玻璃特性，如透光性。但玻璃相的熔点较低、热稳定性差，在较低温度下即开始软化，容易使陶瓷在高温下发生蠕变。因此，工业陶瓷必须控制玻璃相的含量，一般为 20%~40%，特殊情况下可达 60%。一般地，在烧结陶瓷时，有液相参加，则玻璃相数量较多，只有固相参加则几乎不含玻璃相。

3. 气相

气相是指陶瓷生产过程中孔隙内形成并被存留下来的气体，即气孔。气孔在很大程度上会影响陶瓷的性能，如气孔的存在使陶瓷密度减小，具有减振作用；但也会产生一些不利影响，如气孔使陶瓷强度降低、绝缘性降低、电击穿强度下降、介点耗损增大等。因此，在工业生产中要控制陶瓷材料中气孔的大小、数量和分布。一般希望气孔细小、分布均匀、呈球形，气孔体积分数下降至 5%~10%。但有时根据材料的用途需要增加气孔，如保温陶瓷和过滤多孔陶瓷等，气孔率可达 60%。

9.2.3 陶瓷材料的性能

陶瓷材料的性能主要由其化学组成、晶体结构和显微组织决定。金属材料的化学键是金属键，金属键没有方向性，因此金属具有良好的塑性变形能力。陶瓷材料属于无机非金属化合物，化学键是离子键或共价键，这两种化学键具有很高的结合能和很强的方向性。因此，陶瓷材料脆性大、裂纹敏感性强，很难产生塑性变形。但同时正是由于陶瓷材料中存在的离子键和共价键，使其具有一系列优异的特殊性能。

1. 热特性

陶瓷材料熔点很高，大多在2 000 ℃以上，并且在高温条件下，能够保持良好的化学稳定性。与金属材料相比，陶瓷材料的导热性低，可以作良好的隔热材料。此外，陶瓷材料的线膨胀系数小，当温度发生变化时，陶瓷材料具有良好的尺寸稳定性。

2. 力学特性

陶瓷材料是工程材料中硬度最高、刚度最好的材料，其硬度大多在1 500 HV以上，具有优异的耐磨性。陶瓷材料的抗压强度较高，但抗拉强度较低，塑性和韧性很差，导致陶瓷材料具有致命的缺点——脆性，这在很大程度上限制了其性能的发挥和实际的应用。因此，陶瓷材料的韧化是目前研究领域的核心课题。

3. 电特性

大多数陶瓷材料具有良好的电绝缘性，可以用来制作各种电压的绝缘器件。铁电陶瓷（钛酸钡 $BaTiO_3$）具有较高的介电常数，可用于制作电容器，其在外电场的作用下具有压电材料的特性，会发生形状改变，从而将电能转换为机械能，主要应用于超声波仪、扩声机、电唱机、声呐、医疗用声谱仪等。少数陶瓷材料还具有半导体特性。

4. 化学特性

陶瓷材料具有良好的化学稳定性，高温下不易被氧化，对酸、碱、盐具有良好的耐蚀能力。

5. 光学特性

陶瓷材料具有独特的光学性能，可用于制作光导纤维材料、固体激光器材料、光存储器等，透明陶瓷材料可用于制作高压钠灯管等。

9.2.4 陶瓷材料的脆性及增韧

1. 陶瓷材料的脆性

陶瓷材料最大的缺点是脆性，即在外力作用下，发生突发性断裂，表现为抗机械冲击性差和抗温度急变性差。脆性的本质是陶瓷材料中主要的共价键和离子键发生断裂。由于陶瓷材料中的滑移系少，键的结合力强，受到外加负荷时其很难通过滑移引起的塑性变形来松弛应力。一旦产生相对滑移，结合键将破坏，引起断裂。从显微结构上看，陶瓷晶界处存在大量微裂纹、气孔和玻璃相，晶粒内也存在位错、孪晶界，这些缺陷可引起应力集中，导致陶瓷瞬间破坏。陶瓷的屈服强度比金属材料高得多，但实际断裂强度很低。陶瓷抗压强度约为抗拉强度的 15 倍，这是因为在压缩时，裂纹闭合或缓慢扩展，而在拉伸时，裂纹一旦达到临界尺寸，将立刻失稳断裂。

2. 改善陶瓷脆性的途径

1）减少陶瓷的裂纹尺寸和数量

材料的断裂应力与材料中的裂纹尺寸有关。断裂强度 $\sigma = K_{IC}/\sqrt{a\pi}$，其中 K_{IC} 为断裂韧度，a 为裂纹尺寸的一半。K_{IC} 是材料固有的性能。由上式可知，裂纹尺寸 a 越大，断裂强度 σ 越低。因此，可通过细化晶粒，防止晶界应力过大产生裂纹，同时细化晶粒可降低裂纹尺寸，从而提高陶瓷材料强度。此外，在陶瓷制备过程中，减少缺陷、降低气孔所占体积分数和尺寸也可提高强度。

2）陶瓷的增韧

（1）制造微晶、高密度、高纯度的陶瓷。消除缺陷，提高晶体的完整性，使材料细、密、匀、纯是当前陶瓷发展的重要方向。例如，采用热压烧结制成的 Si_3N_4 气孔率极低，其强度接近理论值。

（2）在陶瓷表面引入压应力，可提高材料的强度。脆性断裂通常是由表面拉应力引起的。通过工艺方法在陶瓷表面制造一个压应力层，则可部分抵消外加拉应力，从而减少表面处的拉应力峰值。钢化玻璃是成功应用这一方法的典型例子。

（3）消除表面缺陷，可有效地提高材料的实际强度。

（4）复合强化。采用碳纤维、SiC 纤维制成纤维/陶瓷复合材料，可有效地改善材料的强韧性。纤维具有高强度和高弹性模量特点，将其均匀分布在陶瓷基体中，形成纤维增强陶瓷基复合材料。当受到外加载荷时，复合材料中的纤维成分会承担一部分载荷，减轻陶瓷的负担。此外，纤维还可抑制裂纹的扩展，改善陶瓷的脆性，起到增韧效果。

（5）ZrO_2 增韧。和金属材料一样，陶瓷材料也存在相变及同素异晶转变。例如，纯氧化锆由高温液相冷却时会发生多种晶型的转变：液相（L）——立方相（c）——正方相（t）——单斜相（m），氧化锆由正方相（t）——单斜相（m）转变过程属于马氏体相变，伴随3%~5%的体积膨胀。因此，可将这种相变材料加入其他材料中，由于相变产生的形状效应和体积效应将会吸收较大的能量，从而使材料具有较高的韧性。图 9-4 是氧化锆对四种不同陶瓷的增韧效果。由图可见，添加氧化锆后，各种陶瓷韧性成倍增加。

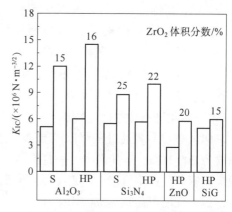

S—普通烧结；HP—热压烧结。

图 9-4 氧化锆对四种不同陶瓷的增韧效果

9.2.5 常用的工程陶瓷

1. 普通陶瓷

普通陶瓷就是黏土类陶瓷，它是以黏土、长石、石英为原料制成的，产量大、应用广。除日用陶瓷、瓷器外，其大量用于建筑工业，电器绝缘材料，耐蚀要求不很高的化工容器、管道，以及力学性能要求不高的耐磨件。

2. 氧化铝陶瓷

氧化铝陶瓷又叫高铝陶瓷，主要成分是 Al_2O_3 和 SiO_2。Al_2O_3 含量越高则性能越好，但工艺更复杂，成本更高。

1）氧化铝陶瓷的性能特点

（1）强度高于黏土类陶瓷，硬度很高，有很好的耐磨性。

（2）耐高温，可在 1 600 ℃高温下长期使用。

（3）耐蚀性很好。

（4）良好的电绝缘性能，在高频下的电绝缘性能尤为突出，每毫米厚度可耐电压 8 000 V以上。

（5）韧性低、抗热振性差，不能承受温度的急剧变化。

2）氧化铝陶瓷的主要用途

氧化铝陶瓷由于硬度高（760 ℃时为 87 HRA，1 200 ℃时仍为 80 HRA），耐磨性好，因而很早就用于制作刀具、模具、轴承。用于制造在腐蚀条件下工作的轴承，其优点尤为突出。

利用其耐高温的特性，可用作熔化金属的坩埚、高温热电偶套管等。氧化铝的耐蚀性很强，可用作化工零件，如化工用泵的密封滑环、轴套、叶轮等。

3. 氮化硅陶瓷

1）氮化硅陶瓷的生产方法

氮化硅以共价键结合，不能以单纯的高温烧结法制造。它的生产方法有两种：第一种是反应烧结法，将硅粉或硅粉与 Si_3N_4 粉混合，用一般陶瓷生产方法成型，放入氮化炉中 1 200 ℃氮化，然后用机械加工的方法加工成所需的尺寸形状，再放入炉中在 1 400 ℃进行 20~25 h 的最终氮化，成为尺寸精确的制品；第二种热压烧结法，在 Si_3N_4 粉中加入少量促进烧结的添加剂（如氧化镁），装入石墨模具中，在 1 600~1 700 ℃和 $(2~3)×10^7$ MPa 条件下烧结，得到几乎没有气相的致密制品。

2）氮化硅陶瓷的性能特点

（1）强度。氮化硅的强度随制造工艺的不同有很大的差异。反应烧结氮化硅室温抗弯强度为 200 MPa，但其强度可一直保持到 1 200~1 350 ℃的高温仍无衰减。抗压氮化硅由于组织致密，气孔率可接近于零，因而室温抗弯强度可高达 800~1 000 MPa。加入某些添加剂后，抗弯强度可高达 1 500 MPa。

（2）硬度与耐磨性。氮化硅硬度很高，仅次于金刚石、立方氮化硼、碳化硼等几种物质。氮化硅的摩擦系数仅为 0.1~0.2，相当于加润滑油的金属表面。氮化硅陶瓷可在无润滑的条件下工作，是一种极为优良的耐磨材料。

（3）抗热振性。反应烧结氮化硅热膨胀系数仅为 $2.53×10^{-6}$/℃，其抗热振性大大高于其他陶瓷材料，只有石英和微晶玻璃才具有这样好的抗热振性。

（4）化学稳定性。Si_3N_4 结构稳定，不易与其他物质发生反应，能耐除熔融的 NaOH 和 HF 以外的所有无机酸和某些碱溶液的腐蚀。其抗氧化温度可达 1 000 ℃。有色金属熔体与氮化硅之间呈现不润湿状态，因而可耐熔融有色金属的侵蚀。

（5）电绝缘性。氮化硅室温电阻率为 $1.1×10^{14}$ Ω/cm，700 ℃时的电阻率为 $1.31×10^8\Omega$/cm，是良好的绝缘体。

（6）制品精度。反应烧结氮化硅的制品精度极高，烧结时的尺寸变化仅为 0.1% ~ 0.3%，但由于受氮化深度限制，只能做壁厚 20~30 mm 的零件。

此外，由 Si_3N_4 和 Al_2O_3 构成的复合陶瓷（称为赛伦陶瓷），其成型与烧结性能优于 Si_3N_4 陶瓷，物理性能与 β-Si_3N_4 相近，化学性能接近 Al_2O_3。这种陶瓷采用普通的挤压、模压、浇注等技术成型，在 1 600 ℃、常压、无活性气氛条件下烧结即可达到热压氮化硅的性能，是目前常压烧结强度最高的材料。因此，赛伦陶瓷的研究近年得到较快的发展。

3）氮化硅陶瓷的主要性能

（1）热压烧结氮化硅强度与韧性均高于反应烧结氮化硅，但其制品只能是形状简单且精度要求不高的零件。热压氮化硅刀具可切削淬火钢、铸铁、钢结硬质合金、镍基合金等，其成本低于金刚石和立方氮化硼刀具。热压氮化硅也可制作高温轴承等。

（2）反应烧结氮化硅的强度低于热压烧结氮化硅，多用于制造形状复杂、尺寸精度要求高的零件，可用于要求耐磨、耐腐蚀、耐高温、绝缘等场合，其制品包括泵的机械密封环、热电偶套管、输送铝液的电磁泵的管道和阀门等。例如，农用潜水泵密封环在泥沙环境下工作，采用铸造锡青铜时寿命很低；用氧化铝陶瓷则寿命可达 1 000 h；改用反应烧结氮化硅后，寿命可达 4 800 h 以上。此外，在腐蚀介质中工作时，用反应烧结氮化硅制作的密封环的寿命比其他陶瓷寿命高 6~7 倍。

此外，氮化硅陶瓷是制造新型陶瓷发动机的重要材料。目前采用的镍基汽轮机叶片高温材料的使用温度已可达 1 050 ℃，但不能高于 1 100 ℃；而氮化硅具有良好的热强性及较低的热膨胀系数、较高的导热系数和较高的抗热振性，因而极有希望成为使用温度达 1 200 ℃ 以上的新型高温高强度材料。用这种新型高温陶瓷材料制成的发动机可在更高的温度工作，使其效率大大提高。例如，若发动机工作温度由 1 100 ℃ 提高到 1 370 ℃，则其效率提高 30%。而且，这种发动机的燃料可充分燃烧，减少能源消耗与环境污染。陶瓷材料较高的热稳定性也可延长发动机的使用寿命。

4. 碳化硅陶瓷

碳化硅陶瓷的制造方法有反应烧结、热压烧结与常压烧结三种。反应烧结是用 α-SiC 粉末和碳混合，成型后放入盛有铝粉的炉子中加热至 1 600~1 700 ℃，使硅蒸气渗入坯体与碳反应生成 β-SiC，并将坯体中原有 α-SiC 紧密结合在一起。热压烧结碳化硅要加入 B_4C、Al_2O_3 等烧结助剂。常压烧结是一种较新的方法，一般要在 SiC 中加入 0.36% 的硼及 0.25% 以上的碳，烧结温度高达 2 100 ℃。

1）性能特点

碳化硅的最大特点是热强性高，在 1 400 ℃ 时抗弯强度仍保持在 500~600 MPa 的较高水平。碳化硅有很好的耐磨损、耐腐蚀、抗蠕变性能，热传导能力很强，在陶瓷中仅次于碳化铍陶瓷。

2）主要用途

由于碳化硅具有热强性高的特点，因而可用于制造火箭尾喷管的喷嘴、浇铸金属用的喉嘴、热电偶套管、炉管，以及汽轮机的叶片、轴承等零件。因其良好的耐磨性，可用于制作各种泵的密封圈。而且，碳化硅也可用作陶瓷发动机材料。

5. 氮化硼陶瓷

氮化硼陶瓷的生产工艺有两种，即冷等静压成型后，在 1 700~2 000 ℃ 烧结；或在

2 000 ℃热压烧结。前者密度为 1.2 g/cm³，后者密度可达到 2 g/cm³。

氮化硼有两种晶型：六方晶型与立方晶型。六方氮化硼的结构、性能均与石墨相似，因而有"白石墨"之称。六方氮化硼硬度不高，是唯一进行机械加工的陶瓷，其在高温（1 500~2 000 ℃）和高压（6×10³~9×10³ MPa）下会转变为立方氮化硼。立方氮化硼的硬度接近于金刚石，是极好的耐磨材料。立方氮化硼作为超硬模具材料，现已用于高速切削刀具和拉丝模具。

6. 部分稳定氧化锆陶瓷（PSZ）

陶瓷材料的致命弱点是断裂韧度低、易发生脆性断裂，为了提高陶瓷材料的韧性，人们进行了大量研究，近年来已在氧化锆陶瓷增韧方面有了突破性进展。

如前所述，ZrO_2 有三种晶型：立方结构（c 相）、正方结构（t 相）和单斜结构（m 相）。加入适量的稳定剂后，t 相可以部分地以亚稳定状态存在于室温，称为部分稳定氧化锆，简称 PSZ。在应力作用下发生的 t —→m 马氏体转变称为应力诱发相变。这种相变过程将吸收能量，使裂纹尖端的应力场松弛，增大裂纹扩展阻力，从而实现增韧。部分稳定氧化锆的断裂韧度远高于其他结构陶瓷，并由此获得"陶瓷钢"的称誉。目前发展起来的几种氧化锆陶瓷中，常用的稳定剂包括 MgO、Y_2O_3、CaO、CeO_2 等。

1）Mg-PSZ

Mg-PSZ 是将 MgO 的 ZrO_2 粉料成型后，在 1 700~1 850 ℃（c 单相区）烧结，控制冷却速度冷至 c+t 双相区后等温时效；或直接冷至室温后再进行时效处理，使 t 相在过饱和 c 相中析出。

Mg-PSZ 分为两大类：一类是在 1 400~1 500 ℃处理后得到的高强型 Mg-PSZ，抗弯强度为 800 MPa，断裂韧度为 10 MPa·m$^{1/2}$；另一类是在 1 100 ℃处理得到的抗热振型 Mg-PSZ，强度为 600 MPa，断裂韧度为 $8×10^6$~$15×10^6$ N/m$^{3/2}$。

2）Y-TZP

正方多晶氧化锆陶瓷（TZP）是 PSZ 的一个分支。它在 t 单相区烧结，冷却过程中不发生相变，室温下保持全部或大部分 t 相。Y-TZP 以 Y_2O_3 为稳定剂，其强度可达到 800 MPa，断裂韧度可达到 $10×10^6$ N/m$^{3/2}$。

3）主要用途

由于 ZrO_2 固溶体具有离子导电性，故其可用作高温下工作的固体电解质，应用于工作温度为 1 000~1 200 ℃的化学燃料电池，还可用于其他电源，其中包括用于磁流体发动机的电极材料。利用稳定 ZrO_2 的高温导电性，还可将这种材料作为电流加热的光源和电热发热元件。ZrO_2 高温发热元件可在氧化气氛中工作，将窑炉加热到 2 200 ℃。

ZrO_2 制品有稳定的化学性质，可用于许多金属和合金的高温熔炼。实际上钢水完全不湿润 ZrO_2，同时 ZrO_2 是热的不良导体，使 ZrO_2 成功地应用于连续铸钢中作为铸钢桶的内衬材料及各种特种耐火材料部件。在一些情况下，ZrO_2 用作刚玉和高铝耐火材料的保护涂层。稳定的 ZrO_2 广泛地用来制作熔融金属铂、钛、铑、钯、锆的坩埚，还可用作不同场合下使用的高温绝热材料，最高工作温度达 2 500 ℃。ZrO_2 有低的导热性和优良的化学稳定性，以及高强度和高硬度，可用作火箭和喷气发动机的耐腐蚀部件。在原子反应堆工作中，ZrO_2 陶瓷也得到应用。由于 ZrO_2 具有在高温下仍保持较高强度的性质，故其可作为高温结构材料。

7. 氧化铍陶瓷

氧化铍陶瓷生产中采用优质的人工制备的 BeO，工业生产的 BeO 是一种松散的白色粉末，它们是含铍的矿物原料经化学处理、烧结而成的。用于制备氧化铍的矿物中最有价值的是绿柱石，它的化学成分为 $3BeO \cdot Al_2O_3 \cdot 6SiO_2$，其中 BeO 的含量为 14.1%，$Al_2O_3$ 的含量为 19%，SiO_2 的含量为 66.9%。矿石中常含有 K_2O、Al_2O_3 等杂质，使 BeO 的含量下降到 10%~12%。

氧化铍是金属铍唯一的一种氧化物。从化学性质上看，氧化铍为弱碱性氧化物，对碱和碱性熔体都相当稳定。金属 Fe、Ca、Mo、Mn、Cr 等可使氧化铍还原为金属铍。在酸性介质和酸性熔体中，氧化铍不稳定。BeO 对大多数气体都是稳定的，它可与氟和氟化物发生激烈反应，而与氯仅在加热时起反应。

氧化铍晶体属六方晶系，纤锌矿型晶体构造。纯氧化铍的密度为 3.02 g/cm^3，熔点为 2 570±20 ℃，沸点为 4 000 ℃，莫氏硬度为 9。

氧化铍陶瓷的热稳定性比所有的氧化物陶瓷材料都高，BeO 制品能很好地经受从 1 500~1 700 ℃高温至室温空气中的急冷处理，也能进行从此高温下水冷的热交换。

氧化铍陶瓷比任何一种陶瓷都具备更强的散射中子的能力，因此，它主要用于核能工业。BeO 烧结体可用作在常温和高温下工作的核反应堆的结构件，包括作为中子的减速剂和反射物。氧化铍陶瓷是核燃料氧化铀的良好模具材料。

BeO 坩埚具有良好的化学稳定性，可用于稀有金属的冶炼，如熔炼铍、钠、钍、铀等金属，熔炼金属时可采用真空感应电炉加热。BeO 陶瓷有良好的介质性能和真空密度，使其可应用于电子工业中，作为电真空密封陶瓷材料。以 BeO 为主要成分的电真空材料有特别均匀的晶体结构，导热性超过其他陶瓷材料，可应用于超高频大功率的电真空设备中。

9.3 复合材料

通常，金属材料延展性好，可加工性强，但强度较低，耐蚀、耐磨及耐热性能较差；高分子材料具有优异的耐蚀性、耐磨性、电绝缘性、易加工等优良性能，但容易老化；陶瓷材料耐蚀性、耐磨性好、强度高，但脆性大、不易加工，对裂纹、气孔比较敏感。

随着现代高科技的发展，人类对材料性能的要求越来越高，除了要求材料具有高比模量、高比强度、耐疲劳、耐高温等性能外，还要求材料具有耐磨性、减振性、绝缘性、尺寸稳定性、无磁性等，甚至有时还要求材料同时具有相互矛盾的性能，如既绝热又导电，既强度高又弹性好，而单一的材料很难满足这种要求。复合材料是一种新型材料，它能根据对材料的特殊要求，将一些具有不同性能的材料复合起来，取长补短，以满足各种特殊用途。近年来，复合材料在航空、航天、信息、能源、国防、医疗器械、体育器材等技术领域显示明显的优势并得到日益广泛的应用。

复合材料是指将两种或两种以上性质不同的材料，采用物理或化学方法，使各组分在相态和性能上相互独立的条件下共存于一体，以求获得新的性能，或提高材料的某些性能，或互补其缺点。例如，在铝合金中加入适量的陶瓷颗粒，可在保持铝合金良好加工性、低密度等优点的同时，大幅提高其耐热性、耐磨性、强度等。

复合材料的最大特点是其性能往往超过各组分材料性能的总和，大大改善或克服各组分材料的弱点，从而充分发挥材料的性能潜力，并且可以通过预订的、合理的配套性能进行最佳设计，甚至可以创造出单一材料不具备的双重或多重功能。复合是改善材料性能的一种重要手段，复合材料已引起人们的重视，新型复合材料的研制和应用也越来越广泛。

9.3.1 复合材料的组成和分类

1. 复合材料的组成

复合材料一般由基体材料（基体相）与增强体材料（增强相）组成，但在聚合物基复合材料中，还会加入辅助材料（填料）。复合材料可通过对原料的选择、各组分分布设计及工艺条件的保证等，使原组分材料性能互补或交联，从而呈现综合的优异性能。

基体材料是组成复合材料的重要组分之一。复合材料常用的基体材料有金属、有机聚合物、陶瓷和石墨。基体材料的主要作用是利用其黏附特性，固定和黏附增强体。当复合材料受到外力时，其可以将载荷传递并分布到增强体上。增强体的种类和性质会影响载荷的传递机制和方式。在纤维增强的复合材料中，纤维承担了复合材料所承受的大部分载荷。基体材料的另一个作用是保护增强体在加工和使用过程中免受环境因素引起的化学作用和物理损伤，防止复合材料产生裂纹。此外，基体还可充当隔膜作用，将增强体相互分开，从而保证个别增强体发生的破坏、断裂，不易扩展到另一个增强体上。因此，基体对复合材料的抗破坏、耐损伤、耐环境性能及使用温度极限等起着十分重要的作用。基体与增强体之间的协同作用，赋予了复合材料良好的刚度、强度和韧性等。

复合材料中的增强体具有增加强度、改善性能的作用，是高性能结构复合材料的关键组分。在设计复合材料时，通常选用的增强体具有比基体高的弹性模量。增强体的表面状态、大小，以及在基体中的分布和体积分数等，都对复合材料的性能产生很大影响，而这些又与基体的性质及增强体的类型紧密相关，并且在不同类型的复合材料中表现不同。

增强体的分类方法很多，按其形态可分为零维颗粒状、一维纤维状、二维片状或平面织物、三维立体编织物等；按增强体化学特性可分有无机非金属类（共价键）、金属类（金属键）和有机聚合物类（共价键、高分子链）。增强体材料品种繁多，但先进复合材料必须选用高性能纤维及用这些纤维制成的二维、三维编织物作为增强体。常用的纤维增强体包括无机非金属和聚合物纤维，如具有高强度或高弹性模量的碳纤维、具有很好力学性能的硼纤维或碳化硅纤维，以及有机聚合物的聚芳酰胺、聚乙烯和聚苯并噁唑等纤维。

填料是选用具有相对惰性的固体物质，加入树脂中用以改善复合材料的某种性能或降低成本。通常，填料加入树脂系统中，发挥的作用主要有以下几种：

（1）降低树脂的热膨胀系数和固化收缩率；

（2）改善制品的耐磨性、耐热性、表面平滑性、光洁性、电性能及遮盖力等；

（3）赋予触变性或提高黏度；

（4）改善材料的物理、力学性能，如压缩强度、硬度等；

（5）改善操作工艺性能；

（6）减少树脂用量，降低原料成本。

用于树脂复合材料中的填料有金属填料、无机填料、磁性填料和导电填料等十几类。例如，为改善橡胶颜色而加入着色剂；为改变橡胶韧性而加入增韧剂；在高分子复合材料中加入偶联剂，从而增强无机材料与高分子材料基体之间的黏结力，达到明显改善复合材料加工性和提高力学性能的目的。在改善树脂体系某些特定功能的同时，填料的加入也会产生一些负面效应。表9-4列出了一些复合材料性能改善与填料选择的关系。

表 9-4　一些复合材料性能改善与填料选择的关系

加入填料的目的	选用的填料名称
提高硬度和抗压强度	铁粉、金刚砂、石英粉、瓷粉、氧化铝粉
提高耐热性	石棉粉、硅胶粉、粉状酚醛树脂
增加黏结力	瓷粉、氧化铝粉、钛白粉、立德粉
提高耐磨性	石墨、滑石粉、石英粉、硅酸镁
增加导热性	铝粉、铜粉
增加导电性	银、铝粉、铜粉
具有触变性	气相法二氧化硅、聚氯乙烯微珠
提高耐电弧性	瓷粉、云母粉、石英粉

2. 复合材料的分类

复合材料种类繁多，其分类方法也多种多样，可按其性能高低、生产方式、基体相的种类、用途、增强相的种类或形状等多种方式进行分类，如图9-5所示。

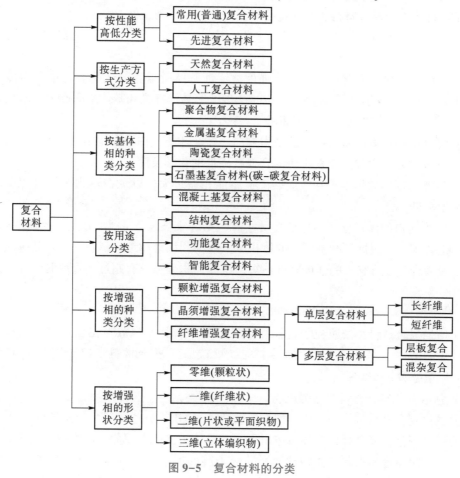

图 9-5　复合材料的分类

9.3.2 复合材料的增强机制和性能

1. 复合材料的增强机制

1）纤维增强复合材料的增强机制

纤维增强复合材料由高弹性模量和高强度的长纤维（连续）或短纤维（不连续）与基体材料（树脂、陶瓷或金属等）经一定工艺复合而成。当受到外加载荷时，复合材料中的高弹性模量、高强度的增强纤维会承受大部分载荷，基体材料主要作用是传递和分散载荷。

单向纤维增强复合材料的断裂强度 σ_c 和弹性模量 E_c 与纤维和基体材料的性能关系如下：

$$\sigma_c = k_1 [\sigma_f \varphi_f + \sigma_m (1 - \varphi_f)]$$
$$E_c = k_2 [E_f \varphi_f + E_m (1 - \varphi_f)]$$

式中，k_1、k_2 为常数，主要与界面强度有关；σ_f 为纤维的强度；σ_m 为基体材料的强度；E_f 为纤维的弹性模量；E_m 为基体材料的弹性模量；φ_f 为纤维体积分数。

纤维与基体材料界面的结合强度，还受到纤维增强相的形状、排列、分布方式、数量和断裂形式的影响。

为了使纤维增强复合材料达到强化目的，必须满足下列条件。

（1）纤维是承受外加载荷的主要载荷体，因此，纤维的弹性模量、强度应远高于基体材料。

（2）纤维与基体之间存在一定结合强度，保证基体所承受的载荷能通过界面传递给纤维，防止脆性断裂。若结合力过小，受载时，裂纹容易沿纤维和基体之间产生；若结合力过大，复合材料易失去韧性而发生脆性断裂。

（3）纤维的排列方向需与构件的受力方向一致，才能发挥增强作用。

（4）纤维和基体之间不能发生使结合强度降低的化学反应。

（5）纤维和基体的热膨胀系数应匹配，不能相差过大，以免在热胀冷缩过程中使二者的结合强度降低。

（6）纤维所占的体积分数、分布及尺寸（包括纤维长度 L、直径 d 及长径比 L/d）等必须满足一定要求。一般地，纤维所占的体积分数越高，纤维越细、越长，增强效果越好。但体积分数过大会使复合材料的强度降低，短纤维的体积分数只有超过一定值时，才会产生明显的强化效果。

2）粒子增强复合材料的增强机制

粒子增强复合材料，按照粒子直径和数量分为两大类：弥散强化复合材料，粒子直径 $d = 0.01 \sim 0.1\ \mu m$，体积分数 $\varphi_p = 1\% \sim 15\%$；颗粒增强复合材料，粒子直径 d 较大，为 $d > 1\ \mu m$，体积分数 $\varphi_p > 20\%$。

（1）弥散强化复合材料的增强机制。

弥散强化复合材料是将一种或多种材料的粒子（$< 0.1\ \mu m$）弥散、均匀分布在基体材料内。其增强机制是：复合材料在外力作用下，其基体主要承受载荷，而弥散、均匀分布的增强粒子，将会阻碍容易引起基体塑性变形的分子链的运动（如高分子化合物为基体时）或位错运动（如金属基体），特别是当增强粒子大都是氧化物等化合物时，由于其熔点、硬度

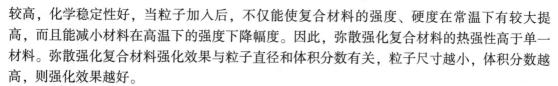

较高，化学稳定性好，当粒子加入后，不仅能使复合材料的强度、硬度在常温下有较大提高，而且能减小材料在高温下的强度下降幅度。因此，弥散强化复合材料的热强性高于单一材料。弥散强化复合材料强化效果与粒子直径和体积分数有关，粒子尺寸越小，体积分数越高，则强化效果越好。

（2）颗粒增强复合材料的增强机制。

颗粒增强复合材料是用高分子化合物或金属基体将硬度高、耐热性好，但不耐冲击的强化粒子（如金属氧化物、氮化物、碳化物等）黏结在一起形成的复合材料。颗粒增强复合材料显示优异的复合效果，具有硬度高、耐热、脆性小、耐冲击等优点。颗粒增强复合材料主要是为了改善材料的耐磨性或者综合力学性能，而不是为了提高强度。这是由于增强相的颗粒粒径较大（$d>1\ \mu m$），它对聚合物基体中分子链的运动和金属基体中位错的滑移均不会产生很大的阻碍作用，因此，产生的强化效果不明显。

2. 复合材料的性能

复合材料通过各组分材料在性能上的互补和关联作用，具有单一材料所不能达到的综合性能。

1）高的比强度和比模量

抗拉强度和弹性模量与密度的比值分别称为比强度和比模量，它们是衡量材料承载能力的重要指标。比强度越高，同一零件在相同强度下自重越小；比模量越大，同一零件在相同质量下刚度越大。高的比强度和比模量对要求减轻自重及高速运动的构件十分重要。

表 9-5 是常用纤维和金属增强复合材料性能的对比。表中显示，复合材料都具有较高的比强度和比模量，特别是碳纤维-环氧树脂复合材料，其比模量约比钢大 3 倍，比强度约比钢约大 7 倍。

表 9-5　常用纤维和金属增强复合材料性能的对比

材料类型	密度/ ($g \cdot cm^{-3}$)	抗拉强度/ ($\times 10^3$ MPa)	弹性模量/ ($\times 10^5$ MPa)	比强度/ ($\times 10^6$ N·m·kg^{-1})	比模量/ ($\times 10^8$ N·m·kg^{-1})
高强碳纤维-环氧树脂	1.45	1.5	1.4	1.03	97
高模碳纤维-环氧树脂	1.6	1.07	2.4	0.67	150
硼纤维-环氧树脂	2.1	1.38	2.1	0.66	100
有机纤维 PRD-环氧树脂	1.4	1.4	0.8	1.0	57
SiC 纤维-环氧树脂	2.2	1.09	1.02	0.5	46
硼纤维-铝	2.65	1.0	2.0	0.38	75
钢	7.8	1.03	2.1	0.13	27
铝	2.8	0.47	0.75	0.17	27
钛	4.5	0.96	1.14	0.21	25

2）耐疲劳性能好

纤维增强复合材料对缺口应力集中敏感性小，并且纤维和基体之间的界面能够有效改变疲劳裂纹扩展的方向和阻止裂纹的扩展。因此，纤维增强复合材料的疲劳极限较高。

并且，在纤维增强复合材料中，每平方厘米有成千上万根独立的纤维，当超载或其他原因使少数纤维断裂时，载荷会迅速重新分布在未断裂的纤维上，其在破坏前有预兆。一般地，金属材料的疲劳极限只有其抗拉强度的 40%~50%，而碳纤维增强复合材料的疲劳极限可达抗拉强度的 70%~80%。

3）高温性能好

除玻璃纤维的熔点（或软化点）较低外，纤维增强复合材料中的其他类型的纤维熔点一般达到 2 000 ℃ 以上，如表 9-6 所示。当金属基体和这些纤维组成复合材料后，高温下强度和弹性模量均有提高。因此，复合材料具有更高的热强性和高温弹性模量，以及良好的抗蠕变能力。

表 9-6　各种纤维的熔点

纤维种类	玻璃纤维				Al_2O_3 纤维	硼纤维	B_4C 纤维	SiC 纤维	氮化硼 纤维	碳纤维
	石英	4H-1	E	S						
熔点 （软化点）/℃	1 660	900	700	840	2 040	2 300	2 450	2 690	2 980	3 650

4）减振性能好

材料结构的自振频率与比模量的平方根成正比。复合材料的比模量高，其自振频率也高，可以避免构件在工作状态时产生共振现象。此外，发生振动时，纤维与基体的界面能够吸收振动能量，使振动很快衰减。因此，纤维增强复合材料具有很好的减振性能。

5）物理、化学性能

复合材料具有良好的物理性能。例如，膨胀系数小，有利于在极端环境下（如交变温度）工作的构件保持良好的尺寸稳定性；密度低，有利于提高复合材料的比强度和比模量；耐烧蚀、抗冲刷能力好，如碳-碳复合材料，这些是高温防热结构材料使用时需要特别注意的性能。

此外，不同性质的材料复合在一起会产生一些其他特殊性能，如导热、导电、吸波、换能、压电效应等。一些功能复合材料，如导电和超导材料、磁性材料、吸声材料、复合电压材料及敏感换压材料等，已经在航空、航天、电子、能源等领域中得到应用。

某些复合材料还具有耐酸、耐碱、耐盐、耐有机溶剂等良好的化学稳定性，可用于制造化工管道、容器、泵等。例如，碳纤维或玻璃纤维增强塑料基复合材料可以在强碱环境中使用。

9.3.3　常用复合材料

1. 纤维增强复合材料

1）常用增强纤维

纤维增强复合材料中常用的纤维有碳纤维、玻璃纤维、碳化硅纤维、硼纤维、Kevlar 有机纤维（芳纶、聚芳酰胺纤维）等，这些纤维均可增强树脂。此外，碳纤维、碳化硅纤维、硼纤维还可增强金属和陶瓷。表 9-7 为常用增强纤维性能比较。

表 9-7 常用增强纤维性能比较

纤维类型	密度/($g \cdot cm^{-3}$)	抗拉强度/MPa	弹性模量/($\times 10^5$ MPa)	优点	缺点
碳纤维	1.33~2.0	高强度碳纤维（Ⅱ型）：2.42×10^3 高模量碳纤维（Ⅰ型）：2.23×10^3	2.8~4	高温及低温性能好，导电性好，化学稳定性好，摩擦系数小，自润滑性能好	脆性大，易氧化，与基体结合力差
玻璃纤维	2.5~2.7	1 000~3 000	0.3~0.5	比强度、比模量比钢高；化学稳定性好；不吸水、不燃烧、尺寸稳定、隔热、吸声、绝缘等；价格低、制作方便	脆性较大，耐热低，250 ℃以上开始软化
碳化硅纤维	2.55	~3 090	1.96	优良的热强性，在1 100 ℃时，其强度仍高达2 100 MPa	温度在1 300 ℃以上时，力学性能下降
硼纤维	大	2 450~2 750	3.8~4.9	高熔点，抗氧化性好，耐腐蚀	密度大；直径较粗；生产工艺复杂，成本高，价格昂贵
Kevlar 有机纤维	1.45	2 800~3 700	比模量高	耐热性好，能在290 ℃长期使用；良好的抗疲劳性、耐蚀性、绝缘性和加工性；价格便宜	温度高达487 ℃时仍不熔化，但开始碳化，高温作用下，它直至分解都不发生变形

　　碳纤维是人造纤维，如黏胶纤维、聚丙烯腈纤维等。碳纤维是在 200~300 ℃空气中加热并施加一定张力进行预氧化处理，然后在氮气保护下，在高温 1 000~1 500 ℃中进行碳化而制得。碳纤维中碳的质量分数可达 85%~95%，它是由许多石墨晶体组成的多晶材料。碳纤维具有高强度，因而称高强度碳纤维。

　　玻璃纤维是将熔化的玻璃迅速拉成细丝而制成的。玻璃纤维中含有氧化钠和氧化钾，根据它们的含量，可将玻璃纤维分为高碱纤维（含碱量大于 12%）、中碱纤维（含碱量 2%~12%）和无碱纤维（含碱量小于 2%）。玻璃纤维的强度、耐蚀性和绝缘性会随着含碱量的增加而降低。通常，高强度玻璃纤维增强复合材料一般选用无碱纤维。

　　碳化硅纤维是以碳纤维为底丝，通过气相沉积法而制得的，主要用于增强金属和陶瓷。硼纤维是采用化学沉积法将非晶态的硼涂覆到碳丝或钨丝上而制得的。Kevlar 有机纤维，如芳纶纤维，是以对苯二胺和对苯甲酰为原料，采用"干湿法纺丝"或"液晶纺丝"等新技术制得的。

　　2）纤维-树脂复合材料

　　（1）碳纤维-树脂复合材料。

　　常用的碳纤维-树脂复合材料是碳纤维和环氧、聚酯、酚醛、聚四氟乙烯等树脂组成的复合材料。碳纤维-树脂复合材料具有高强度、高弹性模量、高比强度和比模量，以及优良的抗疲劳性能、耐热性、耐蚀性、耐冲击性、自润滑性和减磨耐磨性。但由于纤维与基体之间的结合力低，使材料在垂直于纤维方向上的强度和弹性模量较低。

碳纤维-树脂复合材料的性能优于玻璃钢，其用途与玻璃钢相似，如可用于卫星壳体、飞机机身、宇宙飞船外表面防热层、螺旋桨、尾翼、机械轴承、齿轮、磨床磨头等。

（2）玻璃纤维-树脂复合材料（玻璃钢）。

玻璃纤维-树脂复合材料按树脂性质可分为玻璃纤维增强热固性塑料（即热固性玻璃钢）和玻璃纤维增强热塑性塑料（即热塑性玻璃钢）。

热固性玻璃钢由 30%~40% 热固性树脂（聚酯树脂、环氧树脂等）和 60%~70% 玻璃布或玻璃纤维组成。热固性玻璃钢具有密度小、强度高、耐蚀性好、绝缘性好、吸水性低、绝热性好、防磁性好、微波穿透性好、易于加工成型等优点，其比强度超过一般高强度钢、铝合金及钛合金；但其弹性模量低，热稳定性不高，工作温度范围是 300 ℃ 以下。为克服这些缺点，可用酚醛树脂和环氧树脂混溶后作基体来制备玻璃钢，使材料热稳定性好，强度高；或用酚醛树脂和有机硅混溶后作基体，得到耐高温的玻璃钢。表 9-8 列出了几种热固性玻璃钢的性能。

表 9-8　几种热固性玻璃钢的性能

基体材料	密度/(g·cm⁻³)	抗拉强度/MPa	弯曲模量/(×10² MPa)	弯曲强度/(×10² MPa)
聚酯树脂	1.7~1.9	180~350	210~250	210~350
环氧树脂	1.8~2.0	70.3~298.5	180~300	70.3~470
酚醛树脂	1.6~1.85	70~280	100~270	270~1 100

热塑性玻璃钢由 60%~80% 的热塑性树脂（如尼龙、ABS 等）和 20%~40% 的玻璃纤维组成，其特点是高强度、高冲击韧性、良好的低温性能及低热膨胀系数。常见的热塑性玻璃钢的性能和用途如表 9-9 所示。

表 9-9　常见的热塑性玻璃钢的性能和用途

材料	密度/(g·cm⁻³)	抗拉强度/MPa	弯曲模量/(×10² MPa)	特性及用途
尼龙-66 玻璃钢	1.37	182	91	刚度、强度、减磨性好。用作轴承、轴承架、齿轮等精密件，以及电工件、汽车仪表、前后灯等
ABS 玻璃钢	1.28	101	77	化工装置、管道、仪器等
聚苯乙烯玻璃钢	1.28	95	91	空调叶片、汽车内饰等
聚碳酸酯玻璃钢	1.43	130	84	耐磨仪表、绝缘仪表等

（3）碳化硅纤维-树脂复合材料。

碳化硅纤维-树脂复合材料特点是高比强度和高比模量。其抗压强度为碳纤维-树脂复合材料的 2 倍，而抗拉强度相当。主要用于制作宇航器上的结构件、飞机的降落传动装置箱、门、机翼。

（4）硼纤维-树脂复合材料。

硼纤维-树脂复合材料主要由硼纤维和聚酰亚胺、环氧等树脂组成。其优点是高比强度、高比模量、良好的耐热性；缺点是纵向力学性能和横向力学性相差较大，即各向异性明显，并且加工困难、成本昂贵。主要用于航空航天工业中对刚度要求高的结构件，如飞机机翼、机身等。

（5）Kevlar 纤维-树脂复合材料。

由 Kevlar 纤维和聚乙烯、聚碳酸酯、聚酯、环氧等树脂组成。最常用的 Kevlar 纤维-环氧树脂复合材料，延展性好，与金属相当；抗拉强度大于玻璃钢；耐冲击性大于碳纤维增强塑料；减振性和抗疲劳性优良，减振能力为玻璃钢的 4～5 倍，抗疲劳性高于玻璃钢和铝合金。主要用于制作雷达天线罩、火箭发动机外壳、飞机机身、轻型船舰等。

3）纤维-金属（合金）复合材料

纤维-金属（合金）复合材料由高弹性模量、高强度的脆性纤维和具有低屈服强度和低韧性的金属组成。相比于纤维-树脂复合材料，该类材料具有热强性高、横向力学性能高、层间剪切强度高、冲击韧性好、尺寸稳定性好、导热性好、导电性好、耐热性好、耐磨性好及不吸湿、不老化等优点，但制备工艺复杂，价格较贵。表 9-10 列出了几种不同纤维-金属（合金）复合材料的性能及用途。

表 9-10　几种不同纤维-金属（合金）复合材料的性能及用途

复合材料种类	性能	用途
硼纤维-铝（合金）	高拉伸模量、高横向模量、高抗压强度、高剪切强度、高疲劳强度	飞机和航天器的蒙皮、大型壁板、长梁、加强肋、航空发动机叶片等
石墨纤维-铝（合金）	高强度和热强性，在 500 ℃时，其比强度为钛合金的 1.5 倍	航天飞机的外壳、运载火箭大直径圆锥段和级间段、接合器、油箱、飞机蒙皮、螺旋桨、涡轮发动机的压气机叶片、重返大气层运载工具的防护罩等
碳化硅纤维-铝（合金）	高比强度、高比模量、高硬度	飞机机身结构件、汽车发动机的活塞、连杆等
纤维-钛（合金）	低密度、高强度、高弹性模量、高耐热性、低热膨胀系数	航空航天用结构材料
纤维-铜（合金）	高强度、低摩擦系数、高耐磨性、高导电性，一定温度范围内具有尺寸稳定性	高负荷的滑动轴承，集成电路的电刷、滑块等

4）纤维-陶瓷复合材料

纤维-陶瓷复合材料主要指碳（或石墨）纤维与陶瓷组成的复合材料，这类材料具有高强度和高弹性模量。其中，纤维能大幅改善陶瓷的冲击韧性，提高其抗振性，降低脆性；陶瓷能保护碳（或石墨）纤维在高温条件下不易被氧化。例如，碳纤维-石英陶瓷复合材料能承受的气流冲击温度高达 1 200～1 500 ℃，冲击韧性比纯石英陶瓷大 40 倍，抗弯强度大 5～12 倍，比强度和比模量提高数倍。碳纤维-氮化硅复合材料可长期在 1 440 ℃高温下使用，可用于制造喷气飞机的涡轮叶。

2. 叠层复合材料

叠层复合材料是由不同的材料以片层的形式结合而成的，以此将组成材料层的最佳性能组合起来，而获得性能更佳的复合材料。叠层增强法可在一定程度上分别改善复合材料的耐磨、耐蚀、减轻自重、强度、刚度、隔热、隔声等性能。常见叠层复合材料有双层金属复合材料和塑料-金属多层复合材料。

3. 粒子增强复合材料

1）弥散强化复合材料（$d = 0.01 \sim 0.1 \ \mu m$，$\varphi_p = 1\% \sim 15\%$）

弥散强化复合材料由弥散颗粒与基体复合而成。TD-Ni 和 SAP 是典型的弥散强化复合材料。TD-Ni 材料是在 Ni 基体中加入 $1\% \sim 2\%$ 的 Th 制成的。在压实烧结过程中，氧扩散到内部使 Th 氧化产生 ThO_2，颗粒细小的 ThO_2 弥散分布在 Ni 基体上，显著提高其热强性。SAP 是在 Al 基体上用 Al_2O_3 质点进行弥散强化的复合材料。

2）颗粒增强复合材料（$d > 1 \ \mu m$，$\varphi_p \geqslant 20\%$）

颗粒增强复合材料由尺寸较大（$d > 1 \ \mu m$）的坚硬颗粒与基体复合而成，常见的有金属陶瓷和砂轮。金属陶瓷是以金属（或合金）为黏结剂，以碳化物（SiC、TiC、WC）粒子或氧化物（Al_2O_3、MgO、BeO）粒子为基体组成的一种复合材料。其优点是高强度、高硬度、耐腐蚀、耐磨损、耐高温和热膨胀系数小，常用来制作模具、刀具等。砂轮是以 TiC 或 Al_2O_3 粒子为基体，以玻璃（或聚合物）等非金属材料为黏结剂制成的。

习 题

1. 名词解释：高分子材料、玻璃态、玻璃化温度、老化、陶瓷、特种陶瓷、陶瓷玻璃、玻璃相、金属陶瓷、硬质合金、陶瓷的热稳定性、复合材料、纤维复合材料、增强相、基体相、比模量、比强度。

2. 是非题。

（1）线型部分晶态高分子化合物中同时存在晶态区和非晶态区。

（2）高分子化合物的结晶度增加，与链的运动有关的性能，如弹性、延伸率等则提高。

（3）ABS 是具有坚韧、质硬、刚性的材料。

（4）五大工程塑料指聚酰胺、聚碳酸酯、聚甲酯、聚苯醚和热塑性聚酯。

（5）氧化物陶瓷为密排结构，依靠强大的离子键而有很高的熔点和化学稳定性。

（6）陶瓷材料的抗拉强度较低，而抗压强度较高。

（7）当受到外加载荷时，纤维-陶瓷复合材料中的纤维成分可抑制裂纹的扩展，改善陶瓷的脆性，起到增韧效果。

（8）纤维和基体之间的结合强度越高越好。

（9）纤维增强复合材料中，纤维直径越小，纤维增强的效果越好。

（10）复合材料是为了获得高强度，其纤维的弹性模量必须很高。

3. 简答题。

（1）何谓高分子材料的老化？怎样防止老化？

（2）在设计塑料零件时，与金属相比，举出四种受限制的因素。

（3）陶瓷材料为何是脆性的？为什么抗拉强度常常远低于理论强度？

（4）陶瓷材料具有什么特点？可以应用于哪些领域？

（5）纤维增强、粒子增强的机制是什么？

附录 A 力学性能名称和符号新旧对照表

GBT228.1—2021《金属材料 拉伸试验 第 1 部分：室温试验方法》中的力学性能名称和符号与 2010 版差别不大，但与 1987 版标准有所不同，特别是力学性能符号差异很大。为了使设计人员了解新符号，现将金属材料常用力学性能名称和符号新旧对照列于下表，以供参考。

新标准		旧标准	
性能名称	符号	性能名称	符号
断面收缩率	Z	断面收缩率	ψ
断后伸长率	A $A_{11.3}$ A_{xmm}	断后伸长率	δ_5 δ_{10} δ_{xmm}
断裂总延伸率	A_t	—	—
最大力总延伸率	A_{gt}	最大力下的总伸长率	δ_{gt}
最大力塑性延伸率	A_g	最大力下的非比例伸长率	δ_g
屈服点延伸率	A_e	屈服点伸长率	δ_s
屈服强度	R	屈服点	σ_s
上屈服强度	R_{eH}	上屈服点	σ_{su}
下屈服强度	R_{eL}	下屈服点	σ_{sL}
规定塑性延伸强度	R_p （例如 $R_{p0.2}$）	规定非比例伸长应力	σ_p （例如 $\sigma_{p0.2}$）
规定总延伸强度	R_t （例如 $R_{t0.5}$）	规定总伸长应力	σ_t （例如 $\sigma_{t0.5}$）
规定残余延伸强度	R_r （例如 $R_{r0.2}$）	规定残余伸长应力	σ_r （例如 $\sigma_{r0.2}$）
抗拉强度	R_m	抗拉强度	σ_b

附录 B 金属材料常用的浸蚀剂

常用浸蚀剂成分	浸蚀时间/浸蚀方法	用途
硝酸 1~5 mL, 酒精 100 mL	几秒~1 min	碳钢, 合金钢, 铸铁
苦味酸 4 g, 酒精 100 mL	几秒~几分钟	显示细微组织
盐酸 5 mL, 苦味酸 1 g, 酒精 100 mL	几秒~1 min, 15 min	奥氏体晶粒, 回火马氏体
盐酸 15 mL, 酒精 100 mL	几分钟	氧化法晶粒度
硫酸铜 4 g, 盐酸 20 mL, 水 20 mL	浸入法	不锈钢, 氮化层
苦味酸 2 g, 氢氧化钠 25 g, 水 100 mL	煮沸 15 min	渗碳体染色, 铁素体不染色
盐酸 3 份, 硝酸 1 份	浸入法	奥氏体及铬镍合金
盐酸 10 mL, 硝酸 3 mL, 酒精 100 mL	2~10 min	高速钢
苦味酸 3~5 g, 酒精 100 mL	浸入法 10~20 min	铝合金
盐酸 10 mL, 硝酸 10 mL	<70 ℃	铜合金
盐酸 2~5 mL, 酒精 100 mL	几秒~几分钟	巴氏合金
氯化铁 5 g, 盐酸 50 mL, 水 100 mL	几秒~几分钟	纯铜, 黄铜, 青铜
盐酸 2 mL, 水 100 mL	几秒~几分钟	镁合金
硝酸 10 mL, 盐酸 25 mL, 水 200 mL	>1 min	铅及铅锡合金

各种硬度（维氏、布氏、洛氏）换算表

抗拉强度 $R_m/(\mathrm{N \cdot mm^{-2}})$	维氏硬度（HV）	布氏硬度（HB）	洛氏硬度（HRC）
250	80	76.0	—
270	85	80.7	—
285	90	85.2	—
305	95	90.2	—
320	100	95.0	—
335	105	99.8	—
350	110	105	—
370	115	109	—
380	120	114	—
400	125	119	—
415	130	124	—
430	135	128	—
450	140	133	—
465	145	138	—
480	150	143	—
490	155	147	—
510	160	152	—
530	165	156	—
545	170	162	—
560	175	166	—
575	180	171	—
595	185	176	—
610	190	181	

抗拉强度 $R_m/(\text{N} \cdot \text{mm}^{-2})$	维氏硬度（HV）	布氏硬度（HB）	洛氏硬度（HRC）
625	195	185	—
640	200	190	—
660	205	195	—
675	210	199	—
690	215	204	—
705	220	209	—
720	225	214	—
740	230	219	—
755	235	223	—
770	240	228	20.3
785	245	233	21.3
800	250	238	22.2
820	255	242	23.1
835	260	247	24.0
850	265	252	24.8
865	270	257	25.6
880	275	261	26.4
900	280	266	27.1
915	285	271	27.8
930	290	276	28.5
950	295	280	29.2
965	300	285	29.8
995	310	295	31.0
1 030	320	304	32.2
1 060	330	314	33.3
1 095	340	323	34.4
1 125	350	333	35.5
1 190	370	352	37.7
1 220	380	361	38.8
1 255	390	371	39.8
1 290	400	380	40.8
1 320	410	390	41.8

续表

抗拉强度 $R_m/(N \cdot mm^{-2})$	维氏硬度（HV）	布氏硬度（HB）	洛氏硬度（HRC）
1 350	420	399	42.7
1 385	430	409	43.6
1 420	440	418	44.5
1 455	450	428	45.3
1 485	460	437	46.1
1 520	470	447	46.9
1 555	480	—	47.7
1 595	490	—	48.4
1 630	500	—	49.1
1 665	510	—	49.8
1 700	520	—	50.5
1 740	530	—	51.1
1 775	540	—	51.7
1 810	550	—	52.3
1 845	560	—	53.0
1 880	570	—	53.6
1 920	580	—	54.1
1 955	590	—	54.7
1 995	600	—	55.2
2 030	610	—	55.7
2 070	620	—	56.3
2 105	630	—	56.8
2 145	640	—	57.3
2 180	650	—	57.8
—	660	—	58.3
—	670	—	58.8
—	680	—	59.2
—	690	—	59.7
—	700	—	60.1
—	720	—	61.0
—	740	—	61.8
—	760	—	62.5

续表

抗拉强度 $R_{\mathrm{m}}/(\mathrm{N}\cdot\mathrm{mm}^{-2})$	维氏硬度（HV）	布氏硬度（HB）	洛氏硬度（HRC）
—	780	—	63.3
—	800	—	64.0
—	820	—	64.7
—	840	—	65.3
—	860	—	65.9
—	880	—	66.4
—	900	—	67.0
—	920	—	67.5
—	940	—	68.0

注：1 N/mm^2 = 1 MPa。

参 考 文 献

[1] 崔忠圻, 覃耀春. 金属学及热处理 [M]. 3 版. 北京：机械工业出版社, 2020.

[2] 石德珂, 王红洁. 材料科学基础 [M]. 3 版. 北京：机械工业出版社, 2020.

[3] 张代东. 机械工程材料应用基础 [M]. 北京：机械工业出版社, 2001.

[4] 赵品, 谢辅洲, 孙振国. 材料科学基础教程 [M]. 3 版. 哈尔滨：哈尔滨工业大学出版社, 2009.

[5] 胡赓祥, 蔡珣, 戎咏华. 材料科学基础 [M]. 3 版. 上海：上海交通大学出版社, 2010.

[6] 张代东, 吴润. 材料科学基础 [M]. 北京：北京大学出版社, 2011.

[7] 潘金生, 仝健民, 田民波. 材料科学基础（修订版）[M]. 北京：清华大学出版社, 2021.

[8] 崔占全, 王昆林, 吴润. 金属学与热处理 [M]. 北京：北京大学出版社, 2010.

[9] 赵品, 宋润滨, 崔占全. 材料科学基础教程习题及解答 [M]. 哈尔滨：哈尔滨工业大学出版社, 2018.

[10] 王建民. 机械工程材料 [M]. 北京：清华大学出版社, 2016.

[11] 束德林. 工程材料力学性能 [M]. 3 版. 北京：机械工业出版社, 2016.

[12] 王顺兴. 金属热处理原理与工艺 [M]. 哈尔滨：哈尔滨工业大学出版社, 2009.

[13] 中国机械工程学会热处理学会. 热处理手册 [M]. 4 版. 北京：机械工业出版社, 2009.

[14] 夏立芳. 金属热处理工艺学 [M]. 5 版. 哈尔滨：哈尔滨工业大学出版社, 2012.

[15] 杨满, 刘朝雷. 热处理工艺参数手册 [M]. 2 版. 北京：机械工业出版社, 2020.

[16] 袁志钟. 金属材料学 [M]. 3 版. 北京：化学工业出版社, 2019.

[17] 李云凯. 金属材料学 [M]. 北京：北京理工大学出版社, 2016.

[18] 王昆林. 材料工程基础 [M]. 2 版. 北京：清华大学出版社, 2012.

[19] 成大先. 机械设计手册（单行本）：常用机械工程材料 [M]. 6 版. 北京：化学工业出版社出版, 2017.

[20] 温秉权, 王宾, 路学成. 金属材料手册 [M]. 2 版. 北京：电子工业出版, 2013.

[21] 张能武, 唐亚鸣. 新编实用金属材料手册 [M]. 济南：山东科学技术出版社, 2007.

[22] 金通, 曹琴, 王林. 汽车缸体缸盖高强度灰铸铁材料研究进展 [J]. 金属加工（热加工）, 2018 (9)：76-78.

[23] 马文旭, 毛磊, 秦森. 可锻铸铁石墨化退火工艺的优化 [J]. 热处理, 2013, 28 (1)：55-58.

[24] 黄彪, 龚文邦, 高辉武, 等. 高 Si 球墨铸铁及其应用发展 [J]. 现代铸铁, 2018, 38 (1)：29-32.

[25] 朱油福, 刘建军, 张洲, 等. 浅谈铝合金车架制造工艺及应用前景 [J]. 表面工程与再制造, 2022, 22 (1)：41-44.

[26] 方振邦, 王若民, 李宸宇, 等. 时效对高导耐热铝合金导线第二相析出及其性能的影响

[J]. 装备环境工程, 2022, 19 (6): 120-126.

[27] 周轶然, 田妮, 姜旭, 等. DC 铸造铝合金铸锭中含 Cr 弥散相粒子的析出行为 [J]. 轻金属, 2021 (12): 42-47.

[28] 闫俊, 石帅, 范卫忠, 等. 铸态和 T6 热处理 Al-10Si-0.5Mg-0.5Mn 挤压铸造铝合金的组织和力学性能 [J]. 铸造, 2021, 70 (12): 1391-1396.

[29] 吴文远, 胡素丽. 耐蚀铜合金材料的研究进展 [J]. 贵州农机化, 2022 (2): 28-32.

[30] 王当憨, 刘世宏, 郭宝兰, 等. 用 XPS 研究铅铜合金钝化膜 [J]. 中国腐蚀与防护学报, 1986 (1): 49-58.

[31] 李顺雨. 锡青铜-钢双金属复合板组织控制及其性能研究 [D]. 大连: 大连理工大学, 2019.

[32] 冯在强, 王自东, 王强松, 等. 新型铸造锡青铜合金的微观组织和性能 [J]. 材料热处理学报, 2011, 32 (10): 96-99.

[33] 许诺, 王立昕, 高瑜, 等. 铝青铜合金的研究与发展 [J]. 铸造工程, 2021, 45 (2): 11-15.

[34] Yin F, Nie S, Zhang Z, et al. Research on the sliding bearing pair of water hydraulic axial piston pump [J]. Proceedings of Institution of Mechanical Engineers Part C-Journal of Mechanical Engineering Science, 2013, 227 (9): 2049-2063.

[35] 赵东升, 南飞艳, 薛飞. 锡基轴承合金在浇铸过程中延时的研究 [J]. 热加工工艺, 2019, 48 (3): 134-136.

[36] 杨信诚. 铅基轴承合金的强化及应用 [J]. 内燃机配件, 1992 (3): 40-46.

[37] 曾美琴, 鲁忠臣, 陈进添, 等. 铝基滑动轴承合金的研究进展 [J]. 机械工程材料, 2018, 42 (6): 7-14.

[38] Wei S, Zhang Z, Wang F, et al. Effect of Ti content and sintering temperature on the microstructures and mechanical properties of TiB reinforced titanium composites synthesized by SPS process [J]. Materials Science and Engineering: A, 2013, 560 (4): 249-255.

[39] 郝海凌, 侯红玲, 吴浪, 等. 钛合金及其激光加工技术的应用 [J]. 激光杂志, 2022, 43 (6): 1-8.

[40] 同晓乐, 张明玉, 岳旭, 等. 固溶时效热处理对 Ti-3Al-4.5V-5Mo (TC16) 钛合金丝材微观组织与力学性能的影响 [J]. 工业技术创新, 2022, 9 (3): 1-6.

[41] 高长有. 高分子材料概论 [M]. 北京: 化学工业出版社, 2018.

[42] 张留成. 高分子材料基础 [M]. 北京: 化学工业出版社, 2013.

[43] 张留成. 复合材料概论 [M]. 北京: 化学工业出版社, 2013.

[44] 王荣国. 武卫莉, 谷万里. 复合材料概论 [M]. 哈尔滨: 哈尔滨工业出版社, 2015.

[45] 肖立光, 赵洪凯. 复合材料 [M]. 北京: 化学工业出版社, 2016.

[46] 刘锦云. 工程材料学 [M]. 哈尔滨: 哈尔滨工业出版社, 2016.

[47] 王晓敏. 工程材料学 [M]. 哈尔滨: 哈尔滨工业出版社, 2017.